高等职业院校精品教材系列

实用电源分析设计与制作

张培忠　李雄杰　编　著

電子工業出版社
Publishing House of Electronics Industry
北京·BEIJING

内 容 简 介

本书按照教育部新的职业教育教学改革要求，以培养电子行业的高技能应用型人才为目标，结合当前电源技术的最新发展，采用项目化教学方式进行编写。主要内容包括线性稳压电源、开关稳压电源、开关电源软件设计、DC-DC 电源、LED 照明电源、电池充电电路、特色电源电路等。本书围绕电源产品的分析设计与制作，通过项目化教学，使学生掌握电源电路的构成，理解电源电路的工作原理，认知电源电路中各种元器件，掌握电源的最新实用技术，解决实际工作中可能碰到的电源问题。全书内容通俗易懂，将知识、技能、素质的训练融于项目产品的设计制作过程中，突出职业岗位技能特点，易于安排教学。

本书为高等职业本专科院校电子信息类、通信类、自动化类、机电设备类等专业的教材，也可作为开放大学、成人教育、自学考试、中职学校、培训班的教材，以及电子工程技术人员的参考工具书。

本书配有免费的电子教学课件和习题参考答案，详见前言。

图书在版编目（CIP）数据

实用电源分析设计与制作 / 张培忠，李雄杰编著. —北京：电子工业出版社，2015.3（2022.7 重印）
高等职业院校精品教材系列
ISBN 978-7-121-25528-1

Ⅰ. ①实… Ⅱ. ①张… ②李… Ⅲ. ①电源－设计－高等职业教育－教材 Ⅳ. ①TM910.2

中国版本图书馆 CIP 数据核字（2015）第 028103 号

策划编辑：陈健德（E-mail：chenjd@phei.com.cn）
责任编辑：李　蕊
印　　刷：涿州市般润文化传播有限公司
装　　订：涿州市般润文化传播有限公司
出版发行：电子工业出版社
　　　　　北京市海淀区万寿路 173 信箱　邮编 100036
开　　本：787×1 092　1/16　印张：13.25　字数：339.2 千字
版　　次：2015 年 3 月第 1 版
印　　次：2022 年 7 月第 4 次印刷
定　　价：45.00 元

凡所购买电子工业出版社图书有缺损问题，请向购买书店调换。若书店售缺，请与本社发行部联系，联系及邮购电话：（010）88254888，88258888。

质量投诉请发邮件至 zlts@phei.com.cn，盗版侵权举报请发邮件至 dbqq@phei.com.cn。
本书咨询联系方式：chenjd@phei.com.cn。

前言

在各高校的电子信息类专业中，电源技术以前没有单独作为一门课程开设，仅在模拟电子技术课程中作为一章的内容，而且主要介绍传统的线性稳压电源，没有详细的开关稳压电源等新型实用电源等内容。随着我国社会经济的快速发展，各种电子产品大量存在于工业生产和日常生活环境中，其中电源是电子产品的重要组成部分。为提高工业生产水平和人民生活质量，社会需要大量的懂得电源技术的技能型人才，为此已有多所院校单独开设本课程，通过对本课程的学习与实践，理解和掌握电源的最新实用技术，解决工作中可能碰到的电源问题，为今后的学习和顺利上岗就业打好基础。

本书根据电子行业的职业能力要求来构建课程内容，以典型工作任务为主线，将课程必需的相关理论知识构建于项目之中，学生在完成具体项目的过程中学习电源技术，训练职业能力，掌握相应的理论知识。通过电源集成电路和设计软件，可设计出符合各种产品要求的电源，为各行业需要的多种实用电子产品提供技术支持。

全书共分为 7 个项目，内容覆盖线性稳压电源、开关稳压电源、开关电源软件设计、DC-DC 电源、LED 照明电源、电池充电电路、特色电源电路等。基础理论包括电源电路的基本结构、工作原理、应用实践等；典型工作任务包括各种元器件的检测，各类电源的设计、制作、调试与测试等。本课程注重整体设计和应用技能培养，教学建议采用做中学方式，参考课时如下表所示，各院校可根据不同专业的教学需要和实验实训环境对内容和课时进行适当调整。

项目号	项 目 名	重点教学内容	参考课时
项目 1	线性稳压电源设计制作	整流滤波、线性稳压、三端稳压器	8
项目 2	开关稳压电源设计制作	开关电源的特点、类型、电路基本结构、工作原理	14
项目 3	小功率开关电源的软件设计与制作	PI Expert 软件、SwitcherPro 软件	6
项目 4	DC-DC 变换器电源设计制作	降压变换、升压变换、极性变换、变换芯片产品及应用	12
项目 5	LED 照明驱动电源设计制作	LED 照明驱动要求、驱动芯片功能特点、LED 日光灯驱动设计	12
项目 6	电池充电器设计制作	电池充电过程、手机充电器、电动车充电器	12
项目 7	特色电源设计制作	拓展知识、选讲内容	—

本书是张培忠副教授和李雄杰教授 30 年来从事电子类专业课程研究与教学改革不断耕耘的结晶，注重内容的实用性与先进性、教学的灵活性与合理性，着力培养学生掌握必备的基本理论知识和实际工程技能。在编写过程中得到多个合作企业技术人员提供的许多宝贵意见及资料，并参考了大量的相关资料和文献，在此表示衷心的感谢。

由于作者水平有限，本书难免有疏忽和不当之处，恳请各位读者及同行专家批评指正。

为方便教师教学，本书配有免费的电子教学课件和习题参考答案，有此需要的教师可登录华信教育资源网 (http://www.hxedu.com.cn) 免费注册后进行下载，有问题时请在网站留言或与电子工业出版社联系 (E-mail: hxedu@phei.com.cn)。

编 者

目录

项目 1 线性稳压电源设计制作

通过对+5 V 单片机电源、±12 V 运放电源的设计与制作，能够初步掌握线性直流稳压电源的电路结构（整流、滤波、稳压）与工作原理，熟悉线性稳压电源中的各种元器件，能进行线性稳压电源的电路与 PCB 设计、制作、调试、参数测试。

【知识要求】

（1）掌握线性直流稳压电源的电路组成。

（2）掌握半波、全波、桥式整流电路的电路结构与工作原理。

（3）掌握电容滤波的工作原理，了解电感滤波的工作原理。

（4）掌握硅稳压管稳压电路的电路结构与工作原理。

（5）掌握线性直流稳压电源的电路结构及工作原理。

（6）了解三端集成稳压器内电路结构。

（7）会选用三端集成稳压芯片来设计线性稳压电源。

【能力要求】

（1）能绘制线性直流稳压电源的原理图。

（2）能设计线性直流稳压电源的 PCB。

（3）能选用三端集成稳压芯片设计、制作线性稳压电源。

（4）能调试、测试线性稳压电源。

所有的电子产品都离不开可靠的电源为其供电，现代电子产品中的电路使用了大量的半导体器件，这些半导体器件需要几伏到几十伏的直流供电，以得到正常工作所需要的能源。因此，电源电路是电子产品中的基本电路，也是模拟电子技术中的基本电路。

1.1 认识直流稳压电源

1.1.1 直流稳压电源分类

稳压电源分为交流稳压电源和直流稳压电源两大类。直流稳压电源按习惯可分为化学电源、线性稳压电源和开关稳压电源，它们又分别具有各种不同类型。

1. 化学电源

平常所用的干电池、铅酸蓄电池、镍镉、镍氢、锂离子电池均属于这一类，各有其优缺点。随着科学技术的发展，又产生了智能化电池。在充电电池材料方面，美国研制人员发现锰的一种碘化物，用它可以制造出便宜、小巧，放电时间长，多次充电后仍保持性能良好的环保型充电电池。

2. 线性稳压电源

线性稳压电源有一个共同的特点就是它的功率器件调整管工作在线性区，靠调整管之间的电压降来稳压输出。由于调整管静态损耗大，所以需要安装一个很大的散热器给它散热。而且由于变压器工作在工频（50 Hz）上，所以质量较大。

线性稳压电源的优点是输出电压稳定性高、纹波小、电路简单、可靠性高、输出连续可调。缺点是效率相对较低、体积大、较笨重。线性稳压电源适用于小功率电源，应用于对电源效率要求不高的场合。

3. 开关稳压电源

与线性稳压电源不同的一类稳压电源就是开关稳压电源，它的电路形式主要有单端反激式、单端正激式、半桥式、推挽式和全桥式。它和线性稳压电源的根本区别在于它的变压器不工作在工频而是工作在几十千赫兹到几兆赫兹，功率管不是工作在饱和区就是截止区，即开关状态，开关电源因此而得名。

开关稳压电源的优点是效率高、体积小、质量轻、稳定可靠、易设计成多路输出。缺点（相对于线性电源来说）是纹波较大、存在电磁干扰、电路复杂。开关稳压电源适用于对电源效率要求很高的场合。如图 1-1 所示就是一种常用的计算机开关电源。

1.1.2 线性稳压电源的结构

线性稳压电源是一种常用的电源，在各种电类设备中大量采用。常用线性稳压电源的组成框图如图 1-2 所示，它主要由电源变压器、整流电路、滤波电路及稳压电路组成。

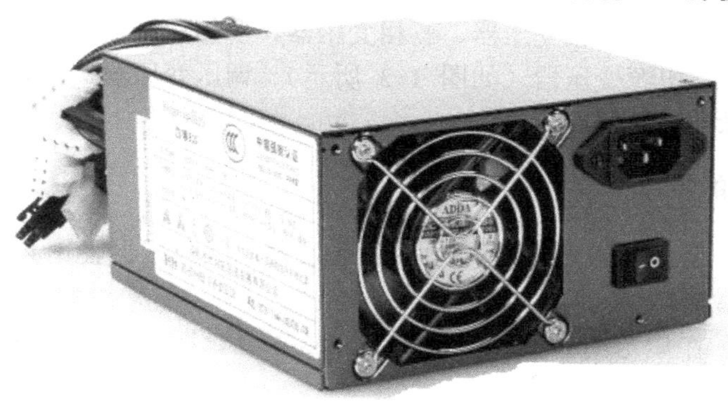

图 1-1　计算机开关电源

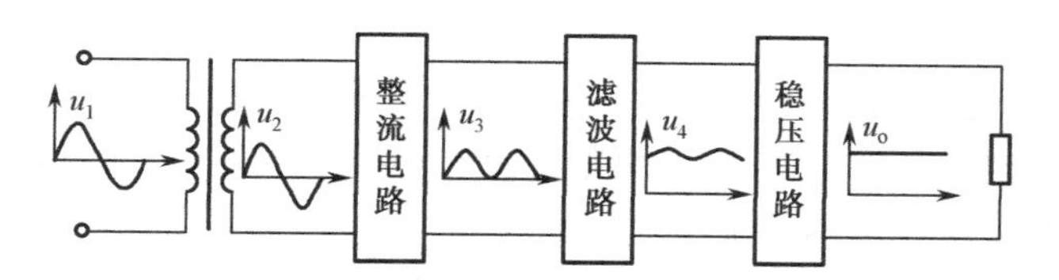

图 1-2　常用线性稳压电源的组成框图

常用线性稳压电源各部分电路作用如下。

（1）电源变压器：将交流电网电压 u_1 变为幅度合适的交流电压 u_2。

（2）整流电路：将交流电压 u_2 变为脉动的直流电压 u_3。

（3）滤波电路：将脉动的直流电压 u_3 转变为平滑的直流电压 u_4。

（4）稳压电路：消除电网波动及负载变化的影响，保持输出电压 u_o 的稳定。

1.1.3　电源变压器分类与特性参数

变压器是变换交流电压、电流和阻抗的器件，当初级线圈中通有交流电流时，铁芯（或磁芯）中便产生交流磁通，使次级线圈中感应出电压（或电流）。变压器由铁芯（或磁芯）和线圈组成，线圈有两个或两个以上的绕组，其中接交流电源的绕组叫初级线圈，其余的绕组叫次级线圈，如图 1-3 所示。

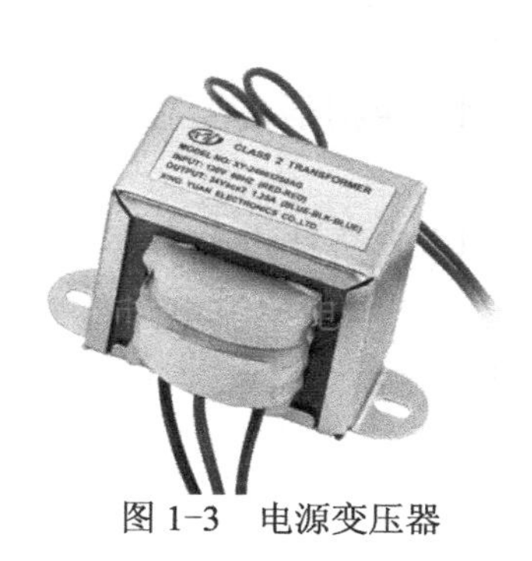

图 1-3　电源变压器

1．变压器分类

变压器的多种分类方式如下。

（1）按冷却方式分类：干式（自冷）变压器、油浸（自冷）变压器、氟化物（蒸发冷却）变压器。

（2）按防潮方式分类：开放式变压器、灌封式变压器、密封式变压器。

（3）按铁芯或线圈结构分类：芯式变压器（插片铁芯、C 形铁芯、铁氧体铁芯）、壳式变压器（插片铁芯、C 形铁芯、铁氧体铁芯）、环形变压器、金属箔变压器。

（4）按电源相数分类：单相变压器、三相变压器、多相变压器。

（5）按用途分类：电源变压器（如图 1-3 所示）、调压变压器、音频变压器、中频变压器、高频变压器、脉冲变压器。

2．电源变压器的特性参数

（1）工作频率：变压器铁芯损耗与频率关系很大，故应根据使用频率来设计和使用，这种频率称工作频率。

（2）额定功率：在规定的频率和电压下，变压器能长期工作，而不超过规定温升的输出功率。

（3）额定电压：指在变压器的线圈上所允许施加的电压，工作时不得大于规定值。

（4）电压比：指变压器初级电压和次级电压的比值，有空载电压比和负载电压比的区别。

（5）空载电流：变压器次级开路时，初级仍有一定的电流，这部分电流称为空载电流。空载电流由磁化电流（产生磁通）和铁损电流（由铁芯损耗引起）组成。对于 50 Hz 的电源变压器而言，空载电流基本等于磁化电流。

（6）空载损耗：指变压器次级开路时，在初级测得的功率损耗。主要损耗是铁芯损耗，其次是空载电流在初级线圈铜阻上产生的损耗（铜损），这部分损耗很小。

（7）效率：指次级功率 P_2 与初级功率 P_1 比值的百分比。通常变压器的额定功率越大，效率就越高。

（8）绝缘电阻：表示变压器各线圈之间、各线圈与铁芯之间的绝缘性能。绝缘电阻的高低与所使用的绝缘材料的性能、温度高低和潮湿程度有关。

1.1.4 整流电路工作原理与主要参数

整流电路的作用是将交流电转变为直流电。整流电路主要由二极管电路实现，有多种电路可以实现整流功能。

1．单相半波整流电路

1）电路结构

单相半波整流电路是一种最简单的整流电路，电路只有一个二极管 VD，电路结构如图 1-4 所示。

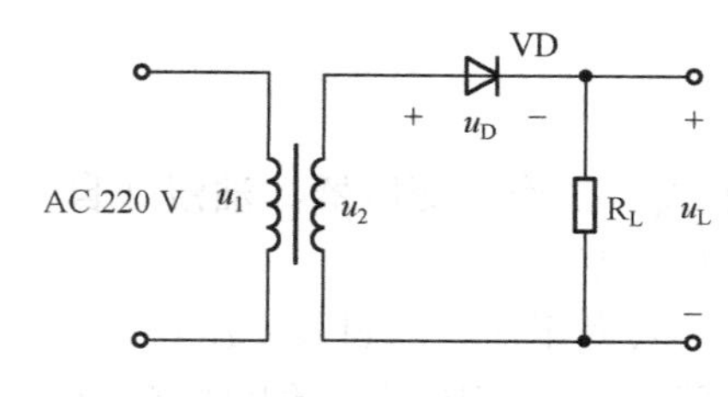

图 1-4　单相半波整流电路结构

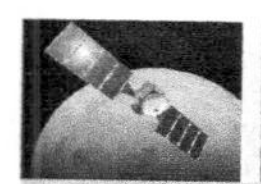  

2）工作原理

当 $u_2>0$ 时，二极管 VD 导通，$u_L=u_2$；当 $u_2<0$ 时，二极管 VD 截止，$u_L=0$。单相半波整流电路的电压波形如图 1-5 所示。

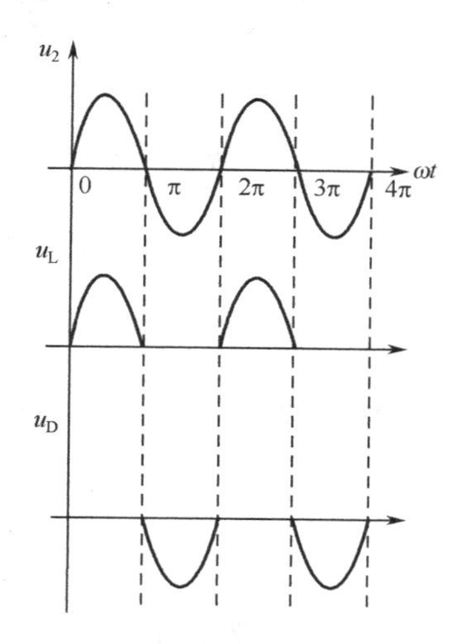

图 1-5　单相半波整流电路的电压波形图

3）主要参数

（1）输出电压平均值 U_L：

$$U_L = \frac{1}{2\pi}\int_0^{2\pi} u_L \mathrm{d}(\omega t) = \frac{1}{2\pi}\int_0^{\pi} \sqrt{2}u_2 \sin\omega t \mathrm{d}(\omega t) = 0.45u_2$$

（2）输出电流平均值 I_L：

$$I_L=U_L/R_L=0.45u_2/R_L$$

（3）流过二极管的平均电流 I_D：

$$I_D=I_L$$

（4）二极管承受的最高反向电压 U_{RM}：

$$U_{RM}=\sqrt{2}u_2$$

单相半波整流电路比较简单，初级线圈、次级线圈只有一半时间在工作，效率低。

2. 单相全波整流电路

1）电路结构

单相全波整流电路结构如图 1-6 所示，该电路的特点是有两个二极管，变压器副边有中心抽头，会感应出两个相等的电压 u_2。

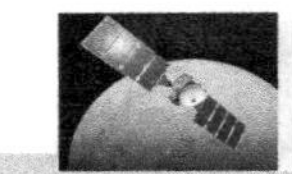

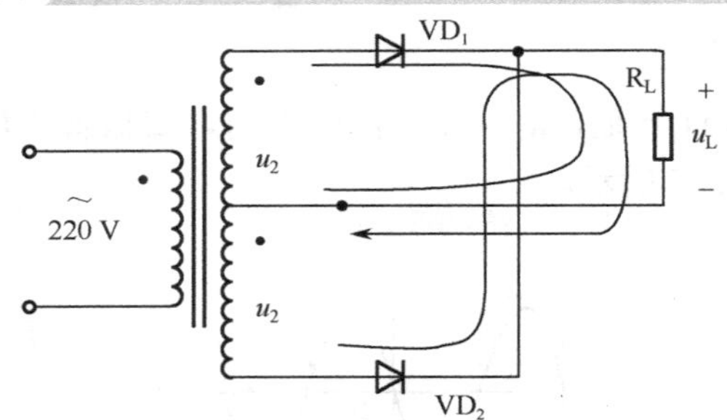

图 1-6　单相全波整流电路结构

2）工作原理

当 u_2 在正半周时， VD_1 导通，VD_2 截止；当 u_2 在负半周时， VD_2 导通，VD_1 截止。单相全波整流电路的电压波形如图 1-7 所示。

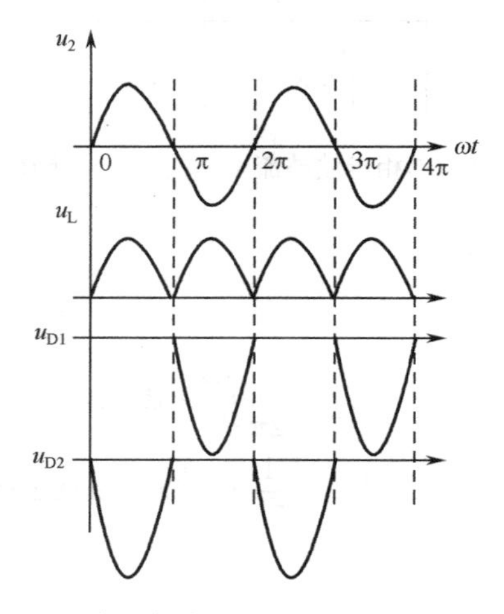

图 1-7　单相全波整流电路的电压波形图

3）主要参数

（1）输出电压平均值 U_L：

$$
\begin{aligned}
U_L &= \frac{1}{2\pi}\int_0^{2\pi} u_L \mathrm{d}(\omega t) \\
&= \frac{1}{\pi}\int_0^{\pi} \sqrt{2}u_2 \sin\omega t \mathrm{d}(\omega t) \\
&= 0.9u_2
\end{aligned}
$$

（2）输出电流平均值 I_L：

$$I_L=U_L/R_L=0.9u_2/R_L$$

（3）流过二极管的平均电流 I_D：

$$I_D=I_L/2$$

（4）二极管承受的最高反向电压 U_{RM}：

$$U_{RM}=2\sqrt{2}u_2$$

单相全波整流电路比较简单，次级线圈只有一半时间在工作。

3. 单相桥式整流电路

1）电路结构

单相桥式整流电路结构如图 1-8 所示，它主要由四个二极管组成。

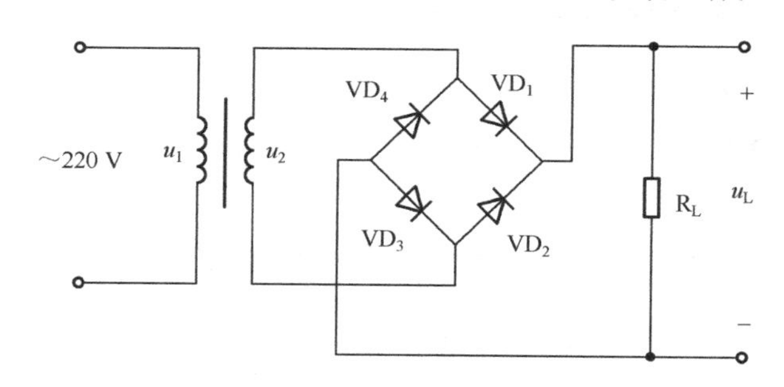

图 1-8　单相桥式整流电路

2）工作原理

当 u_2 为正半周时，VD_1、VD_3 导通，VD_2、VD_4 截止；当 u_2 为负半周时，VD_2、VD_4 导通，VD_1、VD_3 截止。单相桥式整流电路波形如图 1-9 所示。

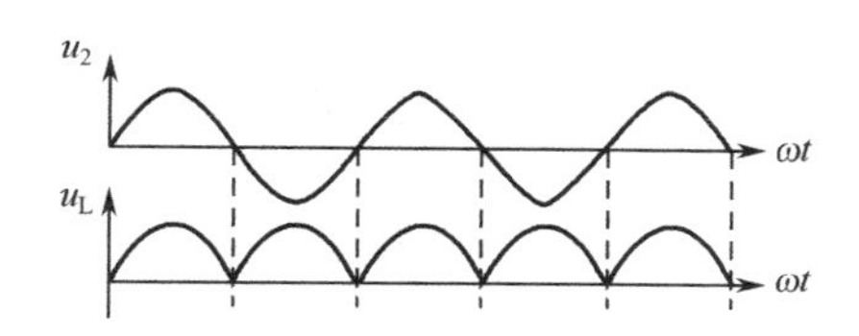

图 1-9　单相桥式整流电路的电压波形图

3）主要参数

（1）输出电压平均值 U_L：

$$U_L=0.9u_2$$

（2）输出电流平均值 I_L：

$$I_L=U_L/R_L=0.9u_2/R_L$$

（3）流过二极管的平均电流 I_D：

$$I_D=I_L/2$$

（4）二极管承受的最大反向电压 U_{RM}：

$$U_{RM}=\sqrt{2}u_2$$

4）集成硅整流桥

为了便于使用，将四个整流二极管封装在一起，构成集成硅整流桥，如图 1-10 所示。

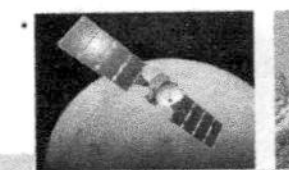

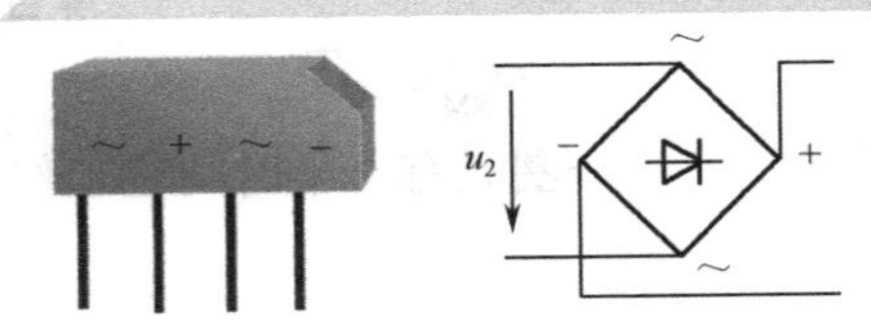

图 1-10　单相整流桥实物图和符号

1.1.5　滤波电路工作原理与主要参数

在电源系统中，滤波电路对脉动的直流进行平滑处理。滤波电路主要由储能元件 L、C 构成。常用的滤波电路如图 1-11 所示，其主要结构特点：电容与负载 R_L 并联，或电感与负载 R_L 串联。

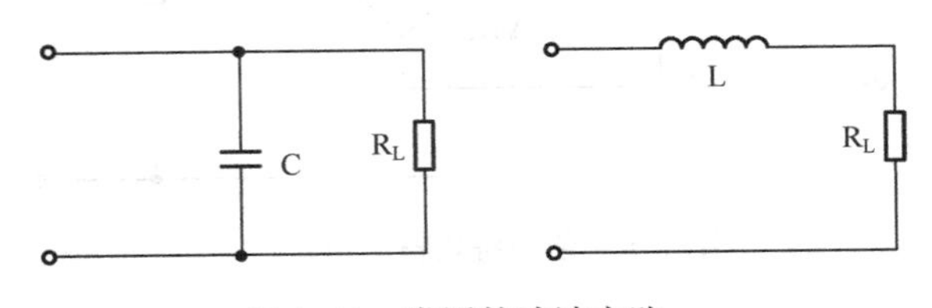

图 1-11　常用的滤波电路

1．电容滤波电路

1）工作原理

以单相桥式整流电容滤波为例进行分析，电容滤波电路如图 1-12 所示。

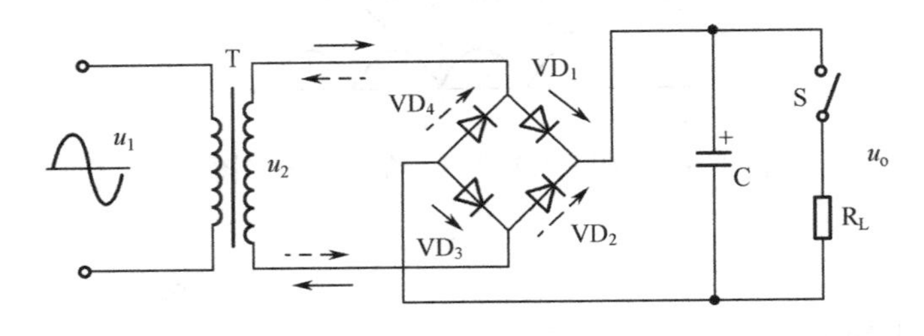

图 1-12　电容滤波电路

（1）当 R_L 未接入时（忽略整流电路内阻），电容 C 只有充电而不能放电，电压波形如图 1-13 所示。输出电压平均值等于交流电压的峰值。

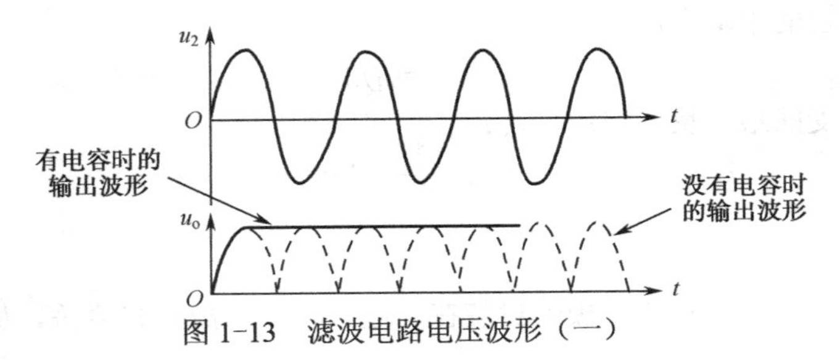

图 1-13　滤波电路电压波形（一）

（2）当 R_L 接入（且 R_LC 较大）时（忽略整流电路内阻），电容 C 充电快而放电慢，电压波形如图 1-14 所示。

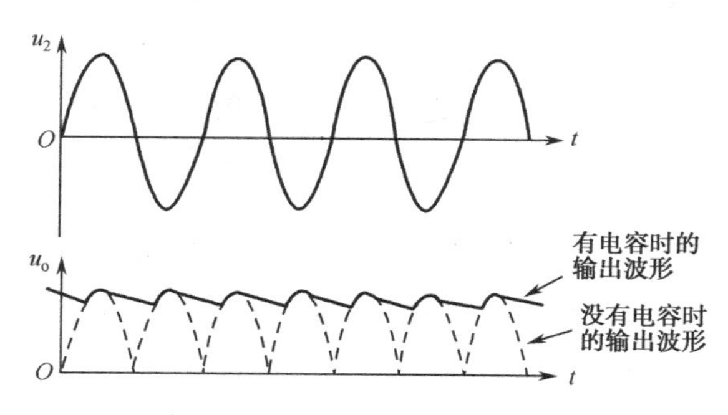

图 1-14　滤波电路电压波形（二）

（3）电容充、放电过程说明如图 1-15 所示。在 T_1 期间，整流电路电压 u_2 大于 u_c，二极管导通，C 被充电，因此二极管中的电流 i_D 是脉冲波，流过二极管瞬时电流 i_D 很大。在 T_2 期间，整流电路电压 u_2 小于 u_c，二极管截止，电容向负载放电。

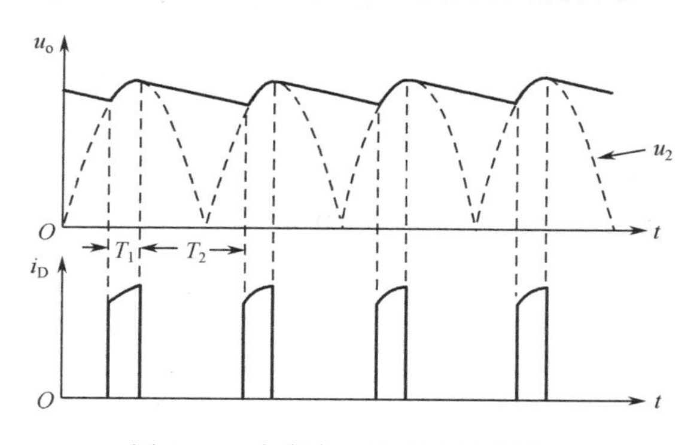

图 1-15　电容充、放电过程说明

2）滤波时间常数选择

输出电压平均值 U_o 与时间常数 R_LC 有关。R_LC 越大，电容放电越慢，U_o（平均值）越大。一般取：

$$\tau=R_LC\geqslant(5\text{–}10)T$$

3）输出特性

输出特性是用来表示电路输出电压和输出电流之间的关系曲线，它是一种外电路特性。电容滤波电路的输出特性如图 1-16 所示。

4）实例

某电子设备要求直流电压 U_o=12 V，直流电流 I_o=60 mA，电源用的是工频市电 220 V、50 Hz，采用单相桥式整流电容滤波电路，试选择电路中的元件。

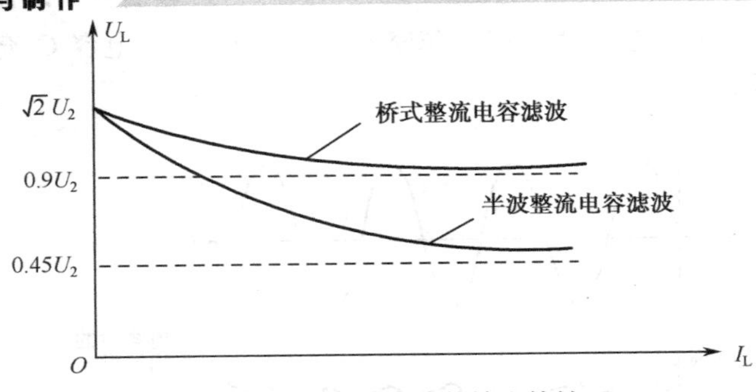

图 1-16　电容滤波电路的输出特性

（1）电源变压器参数的计算：

取 U_I=1.2U_o，则有

$$U_I=\frac{U_o}{1.2}=\frac{12}{1.2}=10\ (\text{V})$$

变压器的变压比为

$$n=\frac{U_S}{U_T}=\frac{220}{10}$$

功率 W=UI=12×0.06=0.72 W，考虑效率及功率容量，实际采用 1 W 以上。

（2）整流二极管的选择：

流过二极管的平均电流为

$$I_D=\frac{I_o}{2}=\frac{60}{2}=30\ (\text{mA})$$

二极管承受的反向最大电压为

$$U_{DRM}=\sqrt{2}U_1=\sqrt{2}\times 10=14.1(\text{V})$$

（3）选择滤波电容：

根据滤波时间常数选择公式，$R=U/I$=12/0.06=200(Ω)，T=0.02 s，取 $C=5T/R$，估算出 C=470 μF。

根据上面计算所得和参数，查表就可选择合适的电路元件。

2．电感滤波电路

1）单电感滤波电路

在桥式整流电路与负载间串入一个电感 L 就构成了单电感滤波电路，如图 1-17 所示。

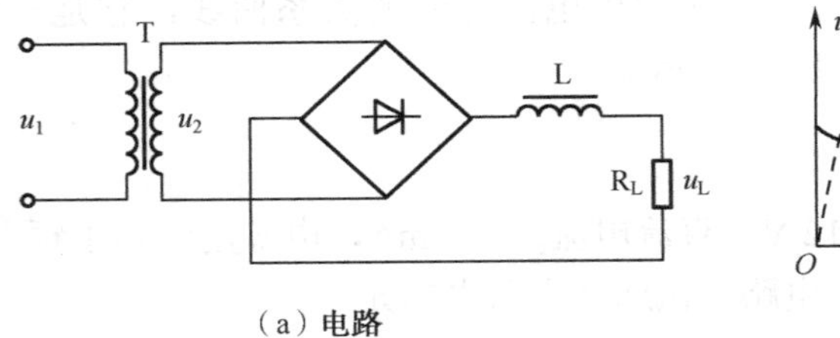

（a）电路

u_L　O　ωt

（b）工作波形

图 1-17　单电感滤波电路

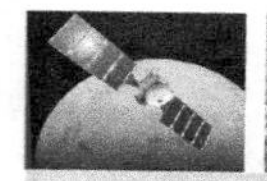

对直流分量，X_L=0，相当于短路，电压大部分降在 R_L 上；对谐波分量，频率 f 越高，X_L 越大，电压大部分降在电感上。因此，在输出端得到比较平滑的直流电压。电感线圈的电感量越大，负载电阻越小，滤波效果就越好。因此，电感滤波器适用于负载电流较大的场合。其缺点是由于铁芯的存在，使电感线圈体积大、成本高，所以当负载电流发生突变时，电感线圈产生的反电势易击穿整流二极管。

2）LC 滤波电路

若在电感后面再接一个电容而构成倒 L 形滤波电路或 π 形 LC 滤波电路，则可提高滤波效果，如图 1-18 所示。

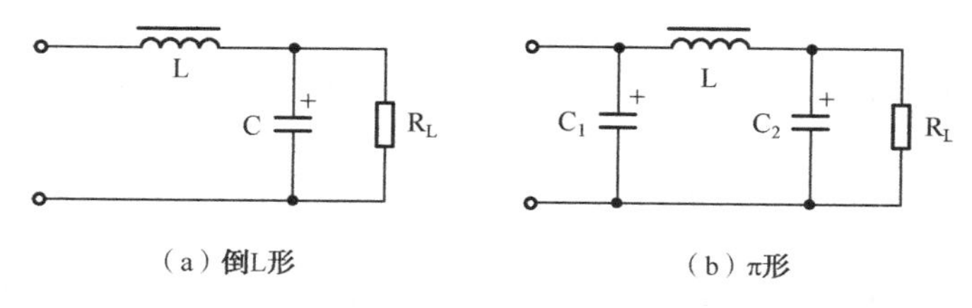

图 1-18 LC 滤波电路

3. 其他滤波电路

1）π 形 RC 滤波电路

π 形 RC 滤波电路如图 1-19 所示。它由电容 C_1、C_2 和 R 组成，接成 π 形。

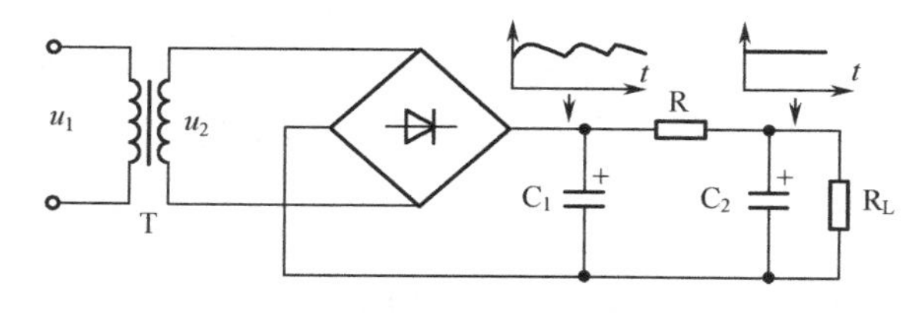

图 1-19 π 形 RC 滤波电路

整流后的脉动直流电压先由 C_1 滤波，C_1 的充、放电使滤波后的直流电压仍含有锯齿脉动成分；再经 R 和 C_2 第二次滤波后，锯齿脉动成分主要降落在 R 的两端，C_2 两端将获得较平滑的直流电压。

R 的阻值越大，滤波效果越好，但 R 两端的直流电压降也大，即损耗也大。因此，π 形 RC 滤波电路适用于小电流负载场合。当整流后的直流电压很高时，采用 π 形 RC 滤波，不但提高了滤波效果，而且利用 R 的降压，可使输出直流电压降到所需要求。

2）有源滤波电路

有源滤波电路如图 1-20 所示，它主要由 VT、R、C_1 和 C_2 组成。与 π 形 RC 滤波电路一样，整流后的脉动直流电压先由 C_1 滤波，C_1 的充、放电使滤波后的直流电压仍含有锯齿脉动成分；再经 R 和 C_2 第二次滤波后，锯齿脉动成分主要降落在 R 的两端，C_2 上将获得较

平滑的直流电压。因为 C_2 上的电压就是 VT 的基极电压，所以只要 VT 的基极电压比较平滑，VT 的发射极电压（即输出电压）也就比较平滑。因为 VT 的基极与发射极之间的电压是一个 0.7 V 左右的常数电压。

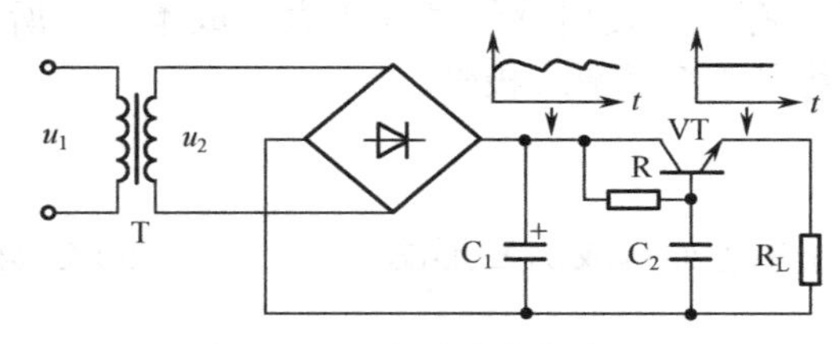

图 1-20　有源滤波电路

与π 形 RC 滤波电路中的 R 相比较，有源滤波电路中的 R 可取更大的值。因为在有源滤波电路中，负载电流是从三极管 VT 的 C-E 极流过，而流过 R 的电流是负载电流的 $1/(1+\beta)$，这样在同样的条件下，有源滤波电路中的 R 的取值可以比π 形 RC 滤波电路中的 R 的取值大（$1+\beta$）倍，于是滤波效果比π 形 RC 滤波电路好。

有源滤波的主要缺点是三极管 VT 有直流损耗。有源滤波的适用场合与π 形 RC 滤波基本相同，但输出电流比π 形 RC 滤波大一些。

1.2　稳压电路工作原理与性能

虽然整流滤波电路将正弦交流电压变换成较平滑的直流电压，但该直流电压是一个不稳定的电压。这是因为一方面整流滤波后的直流电压值与 220 V 交流电网电压有关，而电网电压通常稳定性很差；另一方面，由于整流滤波电路内阻的存在，所以当负载电流发生变化时，内阻上的压降将跟随着变化，于是输出直流电压也将发生变化。因此，为了获得稳定的直流电压，必须采取稳压措施。

1.2.1　硅稳压管稳压电路组成与参数计算

1. 电路组成与稳压原理

硅稳压管稳压电路利用稳压管的反向击穿特性实现稳压。由于反向特性陡直，所以较大的电流变化，只会引起较小的电压变化。稳压管稳压电路是最简单的稳压电路，如图 1-21 所示。它由稳压二极管 VD_Z 和限流电阻 R 组成，VD_Z 与负载 R_L 并联。设计电路时，输入电压 U_i 必须高于 VD_Z 的稳压值，VD_Z 的稳压值必须与负载电压值 U_o 相同。

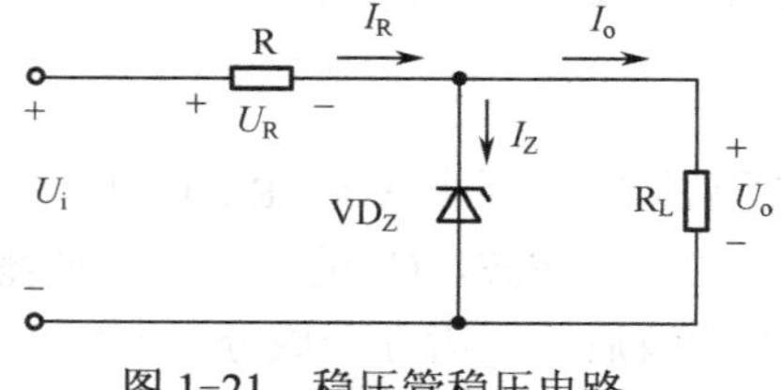

图 1-21　稳压管稳压电路

VD_Z 工作在反向击穿区。VD_Z 击穿后，VD_Z 中的反向电流发生变化时，VD_Z 两端的电压不会变化，也就是 R_L 两端的电压获得稳定。

图 1-21 中有 $I_R=I_Z+I_o$，$U_i=U_R+U_o$。若输入电压 U_i 升高，则输出电压 U_o 将有升高趋势，稳压管电流 I_Z 急增，I_R 也急增，电阻 R 上的压降 U_R 升高，U_R 的升高抵消了 U_i 的升高，从而使 U_o 保持稳定。上述过程可表述如下：

$$U_i\uparrow\rightarrow U_o\uparrow\rightarrow I_Z\uparrow\rightarrow I_R\uparrow\rightarrow U_R\uparrow\rightarrow U_o\downarrow$$

同理，如果输入电压 U_i 降低，则其稳压过程与上述相反，输出电压仍将保持稳定。

当负载电流增大时，通常输出电压有下降的趋势，则 I_Z 将急降，I_R 也急降，电阻 R 上的压降 U_R 减小，从而使输出电压回升。上述过程可表述如下：

$$I_L\uparrow\rightarrow U_o\downarrow\rightarrow I_Z\downarrow\rightarrow I_R\downarrow\rightarrow U_R\downarrow\rightarrow U_o\uparrow$$

同理，当负载电流减小时，其稳压过程与上述相反，输出电压仍将保持稳定。

由以上分析可知，稳压管两端电压的微小变化，会引起电流 I_Z 的较大变化，通过电阻 R 起电压调整作用，保证了输出电压的稳定。

2. 电路参数计算

1）稳压管型号的确定

一般选用稳压管型号要看 U_Z、I_{ZM} 和 r_Z。一般选取：

$$U_Z=U_o$$
$$I_{ZM}=(1.5\sim3)I_{omax}$$
$$r_Z\leqslant R_o$$

式中，R_o 为所要求的输出电阻。

2）输入电压 U_i 的确定

当电网电压波动时，输入电压 U_i 必须高于输出电压，这是实现稳压的前提。U_i 越高，限流电阻 R 的阻值可选得大一些，则稳压效果越好。但 U_i 太高，R 上的压降太大，则损耗会太大。一般选取：

$$U_i=(2\sim3)U_o$$

3）限流电阻的计算

限流电阻 R 的阻值如果选得太大，则电流 I_R 太小，稳压管的电流 I_Z 太小甚至无电流，稳压电路就不能工作。R 的阻值若选得太小，则电流 I_R 太大，稳压管的电流 I_Z 太大，当超过稳压管的 I_{Zmax} 参数时，稳压管可能损坏。

当电网电压最高（即 U_i 最高）且负载电流最小时，流过稳压管的电流最大。此时，稳压管的电流不应超过手册上给出的稳压管的最大允许电流 I_{Zmax}，即：

$$\frac{U_{imax}-U_o}{R}-I_{omin}<I_{Zmax}$$

由此得出限流电阻的下限值为

$$R_{min}>\frac{U_{imax}-U_o}{I_{Zmax}+I_{omin}}$$

当电网电压最低（即 U_i 最低）且负载电流最大时，流过稳压管的电流最小。此时，稳压管的电流应大于手册上给出的稳压管的工作电流 I_Z，即：

$$\frac{U_{\text{imin}} - U_o}{R} - I_{\text{omax}} > I_Z$$

由此可得出限流电阻的上限值为

$$R_{\max} < \frac{U_{\text{imin}} - U_o}{I_Z + I_{\text{omax}}}$$

限流电阻选择为

$$R_{\min} < R < R_{\max}$$

注意：还要注意限流电阻的功率问题。

实例 1–1 在如图 1-21 所示电路中，已知 U_i =12 V，电网电压允许波动范围为±10%，稳压管的稳定电压 U_Z =5 V，最小稳定电流 I_Z =5 mA，最大稳定电流 I_{Zmax}=40 mA，负载电流为 10～20 mA，试求 R 的取值范围。

解 根据限流电阻计算公式，有：

$$R_{\min} > \frac{U_{\text{imax}} - U_o}{I_{\text{Zmax}} + I_{\text{omin}}} = \frac{(1.1\times12)\ \text{V} - 5\ \text{V}}{0.04\ \text{A} + 0.01\ \text{A}} = 164\ \Omega$$

$$R_{\max} < \frac{U_{\text{imin}} - U_o}{I_Z + I_{\text{omax}}} = \frac{(0.9\times12)\ \text{V} - 5\ \text{V}}{0.005\ \text{A} + 0.02\ \text{A}} = 232\ \Omega$$

因此，R 的取值范围是 164 ~ 232 Ω。

3．硅稳压管稳压电路的特点

硅稳压管稳压电路的输出电压是不能调节的，负载电流变化范围较小，输出电阻较大，约几个欧姆到几十欧姆，因此稳压性能较差。但当其电路结构简单，负载短路时，稳压管不会损坏。因此，仅适用于 U_o 固定、负载电流较小及稳压性能要求不高的场合。

1.2.2 串联型稳压电源结构与输出电压

1．简易串联型稳压电路

硅稳压管稳压电路的缺点：带负载能力差；输出电压不可调。在输出端加入射极输出器 VT，就构成简易串联型稳压电源，如图 1-22 所示。将稳压管接在 VT 的基极，则有 $U_o = U_Z - 0.7$ V。稳压管对 VT 的基极电压进行稳压，就是对输出电压进行稳压，因为两者相差一个常数电压 U_{BE}。接入射极输出器 VT 后，提高了带负载能力，使负载电流增大（$1+\beta$）倍，但输出电压不能调节，还需要改进。

2．输出电压固定的串联型稳压电路

1）电路结构

若在射极输出器前加入一个带有负反馈的放大器，则构成输出电压固定的串联型稳压

电路，如图 1-23 所示。其中，VT 为调整管、VD_Z 和 R 构成基准电路、R_1 和 R_2 为取样电路、运放 A 是比较放大电路。

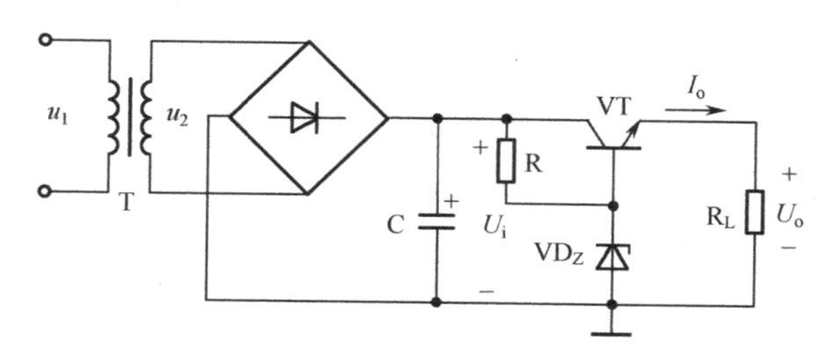

图 1-22　简易串联型稳压电路

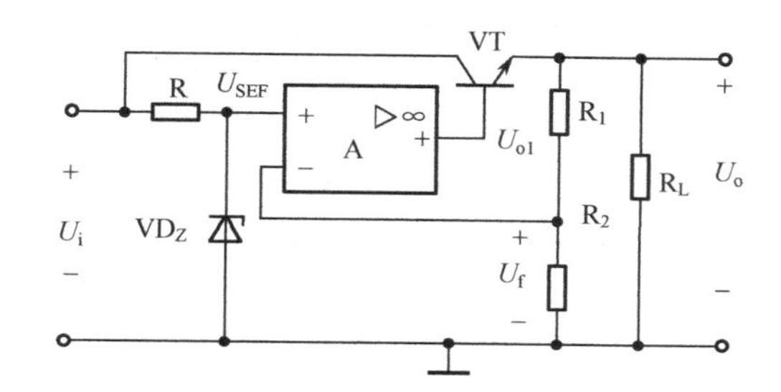

图 1-23　输出电压固定的串联型稳压电路

由于增加了由运放 A 构成的比较放大电路，所以提高了对调整管的控制能力，即提高了电路的稳压性能。

2）稳压原理

对于如图 1-23 所示的稳压电路，稳压原理如下。

（1）输入电压变化时的稳压原理如下：

$$U_i\uparrow \rightarrow U_o\uparrow \rightarrow U_f\uparrow \rightarrow U_{o1}\downarrow \rightarrow U_{CE}\uparrow \rightarrow U_o\downarrow$$

（2）负载电流变化时的稳压原理如下：

$$I_L\uparrow \rightarrow U_o\downarrow \rightarrow U_f\downarrow \rightarrow U_{o1}\uparrow \rightarrow U_{CE}\downarrow \rightarrow U_o\uparrow$$

3）输出电压计算

输出电压计算如下。

$$U_Z = U_f = U_o \frac{R_2}{R_1 + R_2}$$

$$U_o = U_Z \frac{R_1 + R_2}{R_2}$$

3. 输出电压可调的串联型稳压电路

1）电路结构

将如图 1-23 所示的稳压电路再进行改进，即将调整管改为由 VT_1、VT_2 组成的复合管，比较放大由运放改为 VT_3，取样电路增加一个可调电阻 R_P，则构成输出电压可调的串联型稳压电路。调节 R_P 可以改变输出电压。

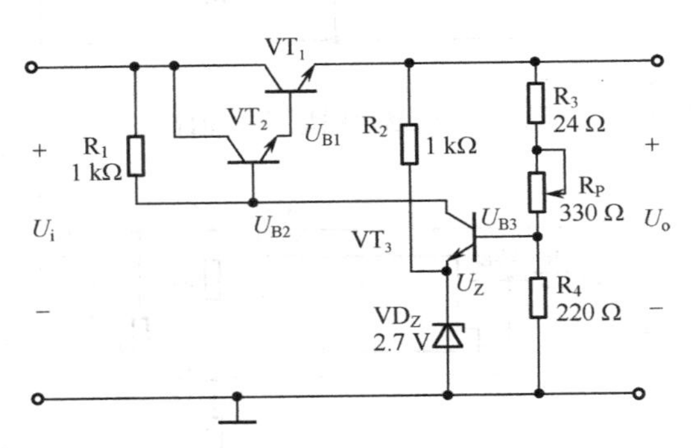

图 1-24　输出电压可调的串联型稳压电路

2）稳压原理

对于如图 1-24 所示电路，当 U_i 增加或输出电流减小使 U_o 升高时，有下列稳压过程：

$$U_o\uparrow \rightarrow U_{B3}\uparrow \rightarrow U_{BE3}=(U_{B3}-U_Z)\uparrow \rightarrow U_{C3}(U_{B2})\downarrow \rightarrow U_o\downarrow$$

同理，当 U_i 降低或输出电流增大使 U_o 下降时，也能稳压。

3）输出电压计算

对于如图 1-24 所示电路，输出电压 U_o 计算如下：

$$U_Z + U_{BE3} = \frac{R_4}{R_3 + R_4 + R_P} U_o$$

$$U_o = (U_Z + U_{BE3}) \frac{R_3 + R_4 + R_P}{R_4}$$

当 R_P 调到最大时，输出电压也为最大 U_{omax}；当 R_P 调到最小时，输出电压也为最小 U_{omin}。将如图 1-24 所示电路中的元件参数代入，可求出如图 1-24 所示电路的输出电压的调节范围。

$$U_{omin} = (U_Z + U_{BE3}) \frac{R_3 + R_4 + R_p}{R_4} = \frac{24 + 220 + 330}{220} \times 3.4 = 9.8\,(V)$$

$$U_{omin} = (U_Z + U_{BE3}) \frac{R_3 + R_4 + R_p}{R_4} = \frac{24 + 220}{220} \times 3.4 = 3.77\,(V)$$

1.2.3　稳压电路的保护措施

当稳压电路输出端短路时，会导致电路烧毁。为避免这种情况的发生，有必要加上保护措施。

1．限流型保护电路

限流型保护电路如图 1-25 所示。VT_S 是保护三极管，是当发生短路时，通过电路中取样电阻 R_S 的反馈作用，使输出电流 I_o 得以限制。当 I_o 较小时，在 R_S 上产生的压降不能使 VT_S 导通，VT_S 不起作用；当 $I_o>I_{OM}$（负载短路）时，在 R_S 上产生的压降足以使 VT_S 导通，VT_S 对 I_A 分流，从而使 I_B 减小，I_o 减小，保护了调整管 VT。

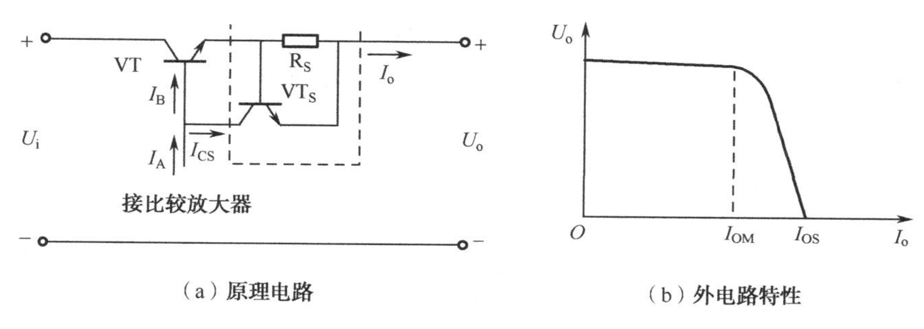

（a）原理电路　　（b）外电路特性

图 1-25　限流型保护电路

2．截流型保护电路

截流型保护电路如图 1-26 所示，VT_S 是保护三极管，R_S 是取样电阻。当发生负载短路时，通过保护电路使调整管 VT 截止，从而限制了短路电流，使之接近为零。VT_S 的 U_{BES} 电压计算如下：

$$U_{BES}=I_oR_S-U_{R_1}\approx I_oR_S-\frac{R_1}{R_1+R_2}U_o$$

选取适当的 R_1、R_2，当 $I_o<I_{OM}$ 时，$U_{BES}<0.7$ V，则 VT_S 截止，电路正常工作。

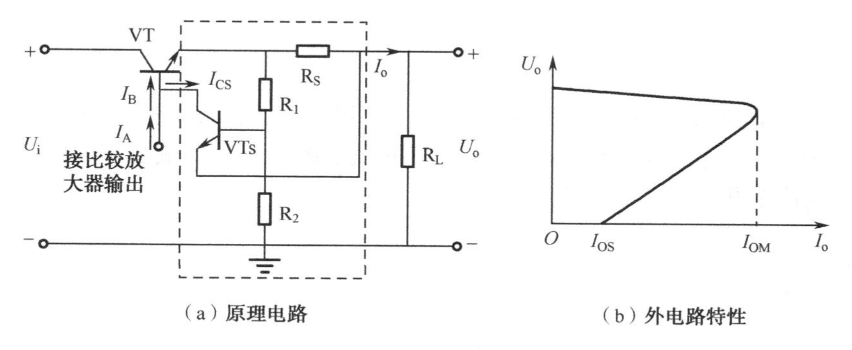

（a）原理电路　　（b）外电路特性

图 1-26　截流型保护电路

当 $I_o>I_{OM}$ 时，I_o 增加，$U_{BES}>0.7$ V，则 VT_S 导通，这时立即引起下列反馈过程：

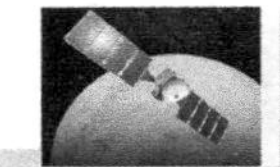

$I_{CS}\uparrow \rightarrow I_B\downarrow \rightarrow I_o\downarrow \rightarrow U_{CE1}\uparrow \rightarrow U_o\downarrow \rightarrow U_{R1}\downarrow$（超过 $I_oR_S\downarrow$）$\rightarrow I_{CS}\uparrow \rightarrow I_B\downarrow$

随着这一过程的快速进行，使电路的输出电压和输出电流都迅速减小，使它们的值都近似为零，从而实现了截流的作用，这种保护法的优点是调整管 VT 的功耗很小。

1.2.4 稳压电路的性能指标

稳压电路的技术指标分为两大类：一类为特性指标，用来表示稳压电路规格，有输入电压、输出功率或输出直流电压和电流范围；另一类为质量指标，用来表示稳压性能。

1．稳压系数 S_U

$$S_U = \frac{\Delta U_o / U_o}{\Delta U_i / U_i}\Big|_{\Delta I_o=0} \times 100\%$$

该指标反映了电网电压波动对稳压电路输出电压稳定性的影响，S_U 越小表示电网电压波动对输出电压的影响越小。

2．负载调整特性 S_I

$$S_I = \frac{\Delta U_o / U_o}{\Delta I_o / I_o}\Big|_{\Delta U_i=0} \times 100\%$$

该指标反映了负载变化对输出电压稳定性的影响。S_I 越小表示负载变化对输出电压的影响越小。

3．输出电阻 R_o

$$R_o = -\frac{\Delta U_o}{\Delta I_o}\Big|_{\Delta U_i=0}$$

其含义与 S_I 相似。R_o 越小，负载变化对 U_o 变化的影响越小，表示带负载能力越强。一般 $R_o<1\ \Omega$。

4．纹波抑制比 S_R

$$S_R = 20\lg\frac{U_{iP}}{U_{oP}}\text{dB}$$

U_{iP} 是 100 Hz 输入交流峰值，U_{oP} 是 100 Hz 输出交流峰值。该指标反映稳压电路输入电压 U_i 中含有 100 Hz 交流分量峰值或纹波电压的有效值经稳压后的减小程度。一般输出电压峰值 U_{iP} 为几毫伏至几百毫伏。S_R 越大，表示 U_{oP} 越小。

5．温度系数 S_T

$$S_T = \frac{\Delta U_o / U_o}{\Delta T}\Big|_{\Delta I_o=0,\Delta U_i=0} \times 100\%$$

该指标反映温度对输出电压稳定性的影响，S_T 越小表示温度变化对稳压电路的影响越小。

1.3 三端集成稳压器

随着集成电路技术的发展，串联型稳压电路越来越多采用集成电路的解决方案，三端集成稳压器具有非常高的性价比，被广泛采用。三端集成稳压器最早由美国的国家半导体公司研发成功，器件名为 LM78XX 和 LM79XX，78 系列用于正电源稳压，79 系列用于负电源稳压，后面 XX 指的是稳定输出电压值。现在市场上也有大量兼容的产品，可以选用。

1.3.1 三端集成稳压器分类

LM78XX 和 LM79XX 系列一般用于固定电压的输出。根据不同输出功率应用又有衍生产品，中功率的有 LM78MXX 和 LM79MXX 系列，小功率的有 LM78LXX 和 LM79LXX 系列。

对于一些场合，需要可调电压的输出，有三端可调正输出集成稳压器 LM117/ LM217/ LM317 和三端可调负输出集成稳压器 LM137/ LM237/ LM337。LM117/ LM217/ LM317 分别对应于军用级、工业级和商业级的应用，从功能角度看则是一样的。LM137/ LM237/ LM337 也是同样道理。

线性三端集成稳压器的分类如下。

（1）7800 系列——稳定输出正电压

LM7805　　输出+5 V
LM7809　　输出+9 V
LM7812　　输出+12 V
LM7815　　输出+15 V

（2）7900 系列——稳定输出负电压

LM7905　　输出−5 V
LM7909　　输出−9 V
LM7912　　输出−12 V
LM7915　　输出−15 V

（3）三端可调正输出集成稳压器

LM117--/LM117M--/LM117L--
LM217--/ LM217M--/LM217L--
LM317--/LM317M--/LM317L--

（4）三端可调负输出集成稳压器

LM137--/LM137M--/LM137L--
LM237--/LM237M--LM237L--
LM337--/LM337M--/LM337L--

（5）三端低压差集成稳压器

LM1930
LM2930
LM3930

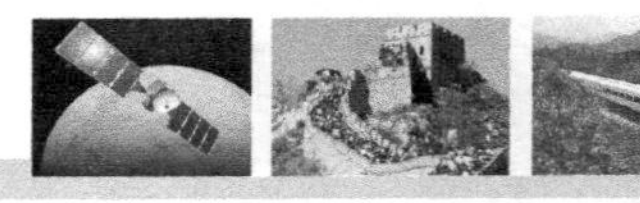

上述线性三端集成稳压器国标型号数字后缀“--”表示输出电压的稳定值，稳压值前有 M 的表示输出电流中等，稳压值前有 L 的表示输出电流最小，稳压值前没有英文字母的表示输出电流达到安培级为最大。

普通三端集成稳压器在应用时，输入电源必须大于输出电压 2.5 V 以上，才能按照设计要求进行输出。对于输入电源电压比较低的情况，则需选用低压差集成稳压器。

当前，便携式电子设备大量采用低电压供电方式，各种低压差集成稳压器大量出现。例如，AMS1117 系列，-3.3 可以输出 3.3 V 电压。

如图 1-27 所示是一种常用的 78 系列的三端集成稳压器，分为金属封装和塑料封装两种，①脚输入端，②脚输出端，③脚公共端。输入电压在高于输出电压 2.5 V 以上，输出电压固定。

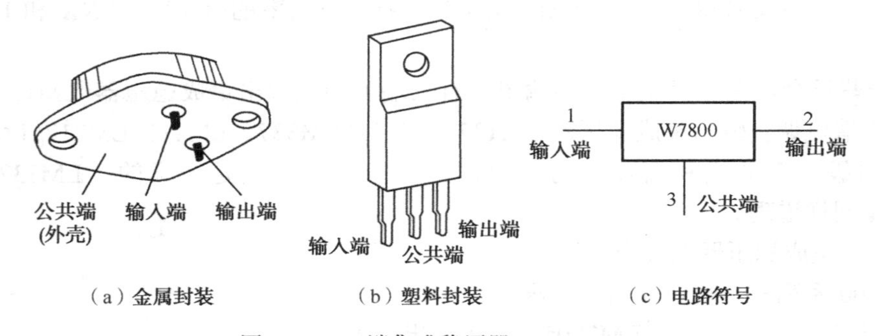

图 1-27　三端集成稳压器 LM78XX

1.3.2　三端集成稳压器内部电路

LM78XX 和 LM79XX 系列三端集成稳压器内部由多个晶体管构成，一个典型的三端集成稳压器内部电路如图 1-28 所示。

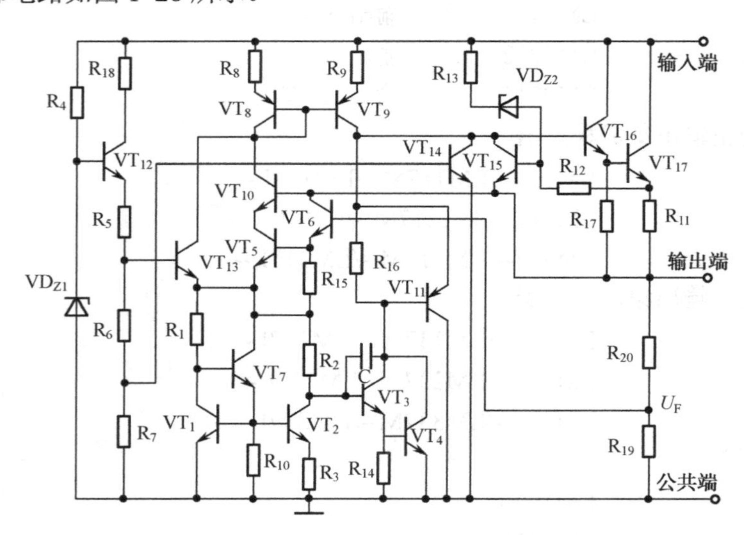

图 1-28　三端集成稳压器内部电路

1. 启动电路

启动电路由 R_4、VD_{Z1}、VT_{12}、VT_{13}、R_5、R_6、R_7 和 R_{18} 组成。上电后，R_4、VD_{Z1} 先导通，使得 VT_{12} 和 VT_{13} 导通，随后 VT_8 和 VT_9 也导通，整个电路进入正常工作状态。此后 R_1 上的压降增加，使 VT_{13} 截止状态，切断了输入回路与基准源之间的联系。

2. 基准电压源

基准电压源是由 VT_1～VT_7 和电阻 R_1～R_3 组成的带隙基准电压源。

$$U_F=U_{BE3}+U_{BE4}+U_{BE5}+U_{BE6}+I_{C2}R_2$$

3. 放大比较环节

放大比较环节由 VT_3 和 VT_4 组成的复合管构成，电流源 VT_9 作为它的有源负载。VT_3 和 VT_4 既是基准电压电路的一部分，又是比较放大器的放大管。U_F 叠加在基准电压上。输出电压为

$$U_o=U_F\left(1+\frac{R_{20}}{R_{19}}\right)$$

4. 调整环节

调整环节由 VT_{16} 和 VT_{17} 组成的复合管构成，是整个电路的调整管。其集电极接整流滤波电路的输出，其发射极通过 R_{11} 接负载电阻 R_L，可以输出较大的电流。

5. 保护电路

LM78XX 和 LM79XX 系列三端集成稳压器具有以下三种保护电路。

（1）过流保护电路由 R_{11} 和 VT_{15} 组成。

（2）调整管安全区保护电路由 R_{13}、VD_{Z2} 和 VT_{15} 组成。

（3）过热保护电路由 VD_{Z1}、R_7 和 VT_{14} 组成。当芯片内部的温度超过允许的最大值时，R_7 的压降增大，而 U_{BE14} 增大，使得 VT_{14} 管导通。其集电极电流 I_{C14} 使得 VT_{16} 管的基极电流分流，从而限制了 VT_{16} 和 VT_{17} 的电流，芯片功耗也会随之降低，起到过热保护的作用。

如图 1-29 所示是手册提供的三端集成稳压器内部电路框图。

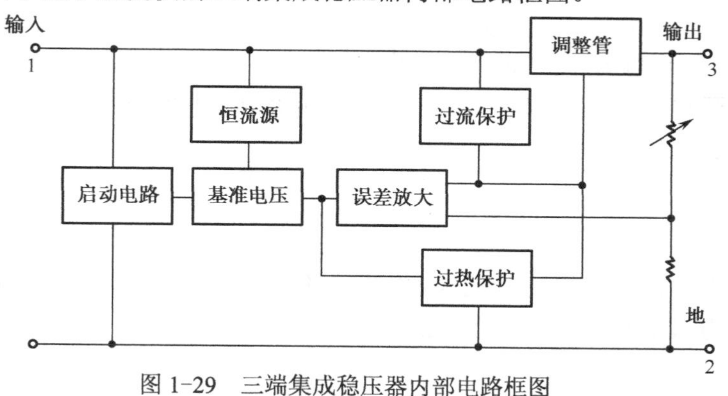

图 1-29　三端集成稳压器内部电路框图

1.3.3 三端可调式稳压器应用

三端可调式稳压器是在三端固定式稳压器的基础上发展起来的，它将稳压器中的取样电路引到集成芯片外面，得到应用更加灵活、输出精度更高的稳压器。

三端可调式集成稳压器种类很多，最常用的是 CW117、CW317 和 CW137、CW337 系列，前者可输出 1.25～37 V 连续可调正电压，后者可输出-1.25～-37 V 连续可调负电压。它们的基准电压分别为±1.25 V，输出额定电流有 0.1 A、0.5 A 和 1.5 A 三种。

1. 三端可调式集成稳压器的基本应用

三端可调式集成稳压器的基本应用如图 1-30 所示。电阻 R 的阻值一般取 120～250 Ω，与可调电阻 R_P 组成稳压电路的取样环节。稳压输出端与调整端之间的压差就是基准电压 U_{REF}，U_{REF} =1.25 V。调整端的电流 I_A=50 μA ，改变 R_P 值可改变输出电压的高低，即有：

$$U_o = U_{REF} + (I_R + I_A)R_P = \left(1+\frac{R_P}{R}\right)U_{REF} + I_A R_P$$

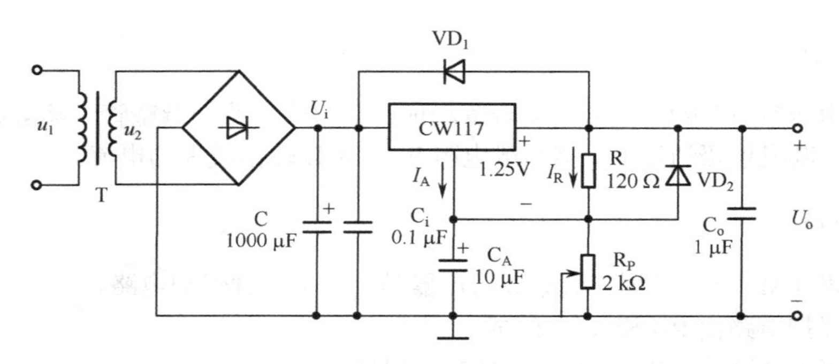

图 1-30 三端可调式集成稳压器的基本应用

在要求精度不太高的场合，可以认为：

$$U_o \approx \left(1+\frac{R_P}{R}\right)U_{REF}$$

电路中的 C_i 和 C_o 用于减小高频噪声，防止自激振荡，提高抑制纹波的能力，一般分别取 0.1 μF 和 1 μF。电容 C_A 用于滤除可调电阻 R_P 两端的纹波，取 10 μF 最佳。二极管 VD_1 用于当输入端断开时为 C_o 提供放电通路，保护稳压器内部的调整管。二极管 VD_2 用于输出端短路时为 C_A 提供放电通路，保护基准电压源。

2. 正、负输出电压可调应用

在图 1-30 的基础上，再配上由 CW137 组成的负稳压器，就构成了如图 1-31 所示的输出电压调节范围为±1.25～±22 V 的对称稳压电路。

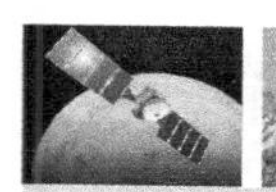

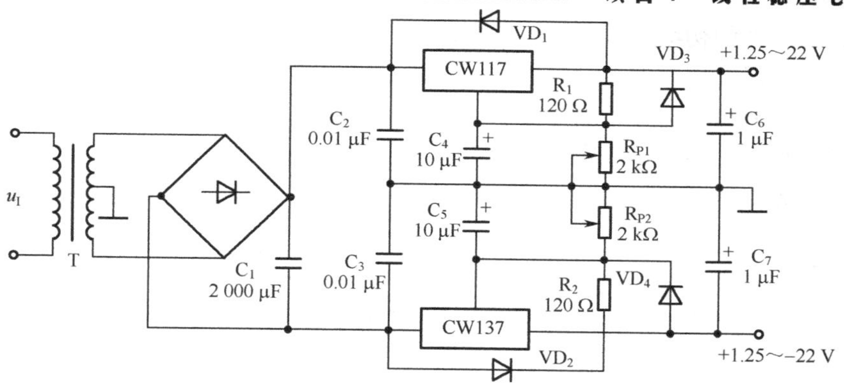

图 1-31　三端可调式集成稳压器的正、负输出应用

任务实施 1　5V 单片机电源设计与制作

Intel8051 系列单片机是一种常用的单片机，其供电通常采用 5 V 稳压电源。本任务是设计与制作 5 V 单片机电源，通过设计与制作，初步掌握线性稳压电源的电路结构（整流、滤波、稳压）与工作原理，熟悉元件的选用，掌握线性稳压电源的调试与参数测试方法。

1．任务准备

（1）5 V 单片机电源原理图一份，如图 1-32 所示。
（2）如图 1-32 所示的元件器，实验板（应包括任务要求所需的元件器）。
（3）每组配备示波器和数字式万用表各一只。
（4）元件器手册。

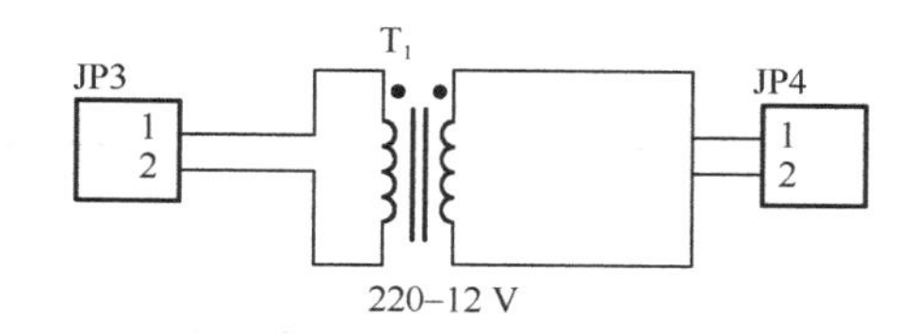

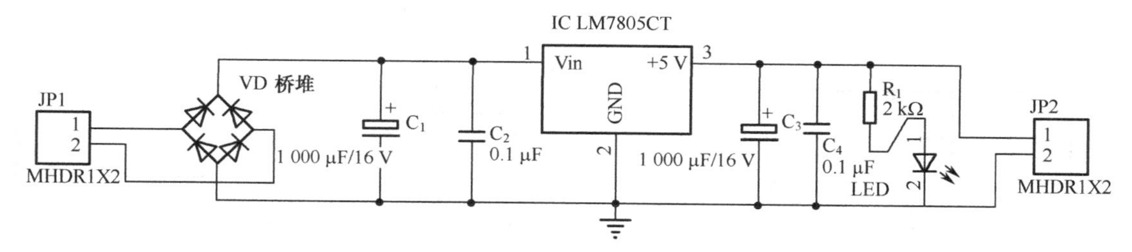

图 1-32　单片机 5 V 电源原理图

完成上述前期准备工作后，就可以开展以下实施过程了。

2．元件测试

根据原理图查阅资料，采用万用表电阻挡分别对元件进行测试。

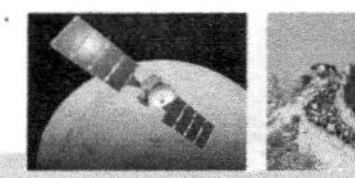

（1）测试变压器的初级、次级绕组的阻值。

（2）测试变压器的绝缘电阻（采用兆欧表或专用测试仪器，由教师演示）。

（3）测试整流桥内部二极管的极性。

（4）测试电解电容的充、放电特性。

（5）测试发光二极管的特性。

3．装配与测试

安装前进行印制板布局规划；讨论布局的合理性；逐级进行元件装配和布线。装配完毕，通电进行下列测试。

（1）测试变压器初级和次级的交流电压。

（2）测试整流输出电压和电压波形（未接入滤波和稳压环节）。

（3）测试加入滤波环节后的电压和波形（分接入假负载和未接入假负载两种情况）。

（4）测试加入稳压环节后的电压和波形（纹波）。

对以上测试操作结果进行记录，撰写工作报告。

4．评分

按如表1-1、表1-2所示的内容进行评分。

表1-1　元件测试评分表

序　　号	项 目 内 容	结果（或描述）	得　　分
1	变压器的初级绕组阻值		
2	变压器的次级绕组阻值		
3	变压器的绝缘电阻		
4	整流桥内部二极管正反向阻值		
5	电解电容的充、放电特性		
6	发光二极管的特性		

表1-2　电源通电测试评分表

序　　号	项 目 内 容	结果（或描述）	得　　分
1	布局规划		
2	安装工艺		
3	布线合理性		
4	变压器初级交流电压		
5	变压器次级交流电压		
6	整流输出电压		
7	整流输出电压波形		

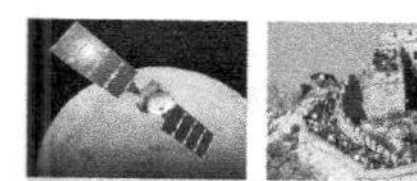

续表

序　号	项目内容	结果（或描述）	得　分
8	稳压环节后电压		
9	纹波（峰峰值）		
10	稳压系数		
11	负载调整特性		
12	输出电阻		

任务实施2　±12 V运放电源设计与制作

运算放大器一般采用±12 V 对称供电，由于线性稳压电源噪声较小，所以运放电路常采用线性稳压电源，三端稳压芯片78系列和79系列具有良好的性价比，常被选用。本任务是设计与制作±12 V 电源，通过设计与制作，进一步掌握线性稳压电源的电路结构（整流、滤波、稳压）与工作原理，熟悉元件的选用，掌握线性稳压电源的调试与参数测试方法。

1．任务准备

（1）运放电源原理图一份，如图1-33所示。
（2）如图1-33所示的元件器，实验板（应包括任务要求所需的元件器）。
（3）每组配备示波器和数字式万用表各一只。
（4）元件器手册。

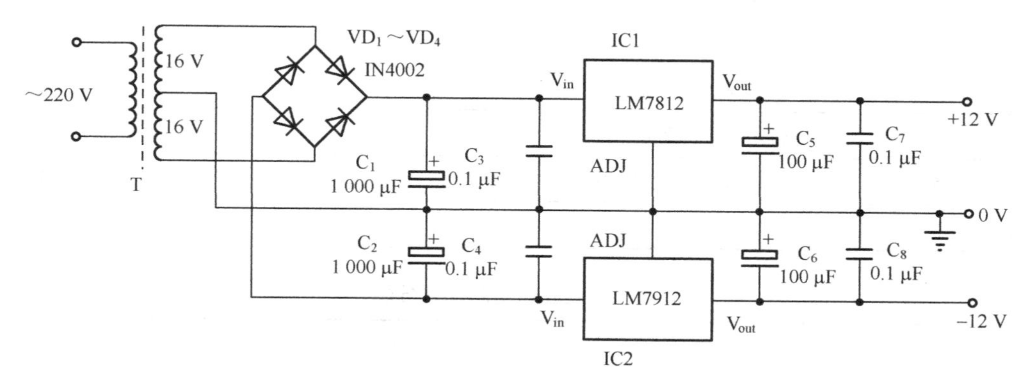

图1-33　运放电源原理图

2．元件测试

根据原理图查阅资料，采用万用表电阻挡分别对元件进行测试。
（1）测试变压器T的初级、次级绕组的阻值。
（2）测试变压器T的绝缘电阻（采用兆欧表或专用测试仪器，由教师演示）。
（3）测试整流二极管VD_1～VD_4的正反向电阻。
（4）测试电容器C_1～C_8的充、放电特性。

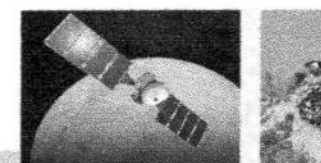

（5）测试 LM7812、LM7912 引脚之间的阻值。

3．装配与测试

1）原理图、PCB 设计与安装

（1）采用 Protel 软件设计原理图。
（2）采用 Protel 软件设计 PCB。
（3）逐级进行布线与安装。

2）逐级进行加电检测

（1）测试变压器初级和次级的交流电压。
（2）测试整流输出电压和电压波形（未接入滤波和稳压环节）。
（3）测试加入滤波环节后的电压和波形（分接入假负载和未接入假负载两种情况）。
（4）测试加入稳压环节后的电压和波形（纹波）。
对以上测试操作结果进行记录，撰写工作报告。

4．评分

按如表 1-3、表 1-4 所示的内容进行评分。

表 1-3　元件测试评分表

序　号	项 目 内 容	结果（或描述）	得　分
1	变压器的初级绕组阻值		
2	变压器的次级绕组阻值		
3	变压器的绝缘电阻		
4	整流二极管正反向阻值		
5	电解电容的充、放电特性		
6	LM7812、LM7912 引脚间阻值		

表 1-4　电源通电测试评分表

序　号	项 目 内 容	结果（或描述）	得　分
1	布局规划		
2	安装工艺		
3	布线合理性		
4	变压器初级交流电压		
5	变压器次级交流电压		
6	整流输出电压		
7	整流输出电压波形		

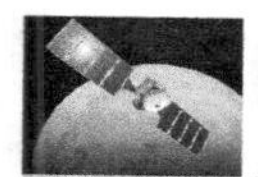

续表

序　　号	项 目 内 容	结果（或描述）	得　　分
8	稳压环节后电压±12V		
9	纹波（峰峰值）		
10	稳压系数		
11	负载调整特性		
12	输出电阻		

思考与练习 1

1．什么是变压器？变压器有哪些主要参数？

2．什么是电解电容？电源中电解电容有何作用？

3．什么是电感？电感有哪些主要参数？

4．电阻、电容、电感的主要标志方法有哪些？怎么识读？

5．如何用万用表检测判断二极管的引脚极性及好坏？

6．桥式整流与半波整流相比，有何优点？

7．经过电容滤波以后，输出直流电压为什么会升高？

8．电容滤波与电感滤波相比较，各有何优缺点？

9．有源滤波为什么滤波效果好？

10．硅稳压管稳压电路中的限流电阻如何选择？

11．硅稳压管稳压电路适用于什么场合？为什么？

12．与图 1-21 稳压电路相比较，图 1-22 稳压电路有何优点？

13．在图 1-24 稳压电路中，R_P 阻值调大时，VT_3、VT_2、VT_1 电流分别如何变化？

14．当输入交流电压 U_i 增大时，图 1-24 电路是如何稳压的？

15．限流型保护与截流型保护主要区别是什么？

16．请分析如图 1-28 所示的三端集成稳压器内部电路中的各三极管的作用。

17．请说明如图 1-30 所示的稳压电源中的各元件的作用。

项目2

开关稳压电源设计制作

通过开关稳压电源的设计与制作调试，能够初步掌握各类开关电源的电路结构、工作原理、元件选用特点，并能绘制开关电源的原理图，能进行开关电源的PCB设计、制作、调试及参数测试。

【知识要求】

（1）了解开关稳压电源的电路特点及优缺点。

（2）熟悉开关电源DC-DC变换器（降压Buck型、升压Boost型、单端变换、推挽变换、半桥变换、全桥变换）的电路基本结构。

（3）掌握串联型、并联型及变压器耦合型开关电源的基本工作原理。

（4）熟悉自激式、他激式开关电源的基本电路组成及工作原理。

【能力要求】

（1）能绘制开关稳压电源的原理图。

（2）能设计开关稳压电源的PCB图。

（3）能正确选用、制作开关稳压电源。

（4）能调试、测试开关稳压电源。

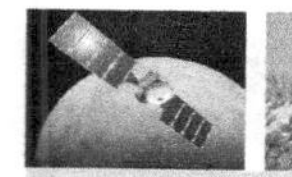

直流电源有两大类，线性稳压电源和开关稳压电源（简称开关电源）。开关稳压电源起源于 20 世纪 60 年代中期，其调整管工作在开关状态，功率损耗较小，电源效率极高。通常当输出功率较小时，线性电源的成本较低而应用广泛，但在某一输出功率点上，线性电源的成本反而高于开关电源，这一点称为成本反转点。随着开关电源技术的不断创新，这一成本反转点日益向低输出功率移动，使开关电源在电视机、计算机及通信设备中得到了广泛的应用。开关电源的高频化是电源技术发展的创新，高频化使开关电源空前小型化，并使开关电源进入更广泛的领域，特别是在高新技术领域的应用，推动了高新技术产品的小型化、轻量化。另外，开关电源的发展在节约资源及保护环境方面都具有深远的意义。

2.1　开关电源的结构及工作原理

2.1.1　开关电源的特点及类型

1. 开关稳压电源的特点

开关稳压电源的基本特征是直接将 220 V/50 Hz 交流电整流滤波成约 300 V 的直流电压，然后进行直流-直流（DC-DC）变换，即再将 300 V 未稳的直流电压变换成各种所需数值的稳定直流电压。

开关稳压电源的基本特征是电源稳压部分调整管工作在高频开关状态，因而电源效率极高。开关电源具有以下一些特点。

1）功耗小、效率高

线性稳压电源的调整管工作在线性放大状态，功耗大，电源效率低。开关稳压电源的开关管工作在开关状态。开关管饱和导通时，C 和 E 两端的压降接近于零；开关管截止时，集电极电流为零。因此，开关管的功率损耗很小，电源效率很高，通常可达到 70%～95%。

2）稳压范围宽

一般线性稳压电源允许电网电压波动范围为 220 V±10%，而性能优异的开关稳压电源，当电网电压在 90～270 V 范围内变化时，也能获得稳定的直流电压输出。

3）质量轻、体积小

开关电源对电网交流电压直接整流滤波，省去了笨重的工频变压器，而且因为开关电源工作频率高，所以滤波电容的容量也可以大大减小。

4）可靠性高

开关电源效率高，自身产生热量少，散热要求低，低温升，可靠性高。开关电源很容易加入灵敏、可靠的过压、过流保护电路，在电源电路或负载电路工作异常时，能快速切断电源，避免故障范围扩大。

5）易于实现多路电压输出

传统的串联型稳压电源只能输出一路直流电压，而开关电源借助于储能变压器不同匝数的绕组可获得不同的直流电压输出。

6）电磁干扰大

开关电源的主要缺点是由于工作频率高，所以开关脉冲产生的电磁干扰大。

2. 开关稳压电源的类型

（1）按直流-直流变换方式可分为单端变换式、推挽变换式、半桥变换式及全桥变换式等。

（2）按开关管与负载的连接方式可分为串联型、并联型及变压器耦合型。

（3）按输出电压高低可分为降压（Buck）型、升压（Boost）型。

（4）按稳压控制方式可分为脉冲宽度控制方式和频率控制方式。

（5）按对开关管的激励方式可分为自激式和他激式。

（6）按使用开关管的类型可分为晶体管型、VMOS 型和晶闸管型。

2.1.2 开关电源功率变换器的电路结构

功率变换器是开关电源的核心部分。常用功率变换器的电路结构有降压（Buck）型、升压（Boost）型、正激式、反激式、推挽变换、半桥变换及全桥变换。

1. 降压（Buck）型电路结构

降压（Buck）型电路结构如图 2-1 所示。功率管 VT 工作在开关状态，VT 导通时，续流二极管 VD 截止，电流以 L 给 C_o 充电。VT 截止时，VD 导通，L 磁场能量经 VD 释放，C_o 再次被充电。输出电压 U_o 低于输入电压 U_i。

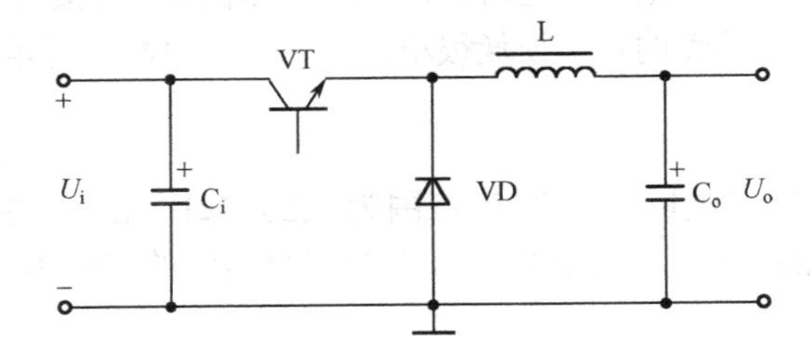

图 2-1 降压（Buck）型电路结构

2. 升压（Boost）型电路结构

升压（Boost）型电路结构如图 2-2 所示。当功率管 VT 导通时，续流二极管 VD 截止，L 中的电流线性增大，即储存的磁场能量增大。当 VT 截止时，L 感应电势极性为“下正上负”，此感应电势与 U_i 相加，使 VD 导通，并给 C_o 充电及向负载提供电能，使输出电压大于输入电压，成为升压型（Boost）开关电源。

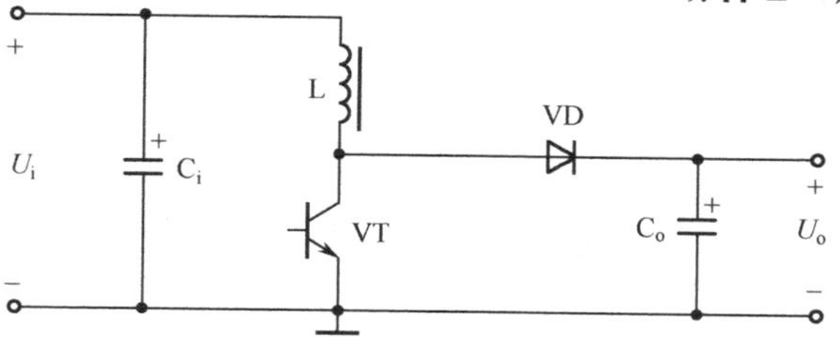

图 2-2 升压（Boost）型电路结构

3. 正激式（Forward）变换器电路结构

正激式变换器电路结构如图 2-3 所示。与 Buck、Boost 变换器相比较，储能电感 L 换成了开关高频变压器。电路特点：功率管 VT 导通时，VD 也导通；功率管 VT 截止时，VD 也截止，故称为正激式变换器。

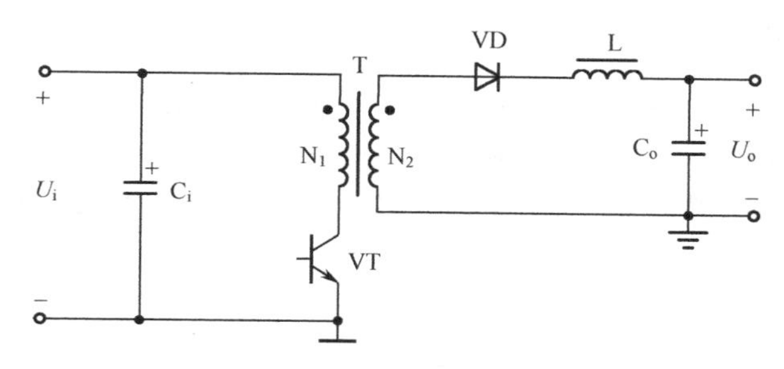

图 2-3 正激式变换器电路结构

变压器的引入不仅实现了输入电源侧与负载侧的电气隔离，也使变换器的输出电压可以高于输入电压，或低于输入电压，还可以实现多路电压输出。

4. 反激式（Flyback）变换器电路结构

反激式变换器电路结构如图 2-4 所示。与正激式变换器相比较，主要是开关变压器的同名端不同。电路特点：功率管 VT 导通时，VD 截止；功率管 VT 截止时，VD 导通，故称为反激式变换器。反激式变换器由于电路简洁，所用元件少，所以适用于多路电压输出场合。

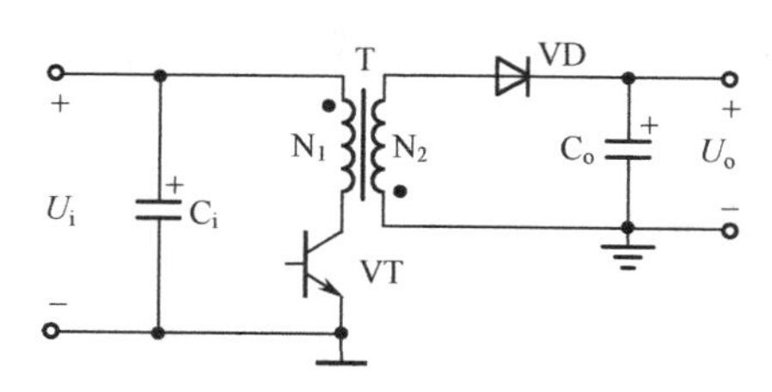

图 2-4 反激式变换器电路结构

5. 推挽（Push-Pull）变换器电路结构

推挽变换器电路结构如图 2-5 所示。开关变压器绕组有中心抽头，有两个功率管 VT_1

和 VT_2，VT_1 与 VT_2 轮流导通，故称为推挽变换器。VD_1 和 VD_2 组成全波整流电路，经 LC 滤波产生直流电压 U_o。

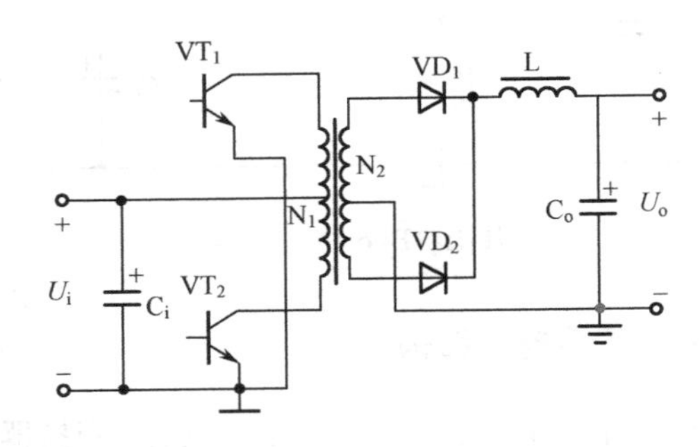

图 2-5 推挽变换器电路结构

6. 半桥（Half-bridge）变换器电路结构

半桥变换器电路结构如图 2-6 所示。与推挽变换器相比较，主要是开关变压器初级绕组没有中心抽头，VT_1 和 VT_2 构成一个桥臂，故称为半桥。VT_1 和 VT_2 仍工作在轮流导通推挽工作状态，使变压器获得交流电流。VD_3、VD_4、L 及 C 组成全波整流电路，产生输出电压 U_o。

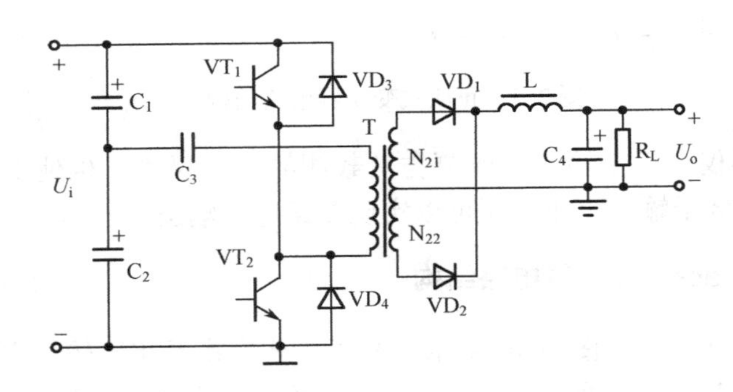

图 2-6 半桥变换器电路结构

推挽变换器开关管截止时承受的电压是输入电压的两倍，开关管易击穿，因而适于输入电压较低的场合。半桥变换器开关管截止时承受的电压为输入电压，开关管不易击穿。

7. 全桥（Full-bridge）变换器电路结构

全桥变换器电路结构如图 2-7 所示。VT_1 和 VT_2 构成一个桥臂，VT_3 和 VT_4 构成另一个桥臂，故称为全桥。当 VT_1 和 VT_4 同时导通时，VT_2 和 VT_3 同时截止；当 VT_2 和 VT_3 同时导通时，VT_1 和 VT_4 同时截止。4 个二极管两两轮流导通，使变压器获得交流电流。VD_5、VD_6、L 及 C_4 组成全波整流电路，产生输出电压 U_o。

半桥变换器中的开关变压器初级绕组仅获得 $U_i/2$ 电压，全桥变换器中的开关变压器初级绕组能获得 U_i 电压，因而全桥变换器输出功率是半桥变换器的 4 倍。

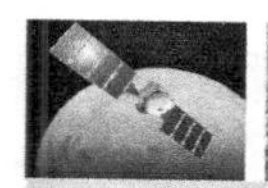

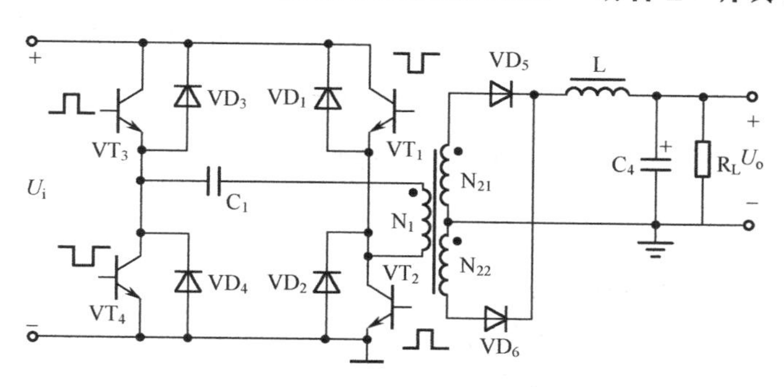

图 2-7　全桥变换器电路结构

2.1.3　常用开关电源基本工作原理

前面介绍了 7 种开关电源功率变换器的电路结构，本节继续分析常用开关电源（串联型、并联型等）的基本工作原理。

1．串联型开关电源

串联型开关电源的基本电路如图 2-8 所示。图 2-8 中，VT 为开关功率管，受开关脉冲激励，工作在截止与饱和状态；VD 为续流二极管；L 为储能电感；C 为输出电压滤波电容；R_L 代表负载。因为开关管、储能电感及负载三者串联，故称其为串联型开关电源，而且是一种降压型开关电源。

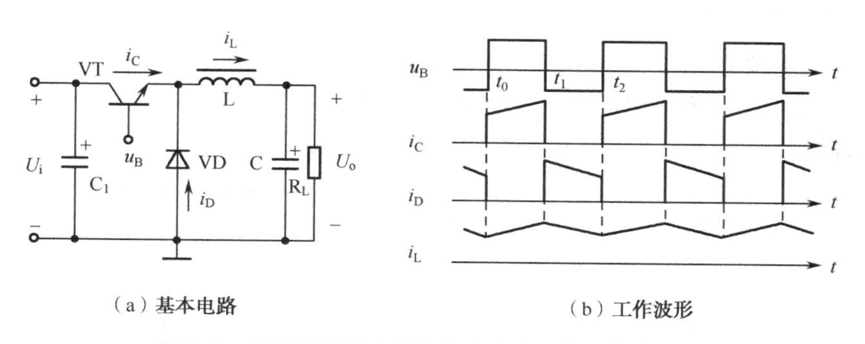

（a）基本电路　　（b）工作波形

图 2-8　串联型开关电源的基本电路及其工作波形

1）基本工作过程

对于如图 2-8（a）所示电路，当开关管饱和导通时，i_C线性增大，输入电压经 VT 和 L 给 C 充电，一方面使滤波电容 C 建立起直流电压，另一方面使储能电感 L 中的磁场能量不断增长。当 VT 截止时，L 感应出“右正左负”极性的电势，续流二极管 VD 导通，L 中的磁场能量经 VD 向 C 及负载释放，使 C 上的直流电压更平滑。

2）输出电压与占空比δ的关系

串联型开关电源的工作波形如图 2-8（b）所示。下面讨论输出电压与占空比δ的关

系。在 t_0～t_1 期间，开关管 VT 导通，电压差 U_i-U_o 加到 L 的两端，L 中的电流变化量为

$$\Delta i_L' = \frac{U_i - U_o}{L}(t_1 - t_0)$$

在 t_1～t_2 期间，续流二极管 VD 导通，L 两端的电压为 U_o，L 中的电流变化量为

$$\Delta i_L'' = \frac{U_o}{L}(t_2 - t_1)$$

电路在平衡状态下，必然满足 $\Delta i_L' = \Delta i_L''$，于是得到：

$$\frac{U_i - U_o}{L}(t_1 - t_0) = \frac{U_o}{L}(t_2 - t_1)$$

解此方程得

$$U_o = \delta U_i \tag{2-1}$$

式中，$\delta = \dfrac{t_1 - t_0}{t_2 - t_0}$，称为占空比。其中，$t_1$-$t_0$ 是开关管的饱和导通时间，t_2-t_0 是开关管的工作周期。由此可知，只要改变激励脉冲的占空比，就可以实现输出电压的调整与稳定。在一个周期内，开关管饱和导通所占的时间越长，占空比就越大，输出电压 U_o 就越高。

3）串联型开关电源的性能

串联型开关电源的优点是不管开关管是饱和还是截止，滤波电容 C 均有能量补充，输出电压较平滑，带负载能力较强。缺点是若开关管的 C-E 极击穿短路，则输入电压 U_i 会全部加到负载上，使输出电压过高。

2. 并联型开关电源

并联型开关电源的基本电路如图 2-9 所示。图中 VT 为开关功率管，VD 为续流二极管，L 为储能电感，C 为输出电压滤波电容，R_L 代表负载。所谓并联型是指开关管或储能电感与负载并联。

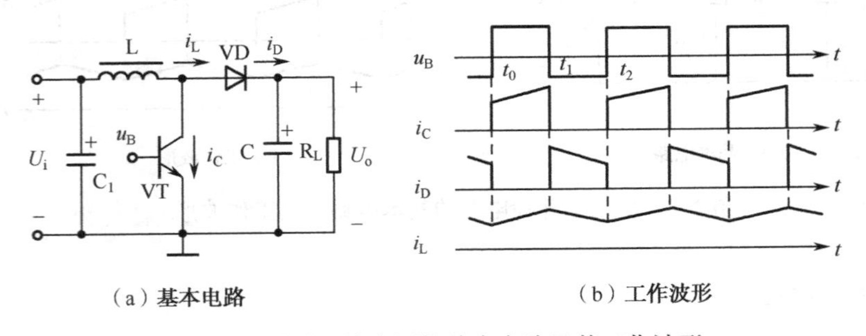

（a）基本电路　　（b）工作波形

图 2-9　并联型开关电源的基本电路及其工作波形

1）基本工作过程

对于如图 2-9（a）所示的电路，当开关管 VT 饱和时，续流二极管 VD 截止，L 中的电流线性增大，即储存的磁场能量增大。当 VT 截止时，L 感应电势极性为“右正左负”，此感应电势与 U_i 相加，使 VD 导通，并给 C 充电及向负载提供电能，使输出电压大于输入电压，成为升压型开关电源。

2）输出电压与占空比δ的关系

并联型开关电源的工作波形如图 2-9（b）所示。下面讨论输出电压与占空比δ的关系。在t_0～t_1期间，VT 导通，电压U_i加到 L 的两端，L 中的电流变化量为

$$\Delta i_L' = \frac{U_i}{L}(t_1 - t_0)$$

在t_1～t_2期间，VT 截止而 VD 导通，L 两端的电压为U_o-U_i，L 中的电流变化量为

$$\Delta i_L'' = \frac{U_o - U_i}{L}(t_2 - t_1)$$

在电路平衡状态下，必然满足$\Delta i_L' = \Delta i_L''$，于是得到：

$$\frac{U_i}{L}(t_1 - t_0) = \frac{U_o - U_i}{L}(t_2 - t_1)$$

解此方程，得输出电压U_o与占空比δ的关系为

$$U_o = \frac{1}{1-\delta}U_i，\quad \delta = \frac{t_1 - t_0}{t_2 - t_0} \tag{2-2}$$

同样，改变激励脉冲的占空比δ，可实现输出电压的调整与稳定。

3）并联型开关电源的性能

并联型开关电源的缺点是只有当开关管 VT 截止时，滤波电容 C 才有能量补充，故输出电压的平滑性差一些；对开关管的耐压要求比串联型的高。优点是开关管的 C-E 极一旦击穿短路，不会产生输出电压过高的现象；输出电压控制范围也较串联型的宽一些。

3．变压器耦合型（反激式）开关电源

变压器耦合型开关电源的基本电路如图 2-10 所示。图中，VT 为开关功率管，VD 为续流二极管，T 为储能变压器（或开关变压器），C 为输出电压滤波电容，R_L代表负载。

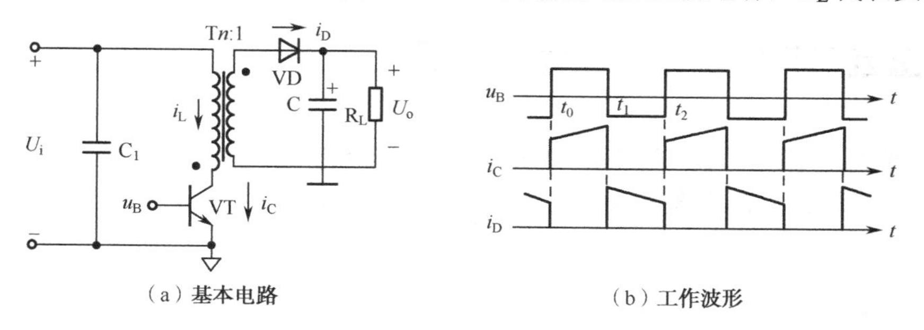

（a）基本电路　　（b）工作波形

图 2-10　变压器耦合型开关电源的基本电路及其工作波形

1）基本工作过程

对于如图 2-10（a）所示的电路，当开关管 VT 饱和导通时，开关变压器 T 初级绕组中的电流线性增大，T 起储存磁场能量的作用，此时变压器次级绕组感应电势的极性为“上负下正”，因而 VD 截止。当 VT 截止时，T 次级绕组感应电势的极性为“上正下负”，VD 导通，T 中的磁场能量向 C 及负载释放，使 C 上建立起直流电压。由于开关管 VT 与整流管 VD 的导通截止情况相反，所以称为反激式 DC-DC 变换开关电源。

2）输出电压与占空比的关系

变压器耦合型开关电源的工作波形如图 2-10（b）所示。在 t_0～t_1 期间，开关管 VT 导通，电压 U_i 加到变压器初级 L 的两端，L 中的电流变化量为

$$\Delta i'_L = \frac{U_i}{L}(t_1 - t_0)$$

在 t_1～t_2 期间，VT 截止而 VD 导通，初级绕组感应电势应为 nU_o，n 为变压器初、次级匝数比。若将变压器次级中的电流变化等效到初级，则相当于初级 L 中的电流变化量为

$$\Delta i''_L = \frac{nU_o}{L}(t_2 - t_1)$$

电路在平衡状态下，必然满足 $\Delta i'_L = \Delta i''_L$，于是得到

$$\frac{U_i}{L}(t_1 - t_0) = \frac{nU_o}{L}(t_2 - t_1)$$

解此方程，得输出电压 U_o 与占空比 δ 的关系为

$$U_o = \frac{\delta}{1-\delta} \cdot \frac{U_i}{n}, \quad \delta = \frac{t_1 - t_0}{t_2 - t_0} \qquad (2-3)$$

由式（2-3）可知，只要在开关变压器中添加不同匝数的独立绕组，就可以获得不同数值的直流电压。

3）变压器耦合型开关电源的性能

变压器耦合型开关电源的性能基本上与并联型开关电源的相同，因此有时也称其为并联型开关电源。其最大优点是可以实现变压器初、次级两侧电路接地点的相互独立。因为开关电源直接对电网电压进行整流滤波，使 U_i 接地点与电网火线相连，所以安全性极差。通过开关变压器，实现 U_i 接地点与 U_o 接地点的相互独立，U_o 接地点与电网相线绝缘。

2.2 自激式开关电源结构与稳压计算

所谓自激式是指控制功率管工作的开关脉冲由功率管自己产生，即功率管一管两用，既是开关管又是振荡管。自激式开关电源由于电路简单，所用元件少，所以经常被小功率开关电源所采用。

2.2.1 电路结构与自激振荡过程

1. 电路结构

如图 2-11 所示是电视机中的自激式单端反激开关电源电路，它主要由整流滤波电路和 DC-DC 变换电路两部分组成。

1）整流滤波电路

开关电源特点是直接对 220 V/50 Hz 交流电进行整波滤波，由 VD_3～VD_6 构成桥式整波电路，由 C_4 滤波后获得约 300 V 直流电压。

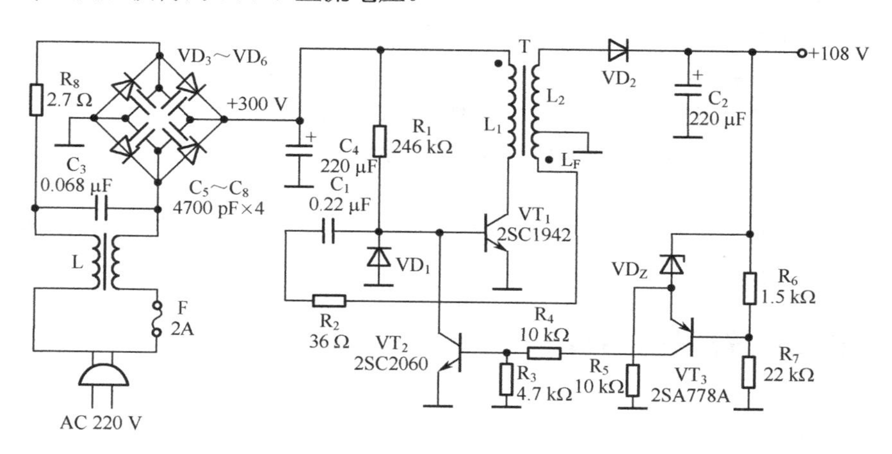

图 2-11 自激式单端反激开关电源电路

在整流滤波电路中，F 是熔丝。L 和 C_3 的作用是滤除电网电压中的高频干扰，其中，L 为双线并绕，对 50 Hz 交流电的通过无影响，对滤除共模高频干扰有特效。R_8 是限流保护电阻，因为在每次交流电接通瞬间，电容 C_4 从 0 V 充电到 300 V，浪涌电流极大，故必须串联大功率小电阻实施限流保护。每个整流二极管的两端都并联 4700 pF 的小电容，可滤除二极管两端的高频干扰。

2）DC-DC 变换电路

DC-DC 变换电路的作用是将 300 V 未稳的直流电压变换成 108 V 稳定的直流电压输出。VT_1 既是开关管又是振荡管，R_1 是开启电阻，T 是开关变压器，R_2 和 C_1 是正反馈元件，VD_2 是续流二极管，C_2 是滤波电容。R_3～R_7、VT_2、VT_3、VDz 构成稳压电路。

2. 开关管振荡工作过程

为了使开关管工作在截止与饱和状态，必须有一个激励脉冲加到开关管的基极。这个激励脉冲如果由开关管通过自激振荡产生，则称其为自激式开关电源。这个激励脉冲如果由其他电路产生，开关管本身不参与开关脉冲振荡，则称其为他激式开关电源。

（1）300 V 电压经开启电阻 R_1 加到开关管 VT_1 的基极，VT_1 开始导通；集电极电流流过开关变压器的初级绕组 L_1，产生“上正下负”电势，并耦合到正反馈绕组 L_F，产生“上负下正”反馈电势；此反馈电势经 C_1 和 R_2 反馈到 VT_1 的基极，使 VT_1 电流进一步增大，于是产生雪崩效应，使开关管 VT_1 进入饱和导通状态。

（2）在 VT_1 饱和期间，L_1 两端有 300 V 直流电压，使 L_1 中的电流线性增大，此时 L_1 两端始终是“上正下负”电势，L_2 两端是“上负下正”电势，此时 VD_2 截止。这一过程属于 L_1 储存磁场能量的过程。

（3）VT_1 不可能长期饱和，因为 VT_1 饱和需要有一个正反馈基极电流，这个电流不断给 C_1 充电，所以使 C_1 右端电压越充越负，导致 VT_1 在饱和期间基极电流逐渐减小，最后 VT_1 将不能继续维持饱和状态。一旦 VT_1 退出饱和，即 VT_1 集电极电流呈减小趋势，T 中 L_1 绕组的感应

电势极性将变反，即“上负下正”。经互感耦合，L_2和L_F电势极性也变反，即“上正下负”。经R_2、C_1反馈，VT_1电流进一步减小，强烈的雪崩过程使VT_1进入截止状态。

（4）在VT_1截止期间，由于L_2电势极性是“上正下负”，所以此时VD_2导通，C_2被充电，C_2获得108 V直流电压。VT_1不会长期截止，因为此时C_1与R_2、L_F绕组及VD_1构成放电回路，放电使得C_1右端电压逐渐回升，最终导致VT_1重新导通。VT_1一旦重新导通，正反馈将使VT_1迅速截止。

以上四个过程循环往复，产生自激振荡。即开关管通过自身振荡工作在饱和、截止状态不断转换的开关状态。

2.2.2 稳压过程及电压计算

1. 稳压过程

与线性稳压电源一样，开关电源也要稳压。在如图 2-11 所示的电路中，R_5、R_6、R_7、VD_Z及VT_3组成取样、基准和误差放大电路，VT_2是稳压控制管，VT_2的导通构成对开关管VT_1基极电流的分流，从而影响开关管饱和导通时间的长短，即影响占空比。

稳压过程为：若电网电压升高或负载减轻使输出电压U_o升高，则经R_6和R_7取样后使VT_3的基极电压也升高，但VT_3的发射极电压升得更高，于是VT_3电流增大，VT_2电流也增大，VT_2对VT_1基极电流构成更多的分流，VT_1饱和导通期缩短，即占空比减小，输出电压将下降到原标准值（108 V）。

同理，当输出电压降低时，经过与上述相反的稳压过程，输出电压会升回到原标准值。

2. 输出电压计算

如图 2-11 所示开关电源的输出电压由取样、基准电路决定，计算式为

$$U_o = (U_Z + U_{BE3}) \times \frac{R_6 + R_7}{R_6}$$

不同的开关电源电路，稳压的基本原理都是类似的，即控制开关管的饱和导通期的长短，即改变占空比。所有开关电源的稳压取样、基准和误差放大电路几乎都相似。

以上介绍的开关电源属于较简单的一种，实际开关电源要增加一些起保护作用的元件。开关电源的优点虽多，但缺点也有，如电路较复杂、开关管集电极一般有几百伏峰峰值的开关脉冲产生，这易使开关管击穿损坏，且易产生开关脉冲辐射干扰等。

自激式单端反激开关电源的主要优点是电路简单，由于开关管兼振荡管，所以省去了许多元件。主要缺点是输出电压的接地端属于“热地”。所谓“热地”是指输出电压的地线与220 V/50 Hz交流电的火线相连，因此安全性较差。

2.3 他激式开关电源电路及应用

所谓他激式是指控制功率管工作的开关脉冲由其他电路振荡产生。由于开关脉冲振荡电路单独设计，所以可以将电路设计到最佳状态，可以增加一些如软启动、过压、欠压、

过温等保护功能。他激式开关电源一般采用专用的 PWM 集成芯片，以固定开关频率产生 PWM 驱动脉冲波形。PWM 集成芯片很多，本节主要介绍 UC3842 和 TL494 芯片。

2.3.1　基于 UC3842 的他激式开关电源

UC3842 是美国 Unitrode 公司（该公司现已被 TI 公司收购）生产的一种高性能单端输出式电流控制型脉宽调制器芯片，可直接驱动双极型晶体管、MOSFEF 和 IGBT 等功率型半导体器件，具有引脚数量少、外围电路简单、安装调试简便、性能优良等诸多优点，广泛应用于计算机、显示器等系统电路中作为 100 W 以下开关电源驱动器件。

1. UC3842 芯片功能

如图 2-12 所示为 UC3842 内部框图和引脚图，UC3842 采用固定工作频率脉冲宽度可控调制方式，共有 8 个引脚，各引脚功能如下。

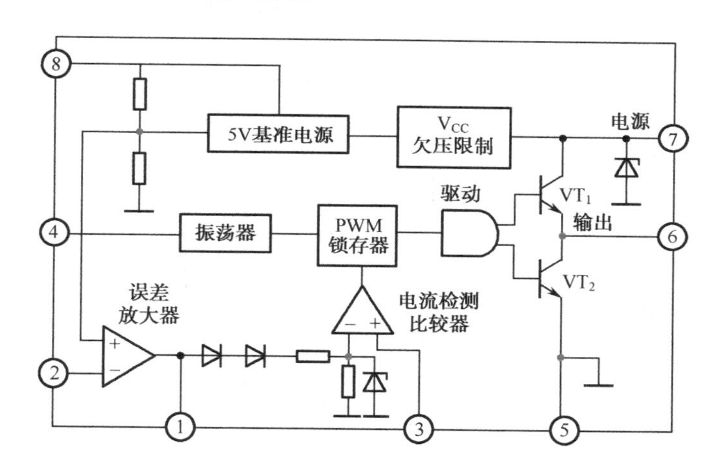

图 2-12　UC3842 内部框图和引脚图

① 脚是误差放大器的输出端，外接阻容元件，用于改善误差放大器的增益和频率特性。

② 脚是反馈电压输入端，此脚电压与误差放大器同相端的 2.5 V 基准电压进行比较，产生误差电压，从而控制脉冲宽度。

③ 脚为电流检测输入端，当检测电压超过 1 V 时缩小脉冲宽度使电源处于间歇工作状态。

④ 脚为定时端，内部振荡器的工作频率由外接的阻容时间常数决定，f=1.8/(R_T×C_T)。

⑤ 脚为公共地端。

⑥ 脚为推挽输出端，内部为图腾柱式，上升、下降时间仅为 50 ns，驱动能力为±1 A。

⑦ 脚是直流电源供电端，具有欠压、过压锁定功能，芯片功耗为 15 mW。开关电源启动的时候需要在该引脚加一个不低于 16 V 的电压，芯片工作后，输入电压可以在 10～30 V 之间波动，低于 10 V 时停止工作。

⑧ 脚为 5 V 基准电压输出端，有 50 mA 的负载能力。

2. 基于 UC3842 组成的开关电源电路

如图 2-13 所示为由 UC3842 组成的开关电源电路，220 V 市电由 C_1、L_1 滤除电磁干扰，负温度系数的热敏电阻 R_{t1} 限流，再经桥堆 VC 整流、C_2 滤波，电阻 R_1、电位器 R_{P1} 降压后加到 UC3842 的供电端（⑦脚），为 UC3842 提供启动电压，电路启动后变压器的次级绕组③④的整流滤波电压一方面为 UC3842 提供正常工作电压，另一方面经 R_3、R_4 分压加到误差放大器的反相输入端②脚，为 UC3842 提供负反馈电压。其规律是此脚电压越高，驱动脉冲的占空比越小，以此稳定输出电压。④脚和⑧脚外接的 R_6、C_8 决定了振荡频率，其振荡频率的最大值可达 500 kHz。R_5、C_6 用于改善增益和频率特性。⑥脚输出的方波信号经 R_7、R_8 分压后驱动 MOSFEF 功率管，变压器初级绕组①②的能量传递到次级各绕组，经整流滤波后输出各数值不同的直流电压供负载使用。电阻 R_{10} 用于电流检测，经 R_9、C_9 滤滤后送入 UC3842 的③脚形成电流反馈环。因此由 UC3842 构成的电源是双闭环控制系统，电压稳定度非常高，当 UC3842 的③脚电压高于 1 V 时振荡器停振，保护功率管不至于过流而损坏。

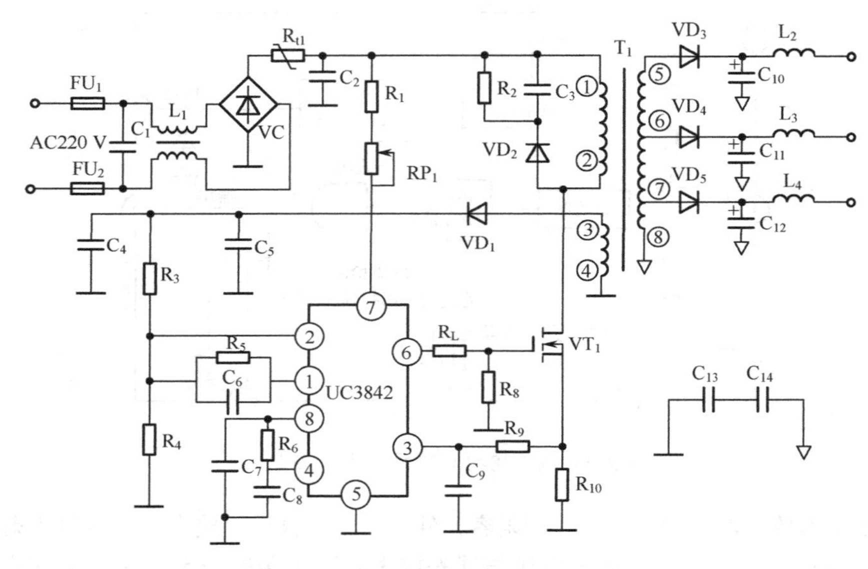

图 2-13　基于 UC3842 组成的开关电源电路

3. 电路的调试

此电路的调试需要注意：一是调节电位器 R_{P1} 使电路起振，起振电流在 1 mA 左右；二是起振后变压器③④绕组提供的直流电压应能使电路正常工作，此电压的范围为 11～17 V；三是根据输出电压的数值大小来改变 R_4，以确定其反馈量的大小；四是根据保护要求来确定检测电阻 R_{10} 的大小，通常 R_{10} 是 2 W、1 Ω以下的电阻。

4. 重要元件选择

（1）R_{t1}（热敏电阻）：电源激活的瞬间，由于 C_2 充电电流极大，可能对电源产生伤害，所以必须在滤波电容之前加装一个热敏电阻，以限制开机瞬间电流。但因热敏电阻会

消耗功率，所以不可放太大的阻值（否则会影响效率），一般使用 SCK053（3 A/5 Ω），若电容 C_1 使用较大的值，则必须考虑将热敏电阻的阻值变大。

（2）VC（整流二极管）：将 AC 电源以全波整流的方式转换为 DC，由变压器所计算出输入电流 I_{in} 值，通常使用 1 A/600 V 的整流二极管，因为是全波整流，所以耐压只要 600 V 即可。

（3）C_2（滤波电容）：若 AC 输入范围在 90～264 V（或 180～264 V），因 C_2 两端电压最高约 380 V，所以必须使用耐压 400 V 的电容。

（4）VD_1、VD_3、VD_4、VD_5（整流二极管）：一般常用 FR105（1 A/600 V）或 BYT42M（1 A/1000 V）。

（5）VT_1（N-MOS）：目前常使用的为 3 A/600 V 及 6 A/600 V 两种。

2.3.2 基于 TL494 的他激式开关电源

TL494 是美国德州仪器公司生产的电压驱动型 PWM 控制芯片，在显示器、计算机等开关电源电路中使用。TL494 的输出三极管可接成共发射极及射极跟随器两种方式，因而可以选择双端推挽输出或单端输出方式。在推挽输出方式时，它的两路驱动脉冲相差 180°；而在单端输出方式时，其两路驱动脉冲为同频同相。

1. TL494 芯片功能

TL494 的内部功能框图如图 2-14 所示。其引脚功能说明如下。

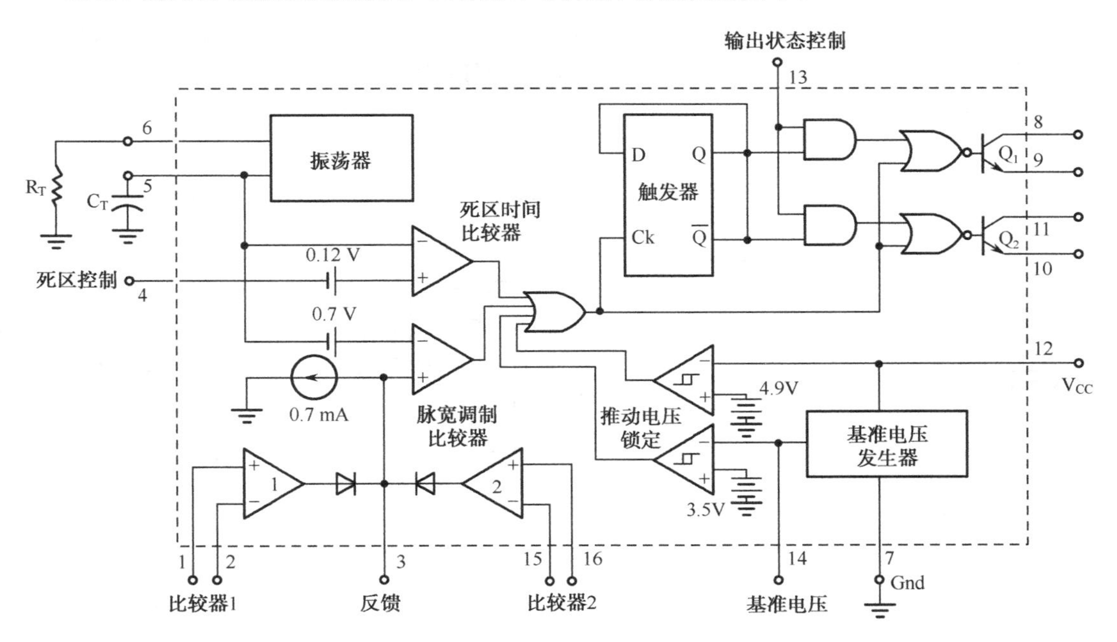

图 2-14 TL494 内部功能框图

①、②脚分别为误差比较放大器的同相输入端和反相输入端。

③脚为控制比较放大器和误差比较放大器的公共输出端，输出时表现为或输出控制特性，也就是在两个放大器中，输出幅度大者起作用。当③脚的电平变高时，TL494 送出的

驱动脉冲宽度变窄，当③脚电平低时，驱动脉冲宽度变宽。

④脚为死区电平控制端。从④脚加入死区控制电压可对驱动脉冲的最大宽度进行控制，使其不超过 180°，这样可以保护开关电源电路中的三极管。

⑤、⑥脚分别用于外接振荡电阻和电容。R_T 取值范围是 1.8～500 kΩ，C_T 取值范围是 4 700 pF～10 μF，最高振荡频率（f_{OSC}）≤300 kHz。一般用于驱动双极性三极管时需限制振荡频率小于 40 kHz。

⑦脚为接地端。

⑧、⑨脚和⑩、⑪脚分别为 TL494 内部末级两个输出三极管的集电极和发射极。第⑧、⑪脚和⑨、⑩脚可直接并联，双端输出时最大驱动电流为 2×200 mA。当⑨、⑩脚接入发射极负载电阻到地时，则⑧、⑪脚可驱动推挽变换式开关电源电路。

⑫脚为电源供电端。标准为 7～40 V。

⑬脚为功能控制端。当⑬脚接地时，⑧、⑪脚和⑨、⑩脚可直接并联使用；当⑬脚接基准电压时，⑧、⑪脚可驱动推挽变换式开关电源电路。

⑭脚为内部 5 V 基准电压输出端。

⑮、⑯脚分别为控制比较放大器的反相输入端和同相输入端。

2. TL494 芯片应用

1）基于 TL494 的推挽变换式电路

基于 TL494 的推挽变换式电路如图 2-15 所示。电路特点：TL494 的⑨、⑩脚接地，⑧、⑪脚分别驱动推挽变换管 VT_1、VT_2，使 VT_1、VT_2 轮流导通。

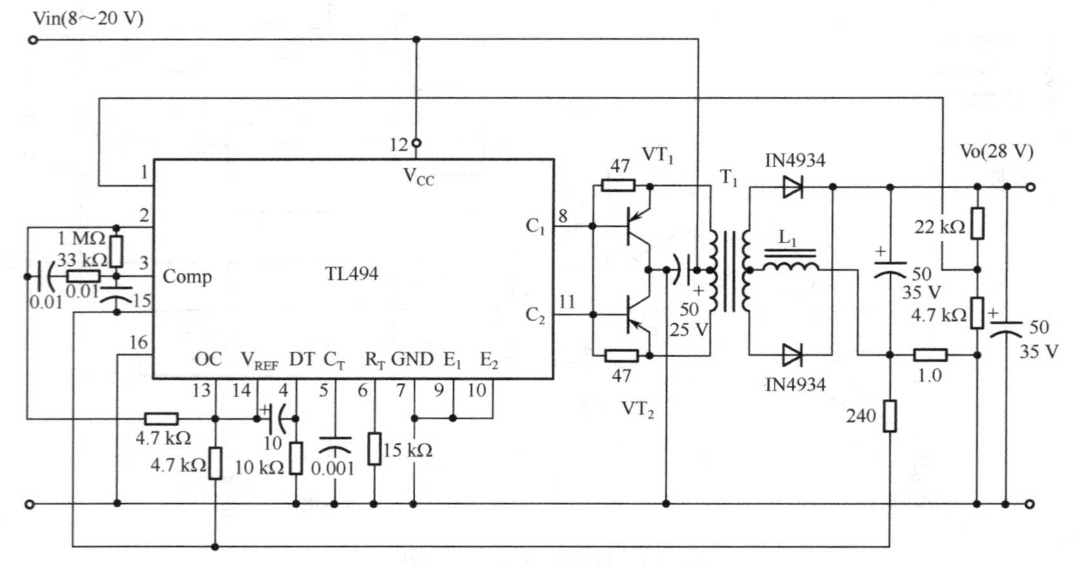

图 2-15　基于 TL494 的推挽变换式电路

2）基于 TL494 的单端变换式电路

基于 TL494 的单端变换式电路如图 2-16 所示。电路特点：⑧、⑪脚和⑨、⑩脚并联使用，由⑧、⑪脚并联控制开关管 VT。这是一种串联型开关电源，VD 是续流二极管。

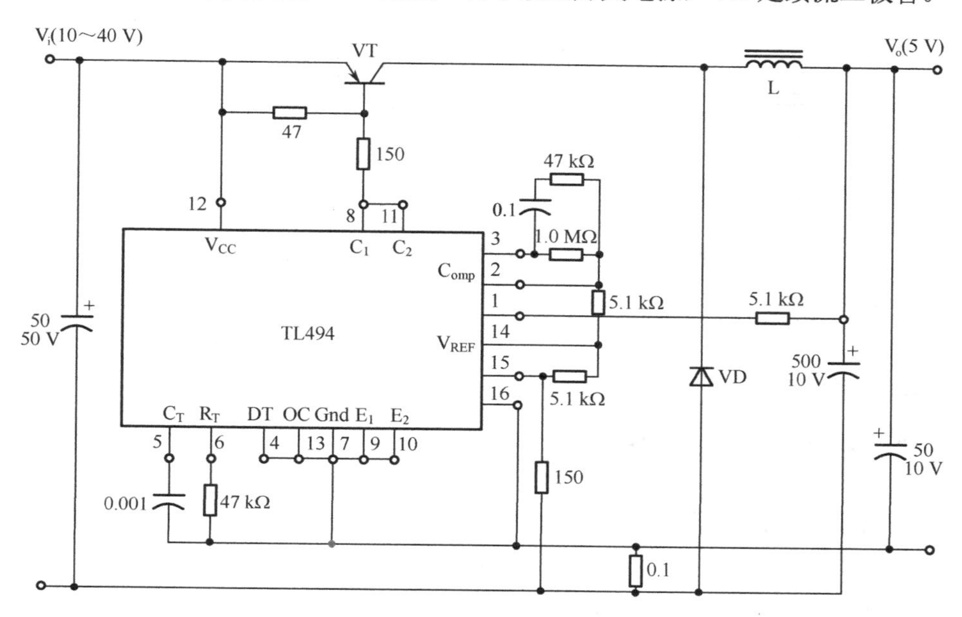

图 2-16　基于 TL494 的单端变换式电路

任务实施 3　12 V 开关电源设计与制作

12 V 开关电源常用于工业控制系统和智能楼宇系统中。本任务是设计与制作 12 V 开关电源，通过设计与制作，初步掌握开关电源的电路结构（整流、滤波、DC-DC 变换、稳压）与工作原理，熟悉元件的选用，掌握开关电源的调试与参数测试方法。

1. 任务准备

（1）12 V 开关电源原理图一份，如图 2-17 所示。
（2）如图 2-17 所示的元件器，电路板（应包括任务要求所需的元件器）。
（3）每组配备示波器和数字式万用表各一只。
（4）元件器手册。

2. 元件测试

根据原理图查阅资料，通过万用表电阻挡分别对元件进行测试。
（1）测试变压器 T_1、T_2 的初级、次级绕组的阻值。
（2）测试变压器 T_1、T_2 的绝缘电阻（采用兆欧表或专用测试仪器，由教师演示）。
（3）测试 VD_1、VD_5～VD_{10}、VD_{13}～VD_{15}、VD_{17}、VD_{18} 二极管的质量。
（4）测试 VT_1～VT_5 三极管质量。
（5）测试各电解电容的充、放电特性。
（6）测试发光二极管 LED 的特性。

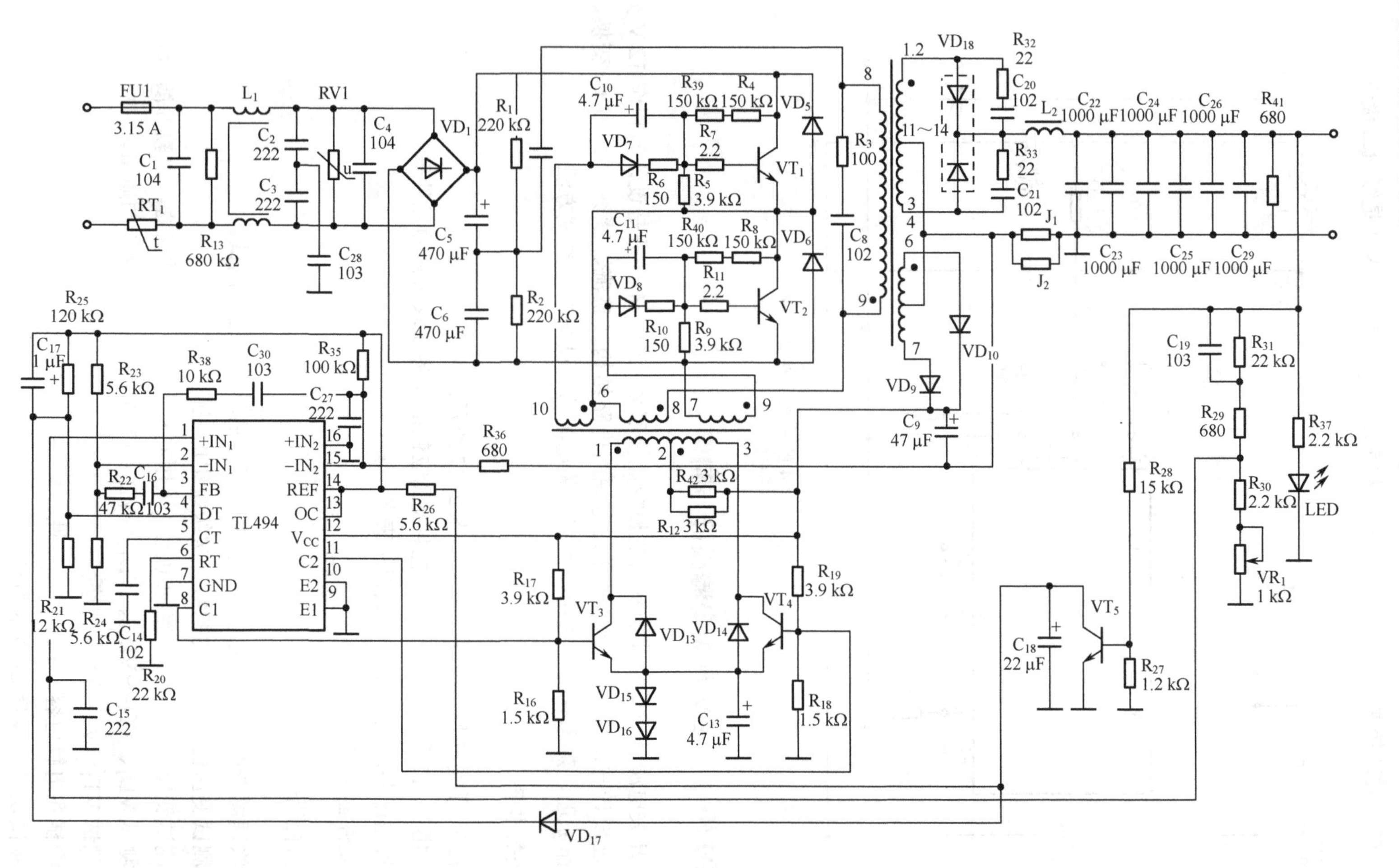

图2-17　12V开关电源原理图

3．元件装配

印制线路板如图 2-18 所示，在印制线路板上进行开关电源元件装配，装配注意事项如下。

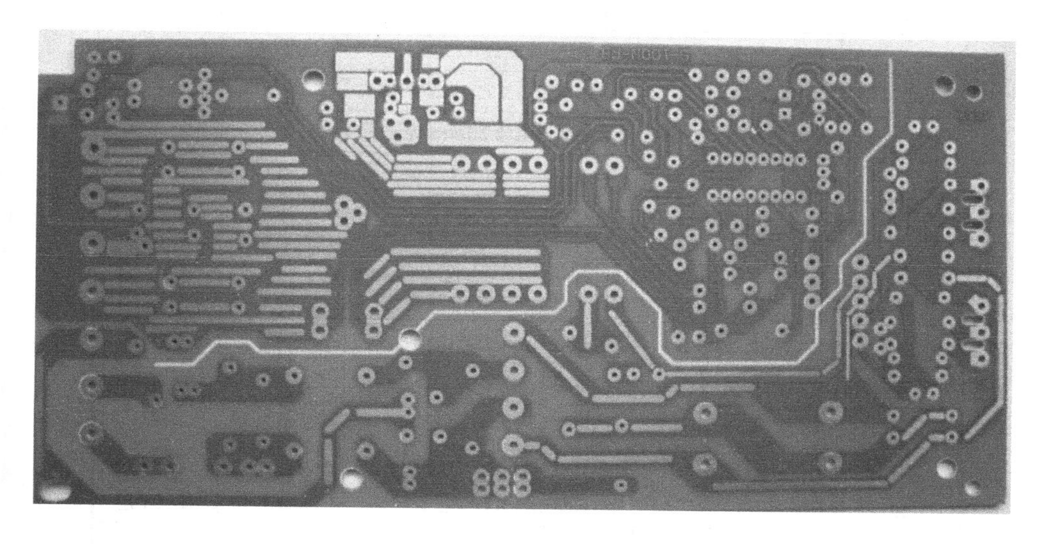

图 2-18　印制线路板

（1）波段开关虽然不安装，但必须在 220 V 位置，否则电容和开关管要爆炸。
（2）如果加上负载，请将 VT_1、VT_2（Y2010DN/B20100G）加散热片。
（3）原理图为通用方案，实际采用元件参数请以清单为主。
（4）PCB 上的部分元件插孔，清单上没有的，不要用。
（5）按照原理图、元件清单、PCB 图片，进行 AC-DC 开关电源安装。
（6）装配完毕后的半成品电路如图 2-19 所示。

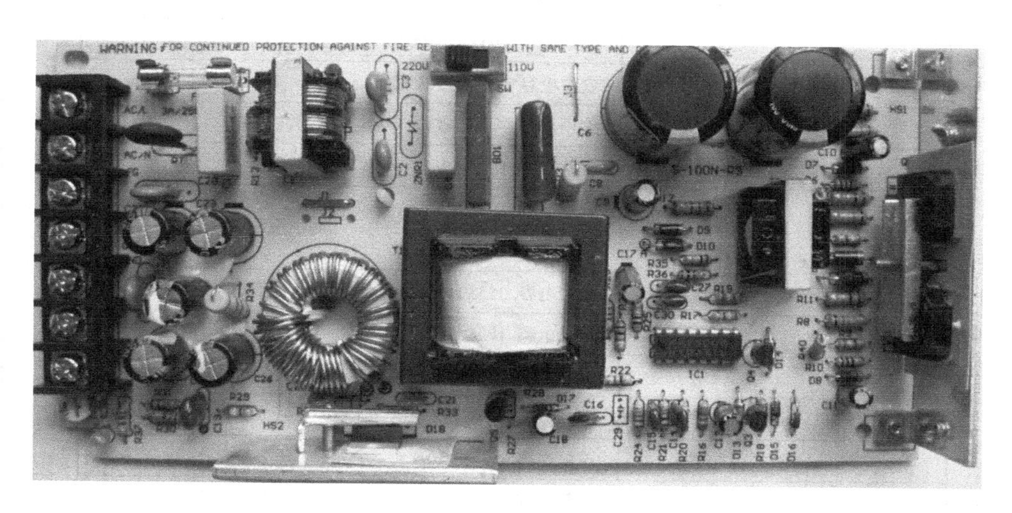

图 2-19　半成品电路

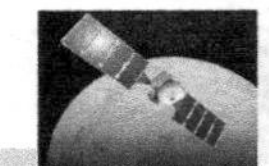

（7）元件清单如表 2-1 所示。

表 2-1　元件清单

序　号	元 件 代 号	名称材料及规格	数　量	备　注
0	R_1 R_2 R_4 R_8 R_{39} R_{40}	金属膜电阻 150 kΩ/0.5 W	6	
1	R_6 R_{10}	碳膜电阻 15 Ω/0.25 W	2	
2	R_5 R_9 R_{17} R_{19}	碳膜电阻 3.9 kΩ/0.25 W	4	
3	R_7 R_{11}	金属膜电阻 2.2 Ω/0.5 W	2	
4	R_{18} R_{16}	碳膜电阻 1.5 kΩ/0.25 W	2	
5	R_{20}	碳膜电阻 22 kΩ/0.25 W	1	
6	R_{21} R_{31} R_{38}	碳膜电阻 10 kΩ/0.25 W	3	
7	R_{30} R_{37}	碳膜电阻 2.2 kΩ/0.25 W	2	
8	R_{23} R_{24} R_{26} R_{28}	碳膜电阻 5.6 kΩ/0.25 W	4	
9	R_{22}	碳膜电阻 47 kΩ/0.25 W	1	
10	R_{25} R_{35}	碳膜电阻 100 kΩ/0.25 W	2	
11	R_{27} R_{36}	碳膜电阻 1.2 kΩ/0.25 W	2	
12	R_{80}	碳膜电阻 5.6 Ω/0.25 W	1	此版不用
13	R_{29}	碳膜电阻 390 Ω/0.25 W	1	
14	R_3	碳膜电阻 100 Ω/2 W	1	
15	R_{34}	碳膜电阻 270 Ω/2 W	1	
16	R_{32} R_{33}	碳膜电阻 10 Ω/0.5 W	2	
17	R_{12}	碳膜电阻 1.5 kΩ/0.5 W	1	
18	R_{13}	碳膜电阻 680 kΩ/0.5 W	1	
19	RT	热敏电阻 5D-11	1	
20	VR	可调电位器 1 k	1	卧式
21	C_1 C_4	安规电容 104J/275VAC	2	
22	C_2 C_3	瓷片电容 222M/250VAC	2	
23	C_7	聚丙烯电容 105 kΩ/250VAC	1	
24	C_{20} C_{21}	瓷片电容 102/1 kV	2	
25	C_8	瓷片电容 102/1 kV	1	
26	C_{28} ZNR2	瓷片电容 103/1 kV	2	
27	C_{19}	涤沦电容 333J/100 V	1	
28	C_{14}	涤沦电容 102J/100 V	1	
29	C_{15} C_{27}	涤沦电容 222J/100 V	2	
30	C_{16} C_{30}	涤沦电容 103J/100 V	2	
31	C_{10} C_{11} C_{13}	电解电容 4.7 μF/50 V	3	
32	C_{17}	电解电容 1 μF/50 V	1	
33	C_9	电解电容 47 μF/50 V	1	

续表

序　号	元件代号	名称材料及规格	数　量	备　注
34	C_{18}	电解电容 47 μF/50 V	1	
35	C_{22} C_{23} C_{24} C_{25} C_{26}	电解电容 1000 μF/16 V	5	
36	C_5 C_6	电解电容 220 μF/200 V	2	
37	VD_7 VD_8	二极管 IN4007	2	
38	VD_5 VD_6	二极管 FR157	2	
39	VD_9 VD_{10}	二极管 FR107	2	
40	VD_{18}	快恢复 Y2010DN/B20100G	1	
41	VD_{13} VD_{14} VD_{15}	稳压二极管 IN4752	2	
42	VD_{16} VD_1 VD_{17}	二极管 IN4148	3	
43	VT_3 VT_4 VT_5	三极管 C1815	3	
44	VT_1 VT_2	三极管 C2625	2	
45	FS	保险座	2	
46	J3	金属跳线	1	自制/若干
47	J1	康铜丝	1	
48	IC1	集成块 KA7500BD/TL494	1	
49	LED1	绿发光二极管 $\phi 3$	1	
50	T_2	激励变压器	1	
51	T_1	主变压器 S-120-12	1	
52	L2	S-120-12 磁环	1	
53	FS	熔丝 3 A/250 V	1	
54	L1	输入滤波变压器	1	EE25
55	MS	波段开关	1	小
56	BD1	3 A 桥堆 D3SBA60	1	
57	TB1	7 位端子	1	
58		S-100 N-R1 线路板	1	

4．局部电路分析及注意事项

1）输入电路

输入电路如图 2-20 所示，图 2-21 是输入电路的实际电路图片。

（1）FU_1 为输入熔断器，当电路电流过大时，熔断器熔断，防止各种不可预知的问题发生。

（2）RT_1 是一个热敏电阻，该电阻具有负温度系数特性，常温下阻值较大，高温时阻值则非常小。利用这个特性，可避免加电时电流过大造成的冲击。刚加电时，由于 RT_1 阻值较大，所以使回路电流较小，后级整流、滤波电路电流较小。RT_1 流过电流后发热使阻值变小，保证电路在正常工作时具有较高的效率。

（3）L_1 为共模滤波器，滤除电网电压的高频干扰。

（4）C_2、C_3、C_{28}构成Y形滤波电容，吸收相对于地的交流浪涌冲击。

（5）C_4是滤波电容，吸收共模的浪涌冲击。

（6）RV_1为压敏电阻，吸收交流浪涌电压冲击，当交流电源有浪涌电压，超过RV_1参数时，RV_1导通，避免后级电路因为高电压而损坏。输入持续的高电压可能造成压敏电阻不可逆转的短路损坏，此时FU_1熔断，避免故障扩大。

请根据原理图查阅资料，通过万用表电阻挡分别对元件进行测试。

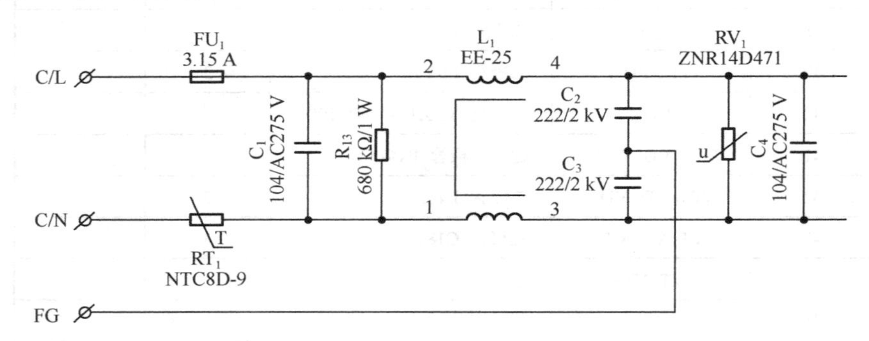

图2-20　输入电路

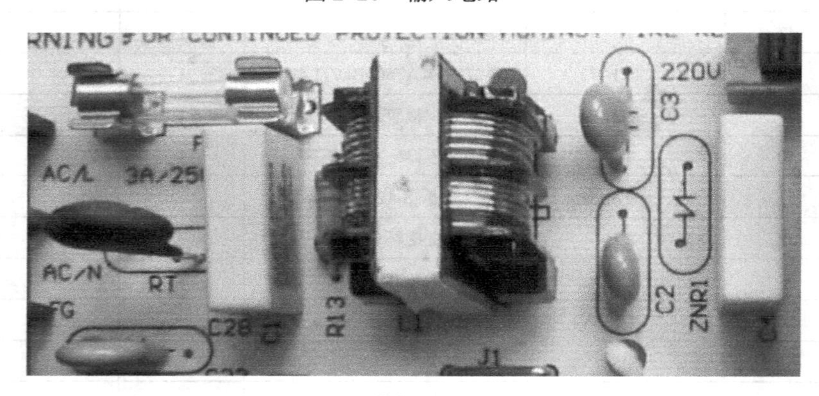

图2-21　输入电路的实际电路图片

2）整流与滤波电路

整流电路采用扁形封装的整流桥VD_1，如图2-22所示。

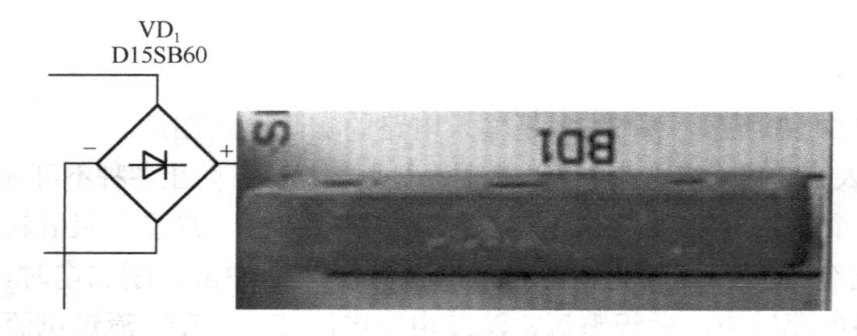

图2-22　整流桥电路

滤波电路见图2-23，滤波电路采用2个470 μF/250 V电解电容。此电路与后级的半桥

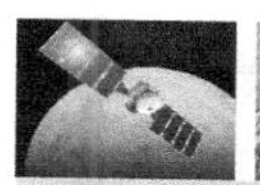

开关方式相配合，使电容耐压要求降低一半，提高了可靠性，降低了成本。通过开关转换，在 110 V 交流电源地区，采用类似倍压整流方式，使电源在不同电压区域有一定的兼容性。要注意的是，在 220 V 交流电源地区，电压开关不可弄错，否则会损坏电路。

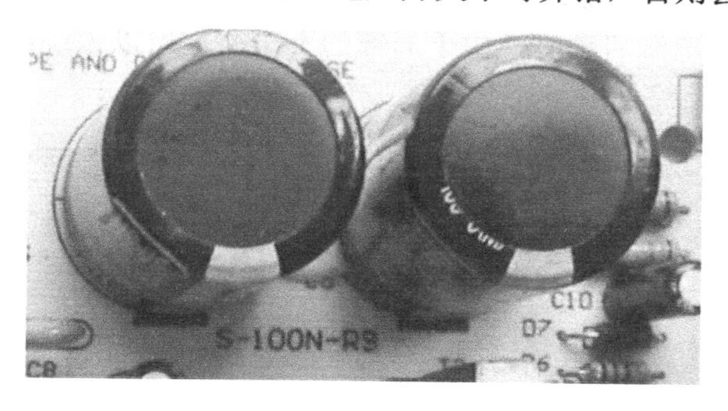

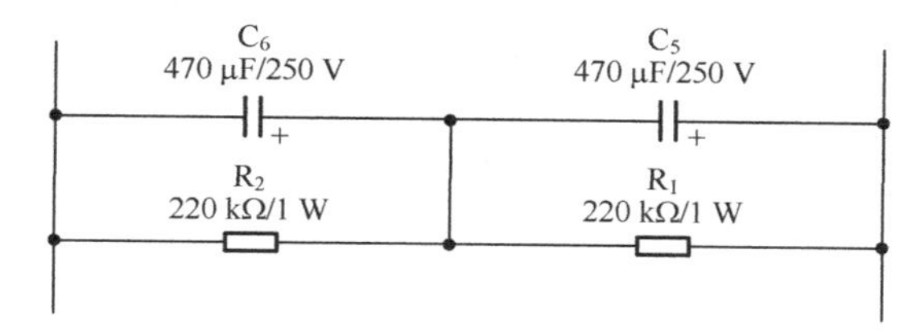

图 2-23　滤波电路

3）主变压器

本电源采用一个主开关变压器，电路见图 2-24。变压器具有多个绕组，8、9 是初级绕组。1、2、11、12、13、14、3、4 是次级绕组，用于输出。由于功率变换级采用半桥方式，所以输出级也采用半桥全波整流方式。输出级采用多绕组并联方式，在绕组线径较小的情况下，具有较大的输出电流。6、7 是辅助电源绕组，由于是他激方式，所以 TL494 工作需要电源，由该绕组产生辅助电源。

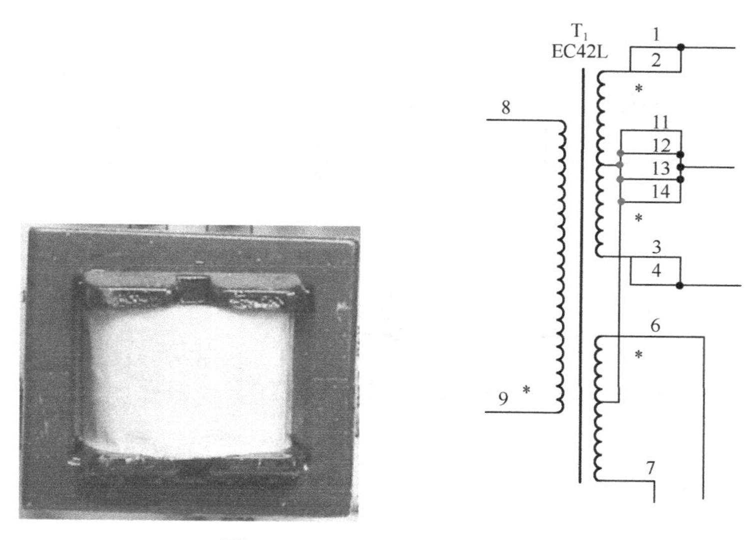

图 2-24　主开关变压器电路

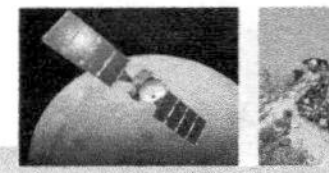

4）推动变压器

本电源采用一个小型脉冲开关变压器，用于推动开关管工作，电路见图 2-25。小型脉冲开关变压器的 1、2、3 是初级，采用推挽工作方式。次级绕组 10、6 和 7、9 驱动功率管工作。8 是辅助绕组，电源启动时，由于局部的不平衡，所以该绕组采用类似正反馈的办法，使电路工作起来，最终使电路处于正常工作状态。

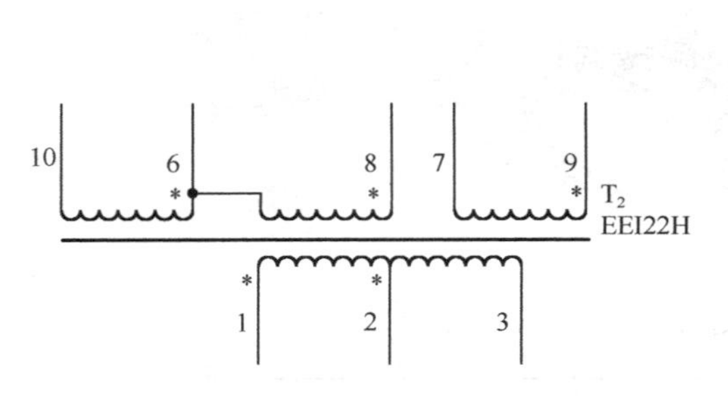

图 2-25　推动变压器电路

5）半桥功率电路

本电源开关管采用半桥功率变换电路，见图 2-26。功率管采用开关管 MJE13007 或 2SC2825，具有较高的耐压 U_{CEO}，较低的导通电阻，较大的导通电流。基极的电路网络使开关管能快速关断，避免开关管同时导通。VD_5、VD_6 采用快恢复二极管 FR157。由于工作时功率管有较大的电流和较大的功耗，所以需要加上散热片，常采用外壳进行散热。要注意的是，由于功率管散热部分金属片与集电极相连，具有高电压，所以管子和散热片中间必须加上绝缘片。为进一步降低热阻，在安装时需要加上导热硅脂。

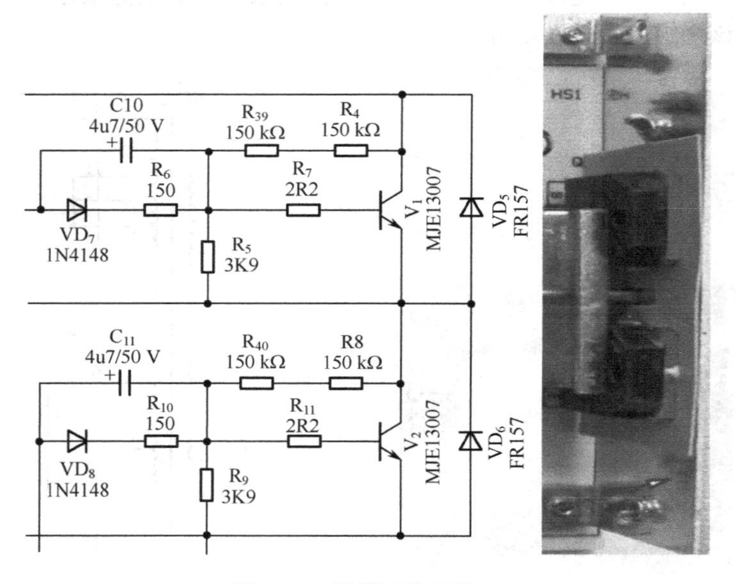

图 2-26　半桥开关电路

6）半桥全波整流电路

本电源开关变压器输出的是交流脉冲电压，输出必须通过整流、滤波过程。整流部分采用半桥全波整流电路 MUR2020，见图 2-27。

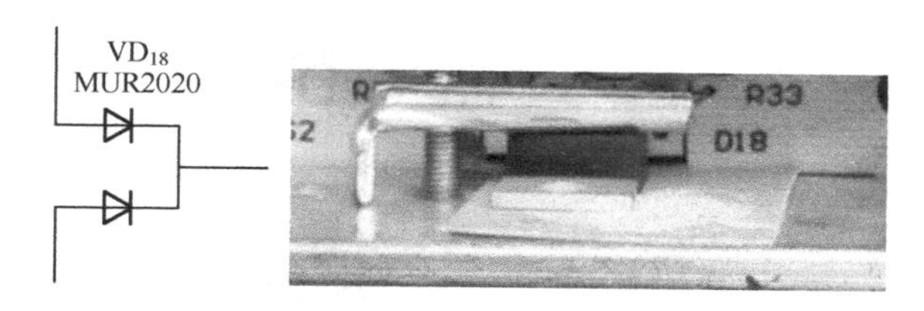

图 2-27 半桥全波整流电路

MUR2020 通常为 TO220 封装，内部有两个肖特基二极管，共阴极连接，中间为公共极。与普通整流二极管相比较，肖特基二极管结电容小，可以工作在高频开关状态，同时具有较低的正向导通电压，能承受较高的导通电流。开关电源中常采用肖特基二极管作为整流元件。

由于工作时肖特基二极管有较大的电流，功耗较大，导致发热，所以需要加上散热片，常采用外壳进行散热。要注意的是，由于肖特基二极管散热部分金属片与公共极相连，而散热片一般接地，所以管子和散热片中间必须加上绝缘片。为进一步降低热阻，在安装时需要加上导热硅脂。

7）TL494 电路

本电源是一个典型的他激式电源，采用 TL494 专用集成电路工作，TL494 兼容芯片内部功能框图如图 2-14 所示。由 TL494 组成的他激式电路如图 2-28 所示。

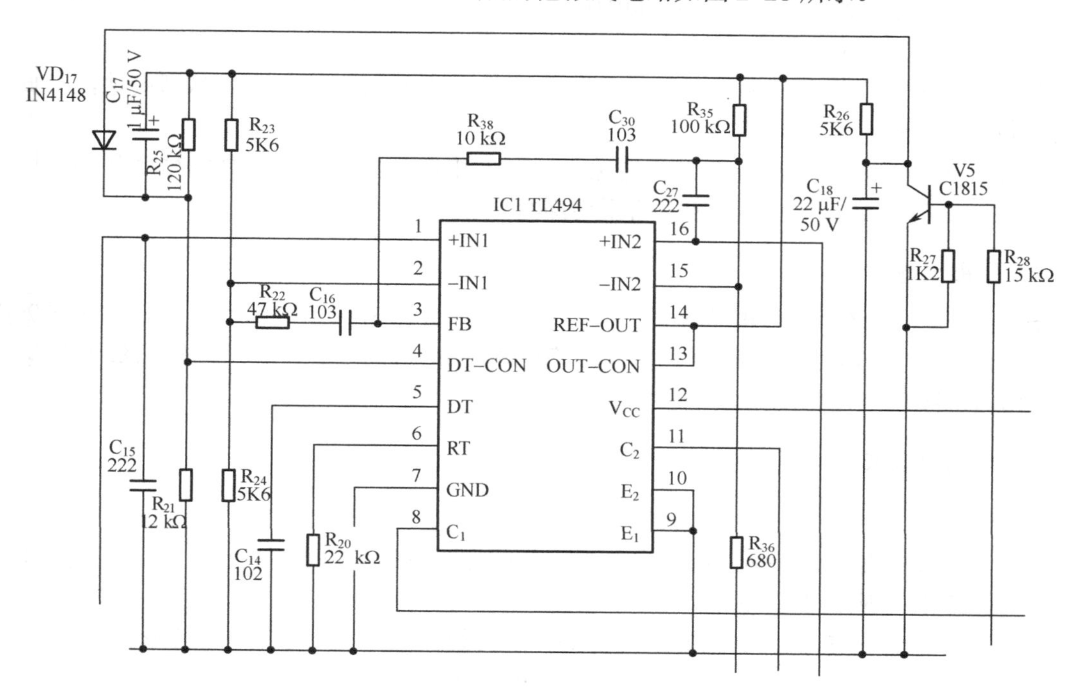

图 2-28 TL494 组成的他激式电路

图 2-28　TL494 组成的他激式电路（续）

①、②脚分别为内部误差比较放大器的同相输入端和反相输入端。①脚输入来自 R_{29}、R_{30}、R_{31}、VR_1 的取样电压；②脚加 2.5 V 基准电压（由 R_{23}、R_{24} 对 5 V 基准电压分压产生）。

③脚为反馈输出，一路经 C_{16}、R_{22} 负反馈到②脚，另一路经 C_{30}、R_{38} 负反馈到⑮脚。

④脚为死区电平控制端。由 R_{25}、R_{21} 对 5 V 基准电压分压后给④脚提供死区控制电平。

⑤脚接振荡电容 C_{14}，⑥脚接振荡电阻 R_{20}。

⑨、⑩脚接地后，由⑧、⑪脚输出，分别控制 VT_3、VT_4 推挽激励管工作。

⑫脚为芯片的供电脚，此供电电压由 VD_9、VD_{10}、C_9 整流滤波产生。

⑬脚为功能控制端，现接 5 V 基准电压。

⑭脚输出 5 V 基准电压。

⑮、⑯脚分别为内部控制比较放大器的反相输入端和同相输入端。⑯脚接地，⑮脚经 R_{36} 接过流取样器件 J1、J2（康铜丝）。

为保证电路可靠性，TL494 外围电路（电阻、电容）要求具有较高的精度和稳定性。如 C_{14}、C_{15}、C_{27}、C_{16}、C_{30} 等电容，常采用涤纶电容。

8）输出电路

开关电源相对普通线性电源来说，频率高，输出采用电感和电容滤波方式，电感采用磁环电感，多个电容并联，增加电容量，降低电解电容的感抗效应，使输出纹波尽量减小，输出电路如图 2-29 所示。

5．测试与调试

装配结束后，按下列步骤逐级进行加电测试与调试。

（1）通电前在输入段串入 60 W 白炽灯，如果亮一下即灭说明正常，如果常亮说明电路有短路现象存在，应关电找原因。

（2）测试变压器 T_1 的⑧、⑨脚之间及①、③、⑥、⑦脚对地交流电压波形。

（3）测试 T_2 的①、③、⑨、⑩脚对地交流电压波形。

（4）测试 TL494 的⑧、⑪脚输出交流电压波形。

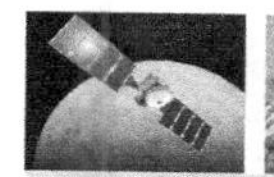

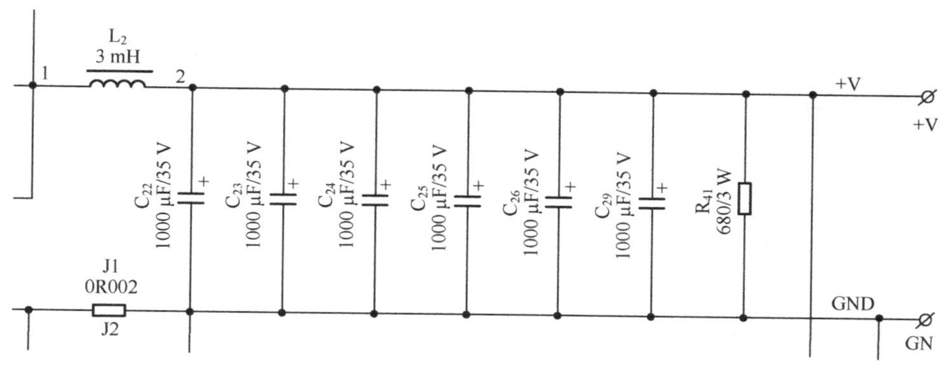

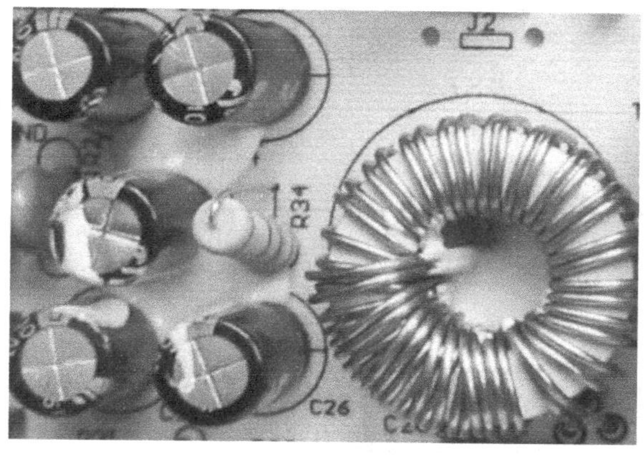

图 2-29 输出电路

（5）测试整流输出 C_5、C_6 两端直流电压；测试开关电源输出的 12 V 电压；测试 TL494 芯片各引脚电压。

（6）一边调节 VR_1，一边测试输出直流电压，输出电压应发生改变。

对以上测试操作结果进行记录，撰写工作报告。

6. 评分

按照表 2-2、表 2-3 中各个评分项目，对开关电源制作与测试评分。

表 2-2 元件测试评分表

序 号	项 目 内 容	结果（或描述）	得 分
1	变压器 T_1、T_2 测量		
2	二极管 VD_1、VD_5～VD_{10}、VD_{13}～VD_{15}、VD_{17}、VD_{18} 测试		
3	三极管 VT_1～VT_5 测试		
4	TL494 芯片测试		
5	各电解电容的充、放电特性		
6	发光二极管 LED 的特性		

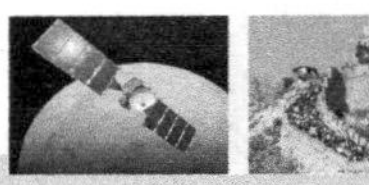

表 2-3　电源通电测试评分表

序　号	项 目 内 容	结果（或描述）	得　分
1	安装工艺		
2	变压器 T_1 交流电压波形		
3	变压器 T_2 交流电压波形		
4	TL494 各引脚电压测试		
5	TL494 的⑧、⑪脚输出交流电压波形		
6	开关电源输出电压调整 VR_1		
7	输出纹波（峰峰值）		
8	稳压系数		
9	负载调整特性		
10	输出电阻		

思考与练习 2

1．开关稳压电源与传统线性稳压电源比较，为什么效率特别高？

2．降压式开关电源与升压式开关电源有什么区别？

3．正激式开关电源与反激式开关电源有何区别？有何优缺点？

4．开关电源采用的变压器与普通工频变压器有何异同点？

5．串联型开关电源的基本电路之一如图 2-30 所示。它由开关管 VT、储能变压器 T、续流二极管 VD 和滤波电容 C 等组成。u_B 是开关管的激励脉冲。试分析在开关管饱和、截止两种状态下电路的工作情况。

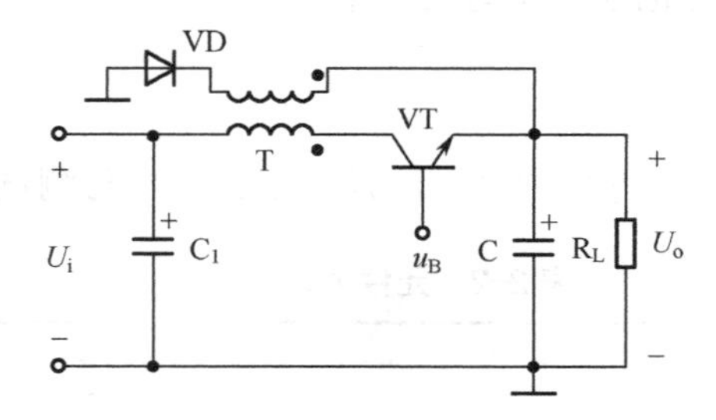

图 2-30　串联型开关电源

6．并联型开关电源的基本电路之一如图 2-31 所示。它由开关管 VT、储能电感 L、续流二极管 VD 及滤波电容 C 等组成。u_B 是开关管的激励脉冲。

（1）试分析在开关管饱和、截止两种状态下电路的工作情况。

（2）已知 u_B 为激励脉冲波，试画出 i_C、i_D 和 i_L 的波形。

*（3）推导输出电压 U_o 与开关管导通占空比 δ 的关系式。

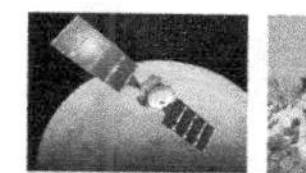

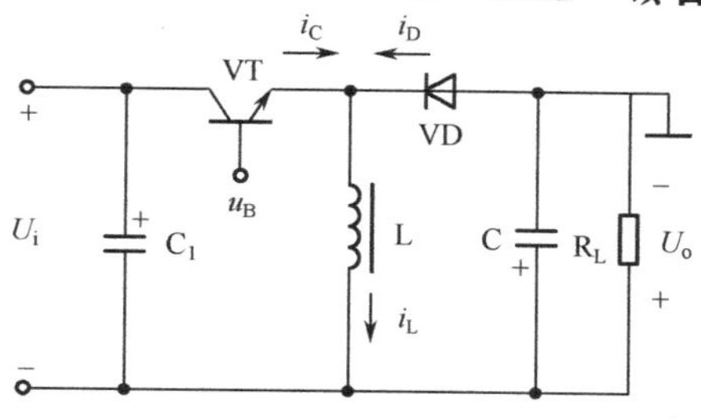

图 2-31　并联型开关电源

7．光电耦合开关稳压电源如图 2-32 所示。

（1）试分析电网电压升高时的稳压过程。

（2）请分析稳压电路采用光电耦合的好处。

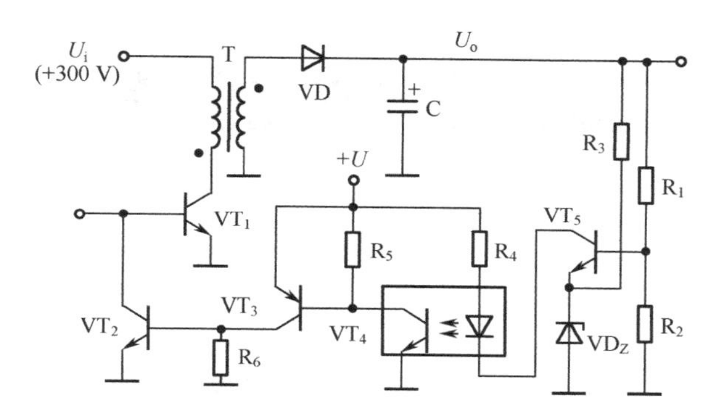

图 2-32　光电耦合开关稳压电源

8．如图 2-10 所示开关电源电路最为常用，其主要优点是什么？

9．对于如图 2-11 所示的自激式开关电源，请分析其自激振荡过程及稳压过程。

10．试分析 UC3842 芯片各引脚的功能。

11．试比较 UC3842 芯片和 TL494 芯片的差异。

12．若 TL494 芯片外围电路 C_T=102 F，R_T=22 kΩ，计算振荡频率。若需要提高振荡频率，有何措施？若需要振荡频率为 50 kHz，通过计算，选用 C_T 和 R_T。

13．根据如图 2-14 所示的 TL494 内部功能框图分析，当⑬脚接地或接电源时，Q_1、Q_2 输出有何特点？

14．画一个基于 TL494 开关电源的完整原理图。

15．在如图 2-17 所示的开关电源中，功率变换电路属于何种电路方式，简述其特点和工作过程。

16．在如图 2-17 所示的开关电源中，VT_3 和 VT_2 工作在轮流导通的推挽方式下，当 VT_3 导通而 VT_4 截止时，请分析 VT_1 和 VT_2 的导通情况。

项目3 小功率开关电源的软件设计与制作

通过对PI Expert开关电源设计软件和SwitcherPro开关电源设计软件的使用，初步掌握小功率开关电源软件设计的步骤与方法。

【知识要求】

（1）掌握小功率开关电源的电路拓扑软件设计方法。

（2）掌握小功率开关电源的PCB软件设计方法。

（3）掌握小功率开关电源的开关变压器软件设计方法。

（4）掌握小功率开关电源的软件设计调试、测试方法。

【能力要求】

（1）能使用PI Expert软件设计小功率开关电源。

（2）能使用SwitcherPro软件设计小功率开关电源。

（3）能根据设计指标，利用设计软件自动生成开关电源的电路拓扑，列出元件清单。

（4）能设计开关电源的PCB和变压器等。

（5）能对开关电源的软件设计结果进行调试、测试。

通常设计开关电源，难度较高。要求设计人员具有较广的知识面，需要掌握各种开关电源的工作原理和典型应用电路，了解有关电力电子专用的半导体器件、电磁兼容性、热力学等方面的知识，还必须积累丰富的实践经验，掌握大量的实验数据。由于开关电源的设计是多个变量的迭代过程，所以设计过程中需要不断地调整这些变量，才能最终实现优化设计。人工设计开关电源，工作量大，效率低，因为设计时的变量多，难于准确估算，使得设计结果与实际情况相差较大，需要多次修正。同时需要多次制作样机，反复优化电路设计和元件参数。

针对这种情况，技术人员开发出多种开关电源设计和仿真软件。特别是一些专业生产电源集成电路的公司，提供专门的电源计算机辅助设计软件，操作方便，功能完整，大大降低了电源设计的难度。这些为电源集成电路量身定做的辅助设计软件，一般都免费提供给用户，安装时只要注册一下就可以了。这种免费的设计软件品种很多，例如，电源集成公司（PI）的 PI Expert 电源设计软件，专门针对 PI 公司的多种电源集成电路进行计算机辅助设计，现有多个版本。美国德州仪器公司（TI）的 SwitcherPro 软件，也是比较典型的开关电源设计，该软件支持通过互联网在线设计和独立安装版的设计方式。

利用计算机辅助设计软件设计开关电源是电源行业的一个发展趋势，大大提高了设计效率，减轻了设计人员的工作量，实现了开关电源的最优化设计。能根据设计人员的要求，在输入了一系列技术指标以后，自动生成电路拓扑、设计结果、材料清单、PCB 布局、变压器参数和结构等。在较短时间内，就可以完成一款单片开关电源的设计工作。

3.1 PI Expert 开关电源设计软件

3.1.1 PI Expert 软件的特点

专门针对 PI 公司的电源集成电路进行计算机辅助设计。目前 PI Expert 开关电源设计软件支持的单片开关电源 IC 有以下六大类：

TOPSwitch-GX
PeakSwitch
TinySwitch-II
TinySwitch-III
DPA-Switch
LinkSwitch-II

PI Expert 开关设计软件是完全免费的，下载地址如下：

http://www.powerint.cn/zh-hans/design-support/pi-expert-design-software

下载前要先注册，但注册很方便，填入相应信息，在较短时间就可以完成。PI Expert 开关设计软件使用简单，只要输入设计参数，就可以迅速生成设计结果。

3.1.2 PI Expert 软件的使用

从网站上下载的 PI Expert 软件需要进行安装，安装方法与通常的软件方法一致。安装

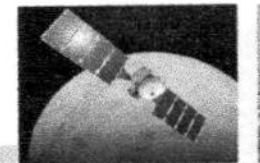

完毕后，在程序栏和桌面会生产快捷方式。双击 PI Expert 软件快捷方式，即可运行 PI Expert 软件。

下面通过一款功率为 10 W 的开关电源实例，介绍 PI Expert 软件完成开关电源的设计过程。主要设计指标如下：输入电源电压为交流 220 V，输出电压为+5 V，输出电流为 2 A，电源效率不低于 75%。运行软件，出现主界面，如图 3-1 所示。

图 3-1 PI Expert 主界面

单击菜单栏的“文件”，出现下拉菜单，选择“新建”选项，即出现“新的 PI EXPERT 设计向导”界面，如图 3-2 所示。选择拓扑结构、产品系列、封装、开关频率等参数，某些设计参数相对固定，不能选择。单击“下一个”按钮，出现参数输入界面，如图 3-3 所示。

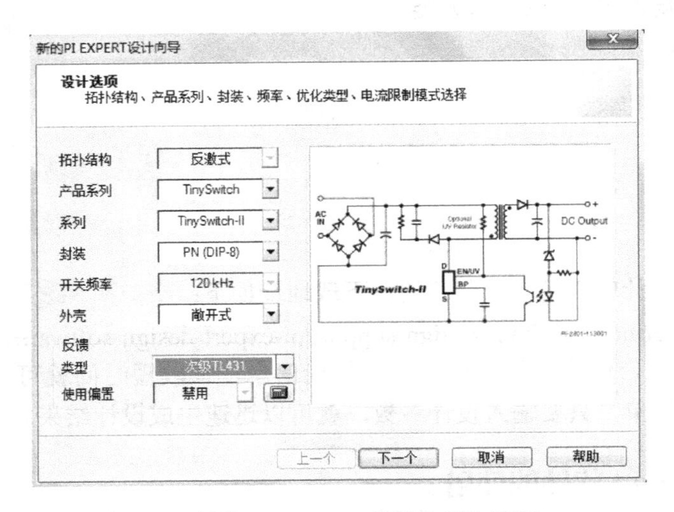

图 3-2 “新的 PI EXPERT 设计向导”界面一

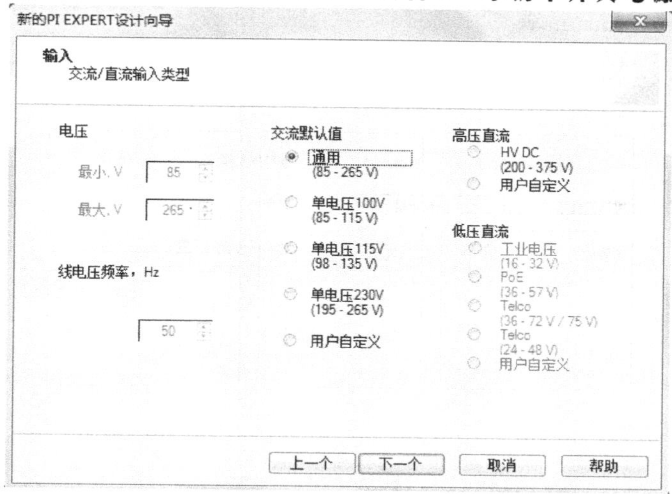

图 3-3 “新的 PI EXPERT 设计向导”界面二

在图 3-3 中，设定输入的电源电压值。本设计中，输入电源是交流 220 V，可以选择交流默认值，即 85～265 V。然后单击“下一个”按钮，产生输出定义，添加输出，编辑输出参数对话框。在该对话框中，定义输出电压、输出电流，如图 3-4 所示。

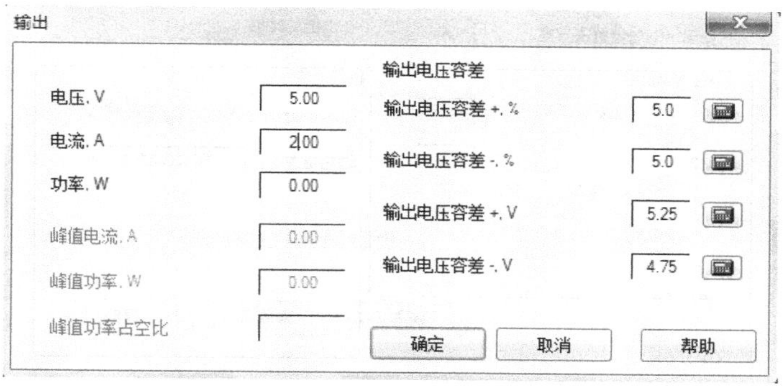

图 3-4 输出参数设置对话框

确认电源的输出参数，产生设计结果选项，一般可不作修改，输出结果选项对话框如图 3-5 所示。单击“完成”按钮，出现如图 3-6 所示的优化设计对话框，单击“确定”按钮即可。计算机即进行运算，完成设计，并产生设计结果。

计算机显示如图 3-7 所示对话框，要求在若干个设计方案中选择一个。根据器件情况选择后，单击“打开”按钮，即可产生设计结果，如图 3-8 所示。

在图 3-8 中主要包括原理图、电路及元件参数、电路板布局图、材料清单。通过选项卡，可分别进行检查。在设计树视图中，有分项参数内容，可选择查看。原理图显示较小，为便于使用，通过菜单栏的“文件”导出功能，可导出高分辨率的 pdf 原理图文件。

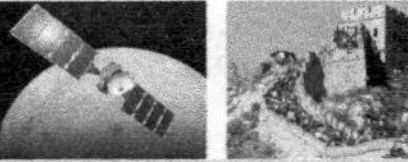

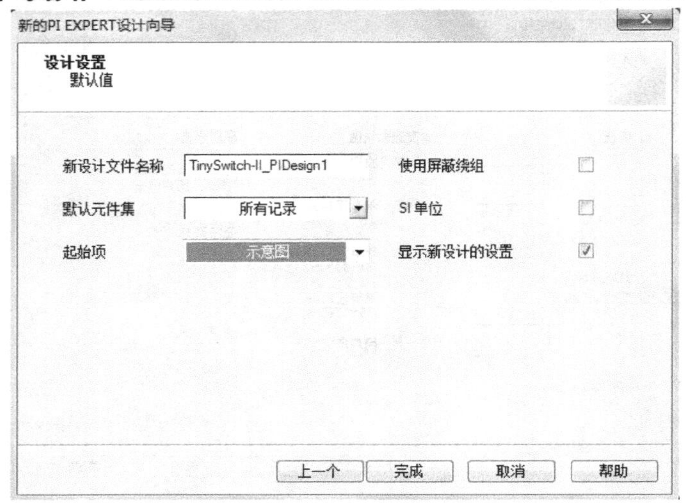

图 3-5　输出结果选项对话框

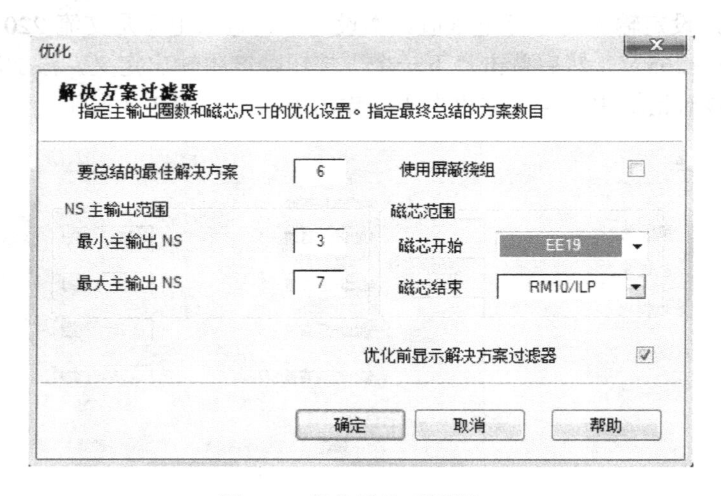

图 3-6　优化设计对话框

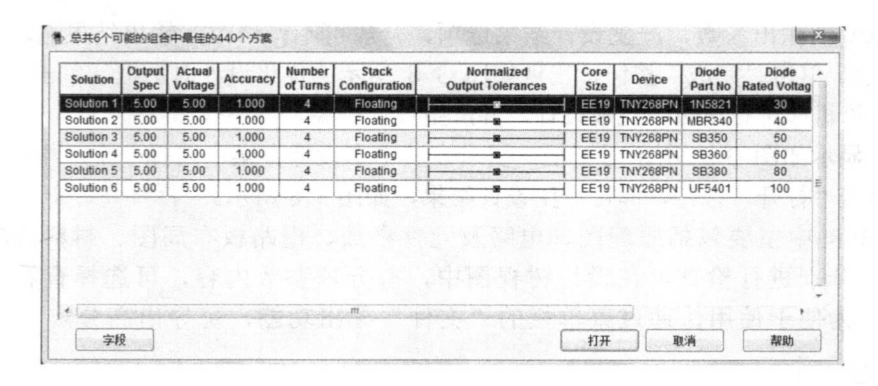

Solution	Output Spec	Actual Voltage	Accuracy	Number of Turns	Stack Configuration	Normalized Output Tolerances	Core Size	Device	Diode Part No	Diode Rated Voltag
Solution 1	5.00	5.00	1.000	4	Floating		EE19	TNY268PN	1N5821	30
Solution 2	5.00	5.00	1.000	4	Floating		EE19	TNY268PN	MBR340	40
Solution 3	5.00	5.00	1.000	4	Floating		EE19	TNY268PN	SB350	50
Solution 4	5.00	5.00	1.000	4	Floating		EE19	TNY268PN	SB360	60
Solution 5	5.00	5.00	1.000	4	Floating		EE19	TNY268PN	SB380	80
Solution 6	5.00	5.00	1.000	4	Floating		EE19	TNY268PN	UF5401	100

图 3-7　设计方案选择对话框

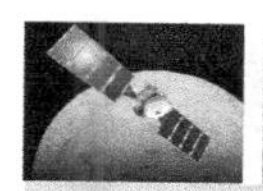

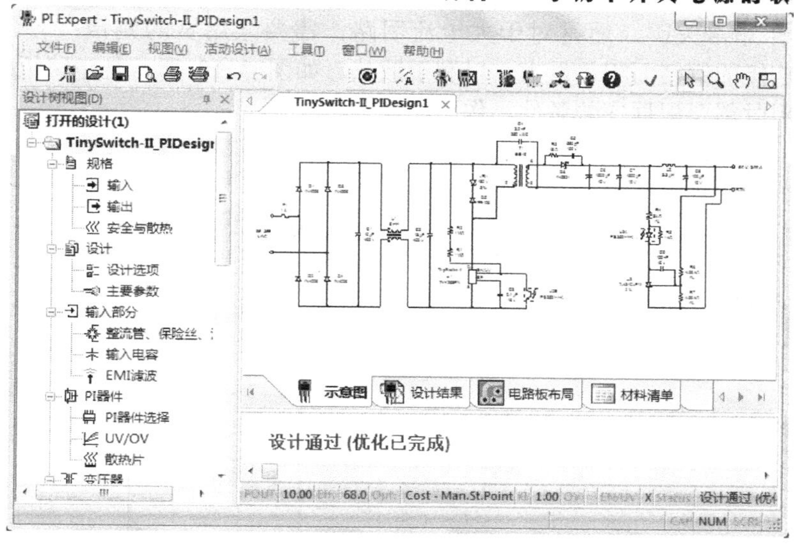

图 3-8　设计结果（原理图）

如图 3-9 所示显示了电路及元件参数。这里显示输入电压的最大值、最小值和电源效率。使用保险丝额定电流参数为 1 A。

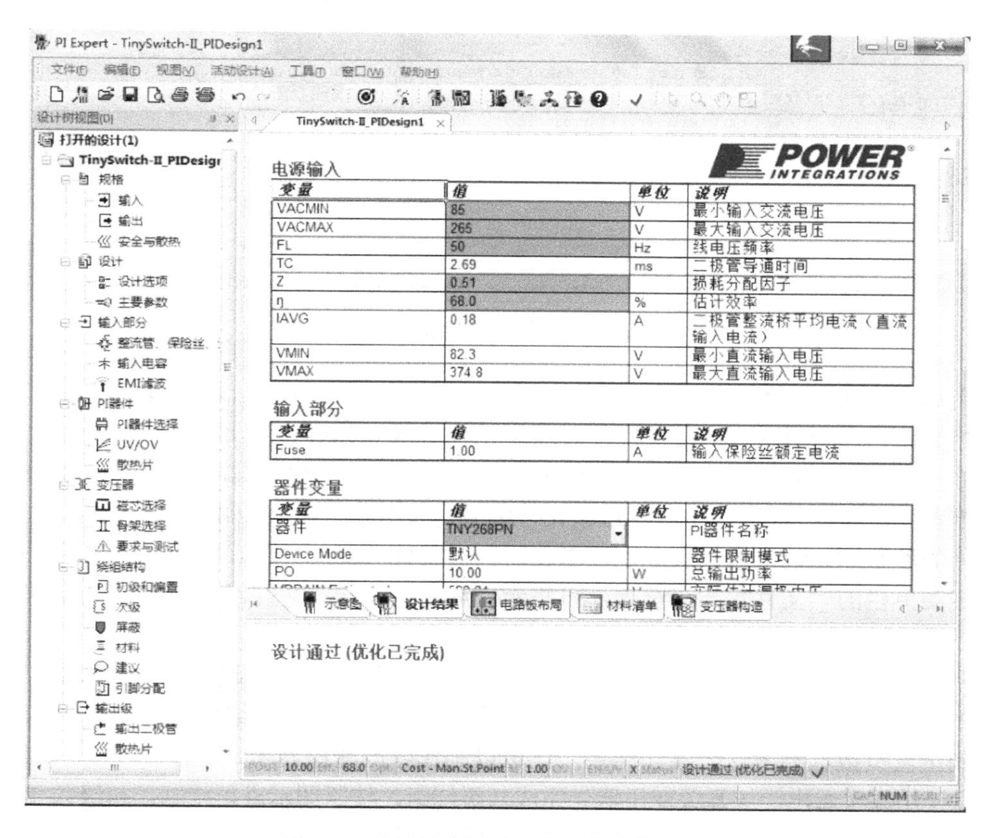

图 3-9　设计结果（电路及元件参数）

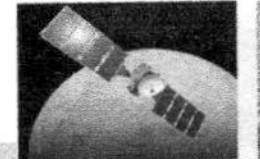

电路板设计非常关键，通常对于大电流回路，需要采用宽的铜箔；对于有发热的元件，接地引脚连接的铜箔面积尽量大，以利于散热。如图 3-10 所示是电路板的参考设计方案图。实际使用时需要根据安装条件，作相应调整。

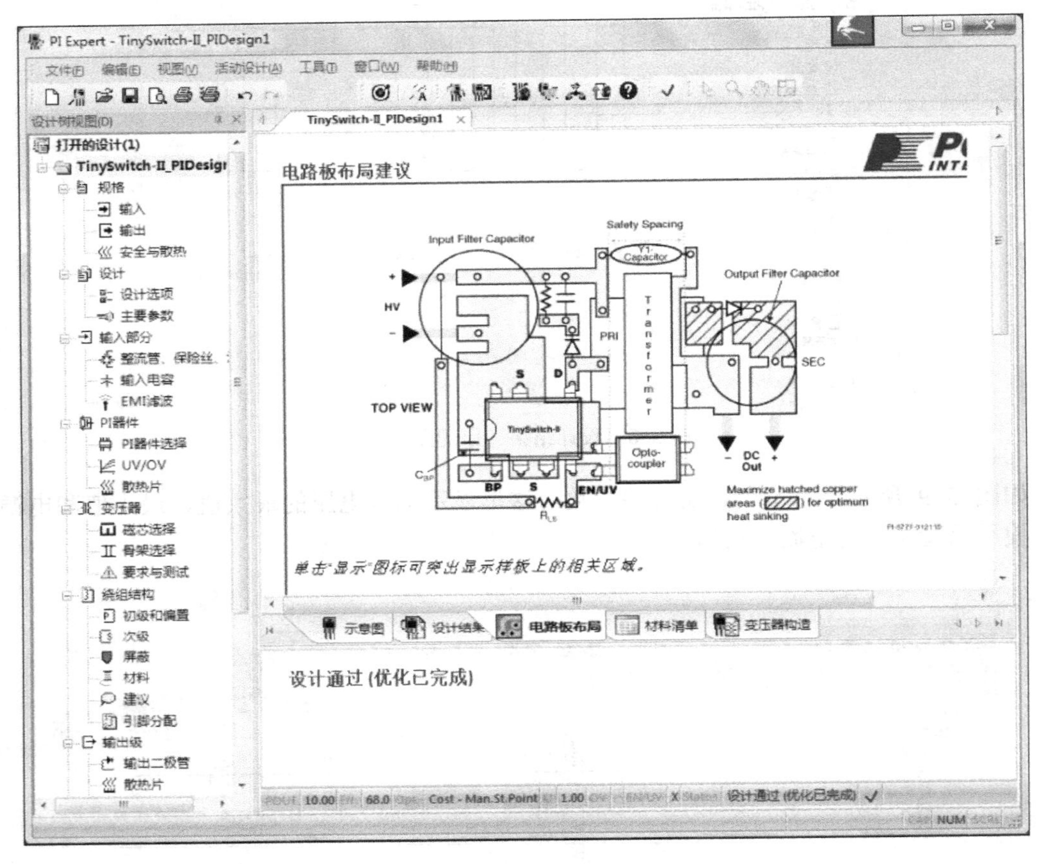

图 3-10　电路板参考设计方案图

单击选项卡中的材料清单，出现元件清单，如图 3-11 所示。元件清单以表格形式给出，表格列内容包括序号（材料项）、数量、元件编号（元件参考）、元件参数值、元件说明、元件推荐的生产商、生产商的元件编号等。如第 3 行，电容 C_3、C_9，采用 0.1 μF 陶瓷电容，推荐生产商为 TDK，生产商对该元件编号是 C1005X7R1C104K。通过这个编号，可获得元件的参数和封装信息。实际也可以使用同类其他厂商的元件。

单击菜单栏的“文件”导出选项，可将元件清单以 Excel 文件格式导出，以方便使用设计结果。

在开关电源中，开关变压器是一个关键的元件。用传统方法设计开关变压器，难度非常大。PI Expert 软件完成了变压器设计，如图 3-12 所示。设计结果包括原理图、绕制方向、绕制工艺参数。参考这个设计结果，就可以制作生产变压器了。

从设计结果可看出，该开关变压器先完成初级绕组，按照图示进行绕制，初级共 85 匝。包绝缘层后，完成次级绕组，次级绕组采用 3 线并绕，降低内阻，保证低压大电流输出。

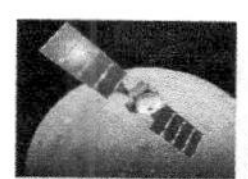

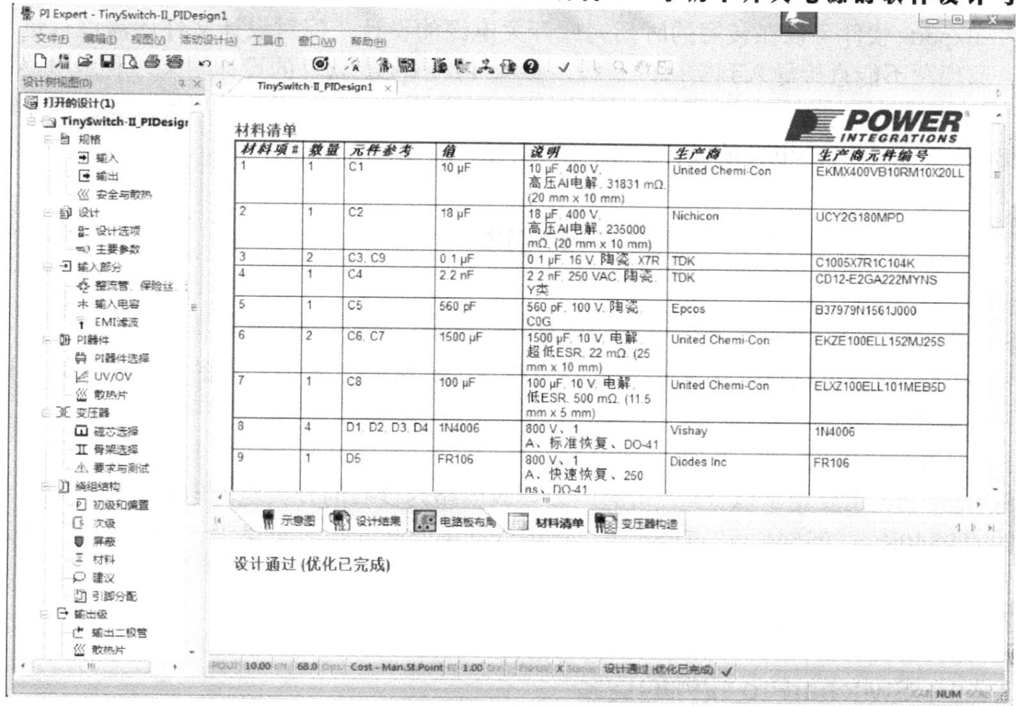

材料项 #	数量	元件参考	值	说明	生产商	生产商元件编号
1	1	C1	10 μF	10 μF, 400 V, 高压Al电解, 31831 mΩ, (20 mm x 10 mm)	United Chemi-Con	EKMX400VB10RM10X20LL
2	1	C2	18 μF	18 μF, 400 V, 高压Al电解, 235000 mΩ, (20 mm x 10 mm)	Nichicon	UCY2G180MPD
3	2	C3, C9	0.1 μF	0.1 μF, 16 V, 陶瓷, X7R	TDK	C1005X7R1C104K
4	1	C4	2.2 nF	2.2 nF, 250 VAC, 陶瓷, Y类	TDK	CD12-E2GA222MYNS
5	1	C5	560 pF	560 pF, 100 V, 陶瓷, C0G	Epcos	B37979N1561J000
6	2	C6, C7	1500 μF	1500 μF, 10 V, 电解, 超低ESR, 22 mΩ, (25 mm x 10 mm)	United Chemi-Con	EKZE100ELL152MJ25S
7	1	C8	100 μF	100 μF, 10 V, 电解, 低ESR, 500 mΩ, (11.5 mm x 5 mm)	United Chemi-Con	ELXZ100ELL101MEB5D
8	4	D1, D2, D3, D4	1N4006	800 V、1 A、标准恢复、DO-41	Vishay	1N4006
9	1	D5	FR106	800 V、1 A、快速恢复、250 ns、DO-41	Diodes Inc	FR106

图 3-11　软件产生的元件清单

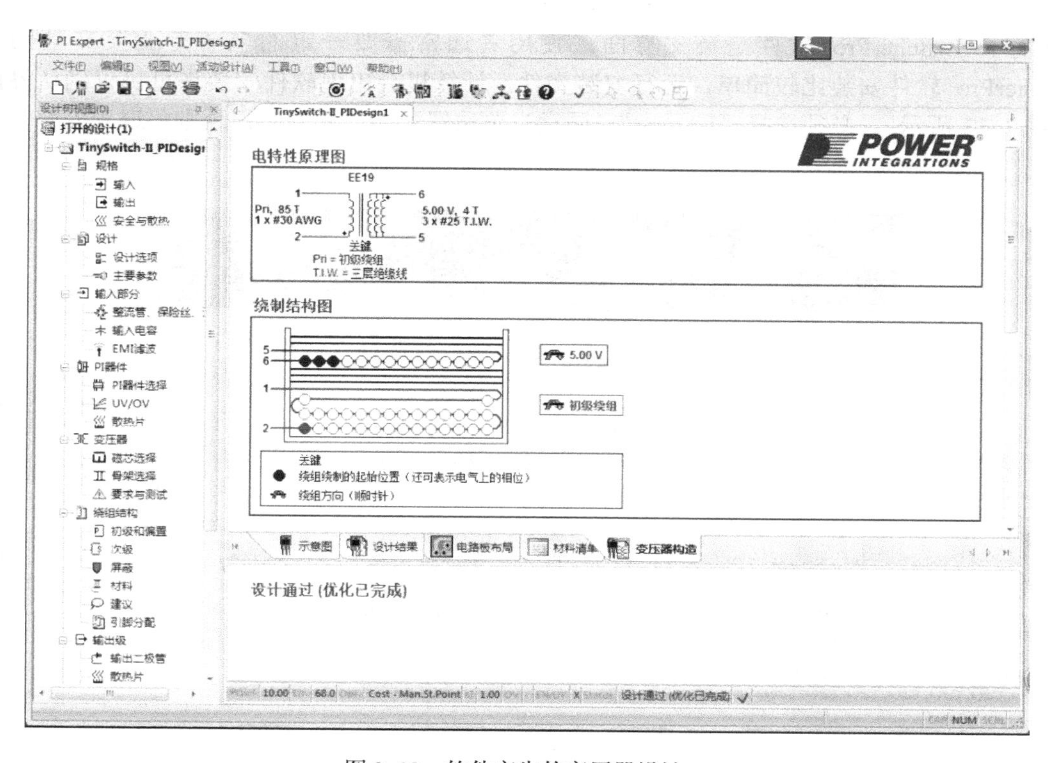

图 3-12　软件产生的变压器设计

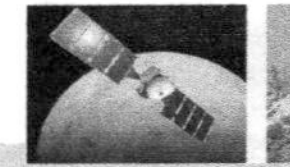

PI Expert 软件可以在较短的时间完成开关电源的设计，但对设计文件还需进行进一步处理。原理图不能直接导入到实际的工程，参考 PI Expert 软件的设计结果，利用电路设计软件（如 Protel）绘制原理图；参考电路板布局图，进行 PCB 设计。尽管如此，PI Expert 软件仍极大方便了开关电源的设计。

3.2 SwitcherPro 开关电源设计软件

SwitcherPro（TM）开关电源设计软件是 TI 公司提供的一种开关电源设计工具，有网络版和安装版两种，可以通过申请获得免费使用，大大减轻了开关电源的设计工作量。该软件的网址如下：

http://www.ti.com.cn/tool/cn/switcherpro

SwitcherPro 主要用于以 TI 公司的电源集成电路为核心的开关电源电路设计，支持绝大部分的 TPS40K、TPS54K 和 TPS60K，在中低功率负载的电源电路设计中具有非常好的应用价值。

下面以安装版为例进行介绍。

3.2.1 SwitcherPro 软件的安装

SwitcherPro 软件可以通过互联网下载获得。使用 PC，在 Win XP/Win 7 环境下均可安装运行。SwitcherPro 软件是英文界面，使用者通常需要一定的电子专业英文基础。SwitcherPro 软件安装比较简单，运行安装文件，计算机会出现软件安装许可协议确认界面（如图 3-13 所示），必须选择“I Agree”（同意）单选钮才能继续安装，否则将退出安装。

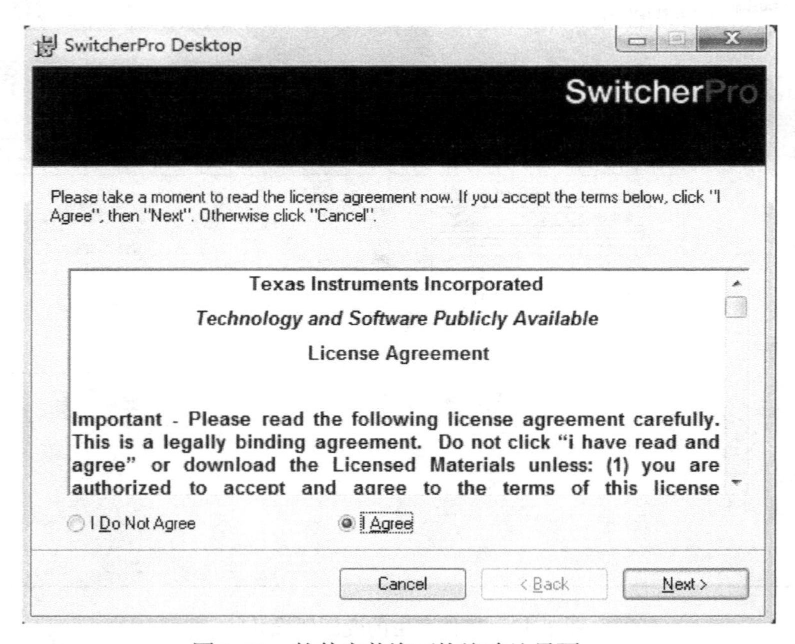

图 3-13　软件安装许可协议确认界面

单击软件界面的“Next”（继续）按钮，安装软件将显示安装目录界面。使用者可以自己改变安装目录，也可以使用安装软件的默认目录，如图 3-14 所示。单击“Next”按钮，进入下一个步骤。

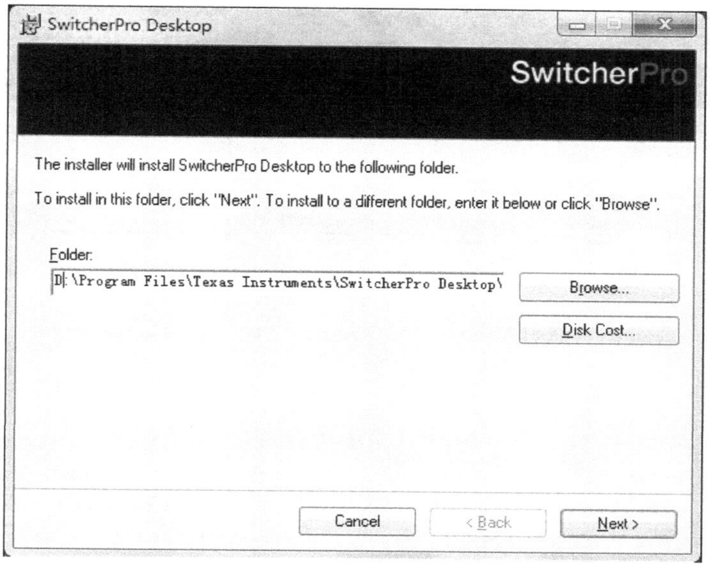

图 3-14　软件安装目录更改界面

新版本软件将不能打开以前版本的设计文件，为了保证原有设计文件的兼容性，软件安装时提供设计文件转换功能。设计文件转换界面如图 3-15 所示，若有老版本的设计文件需转换，则选择“Yes，migrate my designs.（20～30 minutes）”单选钮；否则，选择“No，Do not migrate my designs.”单选钮。单击“Next”按钮，软件正式开始安装。

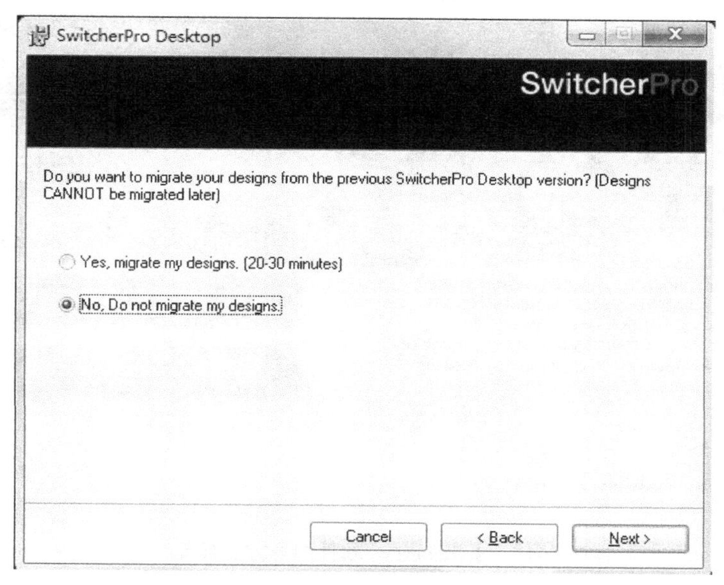

图 3-15　设计文件转换界面

软件安装进度显示界面如图 3-16 所示，进度条显示软件安装进度，直到安装完成。软件安装完成，即可运行。

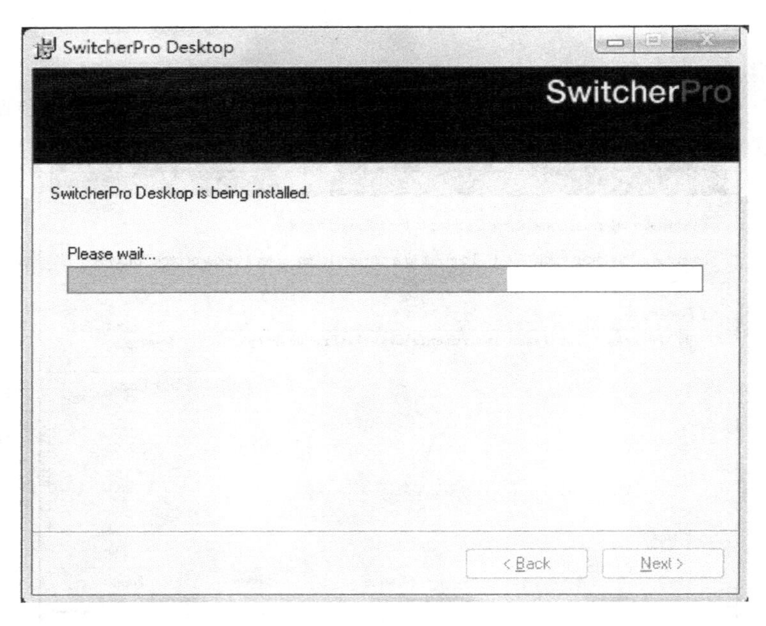

图 3-16　软件安装进度显示界面

3.2.2　SwitcherPro 软件的使用

运行 SwitcherPro 软件，出现向导方式界面，如图 3-17 所示。

图 3-17　SwitcherPro 软件向导方式界面

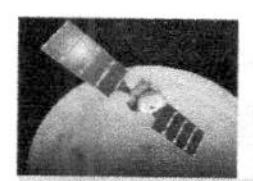

通过向导方式，可以方便地完成以 TI 公司 TPS40K、TPS54K、TPS60K 作为控制器的电源电路的设计和修改。在向导方式中，若需建立新的设计，则单击“Create a new design”按钮；若通过修改原有设计方式进行新设计，则单击“Copy existing design”按钮；也可以不使用向导方式，则单击“Exit Wizard”选项。

下面通过实例，介绍 SwitcherPro 软件完成 DC-DC 开关电源的设计过程。主要设计指标如下：输入直流电源电压范围是 9～15 V，输出电压为+5 V，输出电流为 2 A，电源效率不低于 85%。

设计步骤如下。

在向导方式界面，单击“Create a new design”按钮，界面出现两种设计方式的选项，一种采用选定器件方式开始设计（Start by selecting a device），另一种通过输入指标参数方式开始设计（Start by entering specifications）。这里采用输入指标参数方式开始设计，如图 3-18 所示。

图 3-18　SwitcherPro 软件设计方式的选项界面

在图 3-18 中，单击“Start by entering specifications”（输入指标参数方式开始设计）按钮，设计向导显示输入指标参数界面，如图 3-19 所示，在该界面输入设计参数。

首先给设计命名，命名采用英文，如“MyPower1”，在“Design Name”文本框中输入即可。

然后输入设计参数，这里输入电压为 9～15 V，在“Vin Min”文本框中填入“9”，在“Vin Max” 文本框中填入“15”。输入电压 5 V，在“Vout” 文本框中填入“5”。输出的最大电流为 2 A，在“Iout Max” 文本框中填入“2”。

下一步选器件，单击软件界面的“Find Devices”按钮，软件会罗列出符合要求的器件，在这些器件中，选择一种器件，选择时应考虑价格、封装、公司的供货情况等因素。这里选择 TPS54227。

单击软件界面的“Design Now”按钮，接下来软件就能迅速产生设计结果了。设计结果包括原理图（Schematic）、性能分析（Analysis）、关键元件极限工作情况（Stress）、电源

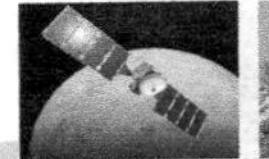

效率（Efficiency）、电路稳定性（Loop）、元件表（BOM）、电路板（Layout）和注释（Notes）等。

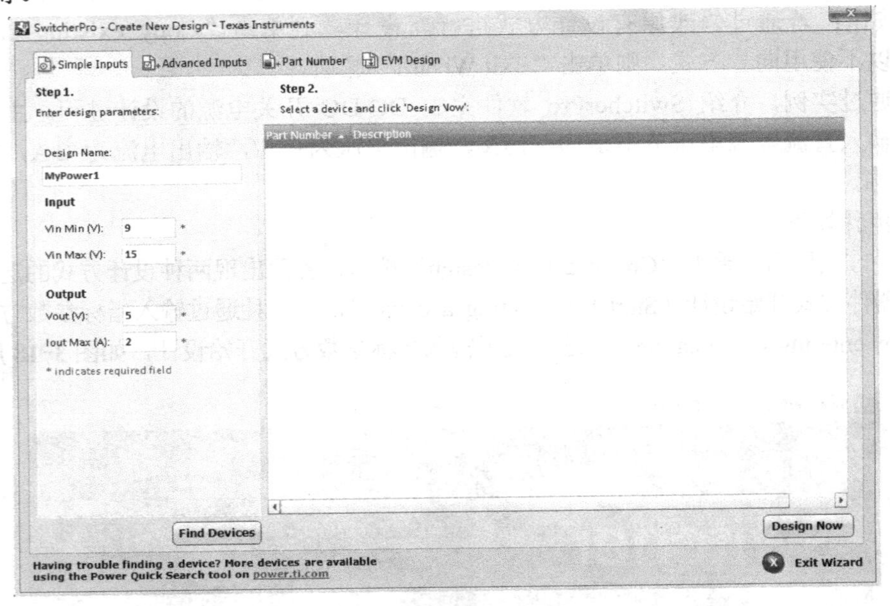

图 3-19　设计参数输入界面

单击各选项卡，可以查看对应的结果选项。如图 3-20 所示是设计获得的原理图（Schematic）。在原理图中，元件 C1、C3、L1、C9、C11 采用红色标出，可以进行修改。图中右边 VOUT 与左边 VOUT 使用相同的网络标号，表示实际上是连接在一起的。参考这个原理图，就可以应用到实际项目中了。

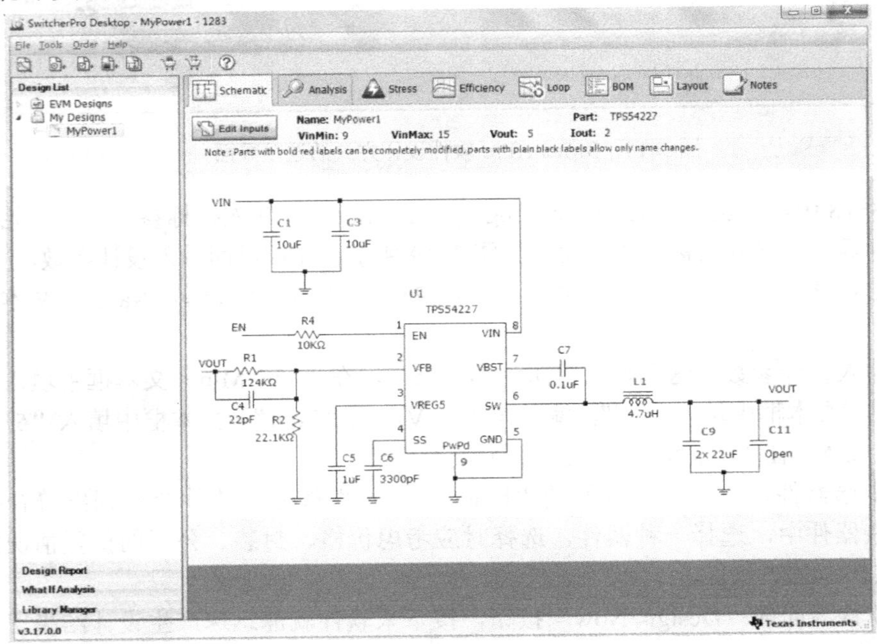

图 3-20　设计获得的原理图

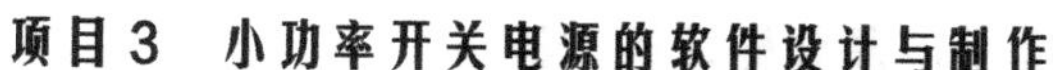

3.2.3　SwitcherPro 软件的设计结果分析

单击性能分析（Analysis）选项卡，就可以查看设计电路的性能参数，如图 3-21 所示。性能参数通过表格形式给出，表格行“Output Voltage”是电路的输出电压，输入的理想值（User Input Nominal）是 5 V，这个值是设计参数，通过软件计算，实际电源输出的最小值（Calculated Minimum）为 4.873 V，最大值（Calculated Maximum）为 5.247 V。表格行“Output Ripple”表示输出纹波的数值，默认输入最大值（Default Input Maximum）有 100mVp-p 纹波，输出有 18.3 Vp-p 纹波。表格中，电感峰值电流（Inductor Peak to Peak Current）最小值为 1.026 A，最大值为 1.615 A。Upper FET RDSon 和 Lower FET RDSon 内部场效应管的源极和漏极开启时的电阻，类似于电源的内阻。Duty Cycle 是开关占空比，计算结果为 35.7%～59.8%。其他未涉及的表格行表示这些参数与本设计无关。

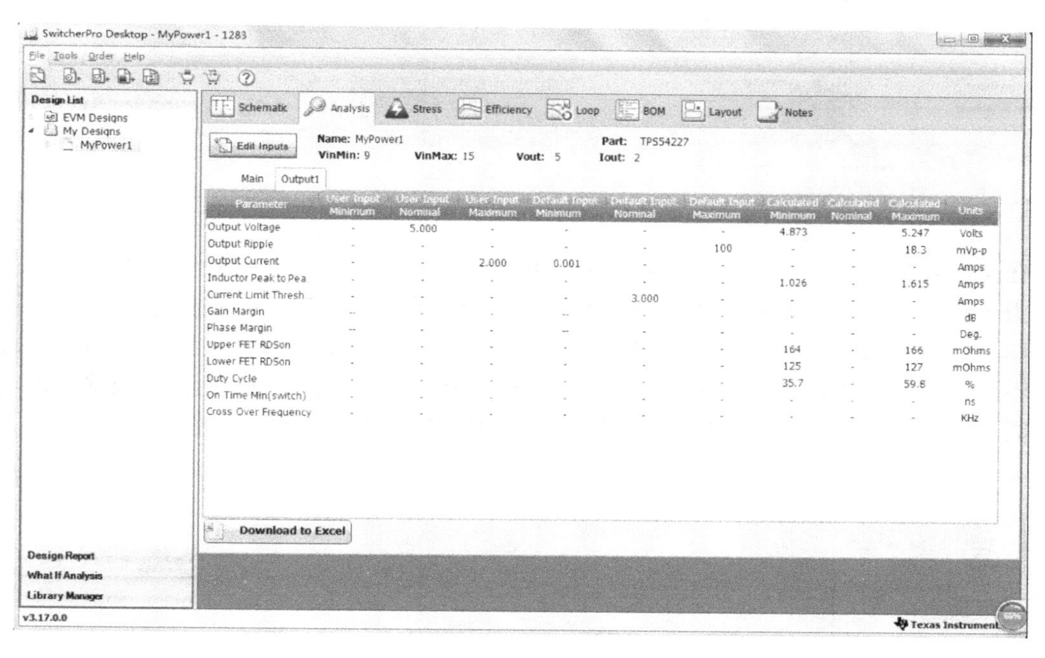

Parameter	User Input Minimum	User Input Nominal	User Input Maximum	Default Input Minimum	Default Input Nominal	Default Input Maximum	Calculated Minimum	Calculated Nominal	Calculated Maximum	Units
Output Voltage	-	5.000	-	-	-	-	4.873	-	5.247	Volts
Output Ripple	-	-	-	-	-	100	-	-	18.3	mVp-p
Output Current	-	-	2.000	0.001	-	-	-	-	-	Amps
Inductor Peak to Pea	-	-	-	-	-	-	1.026	-	1.615	Amps
Current Limit Thresh	-	-	-	-	3.000	-	-	-	-	Amps
Gain Margin	--	-	-	--	-	-	-	-	-	dB
Phase Margin	--	-	-	--	-	-	-	-	-	Deg.
Upper FET RDSon	-	-	-	-	-	-	164	-	166	mOhms
Lower FET RDSon	-	-	-	-	-	-	125	-	127	mOhms
Duty Cycle	-	-	-	-	-	-	35.7	-	59.8	%
On Time Min(switch)	-	-	-	-	-	-	-	-	-	ns
Cross Over Frequency	-	-	-	-	-	-	-	-	-	KHz

图 3-21　设计结果的性能参数截图

显然，这个结果符合一般 TTL 电路的电源需求。如果认为这个结果不能满足需要，则必须修改设计或重新进行设计。

单击关键元件极限工作情况（Stress）选项卡，就可以查看设计电路的关键元件极限工作情况，这些数据以表格形式给出，截图如图 3-22 所示。元件包括 C1、C3、L1、U1，表格列中包括元件的额定电压（Rated Votage）、额定电流（Rated Current），通过计算获得的电压值（Calculated Votage）、电流值（Calculated Current）、消耗功率、最高温度。对于 U1，也就是本设计中的电源芯片 TPS54227，器件的额定最高输入电压为 25 V，实际是 15.1 V，额定电流是 2.2 A，计算值是 2.05 A，功耗为 902 mW，最高温度为 46℃，符合实际需求。因此，没有错误信息（Error Message）。

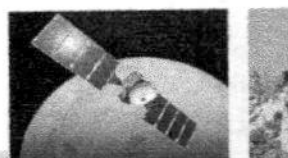

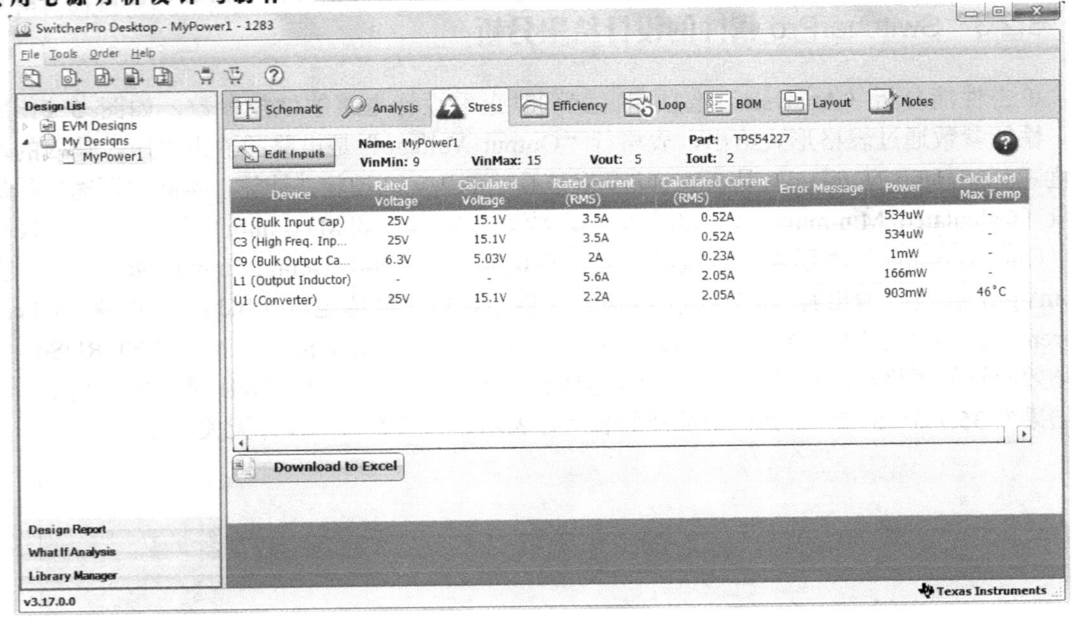

Device	Rated Voltage	Calculated Voltage	Rated Current (RMS)	Calculated Current (RMS)	Error Message	Power	Calculated Max Temp
C1 (Bulk Input Cap)	25V	15.1V	3.5A	0.52A		534uW	-
C3 (High Freq. Inp...	25V	15.1V	3.5A	0.52A		534uW	-
C9 (Bulk Output Ca...	6.3V	5.03V	2A	0.23A		1mW	-
L1 (Output Inductor)	-	-	5.6A	2.05A		166mW	-
U1 (Converter)	25V	15.1V	2.2A	2.05A		903mW	46°C

图 3-22　关键元件极限工作情况设计结果截图

在电源设计中，效率是一项非常重要的指标。开关电源稳压元件处于开关工作状态，理论上不消耗功率。但实际上由于功率管导通时存在电阻，开关时存在过渡状态，所以消耗功率不容忽视。单击电源效率（Efficiency）选项卡，可看到本设计的电源效率，根据负载的不同，具有不同的效率。以曲线拟合的方式，给出结果如图 3-23 所示。根据输入电压的不同，效率也有所不同。显然，在相同的负载条件下，输入电压低，效率会高一些。

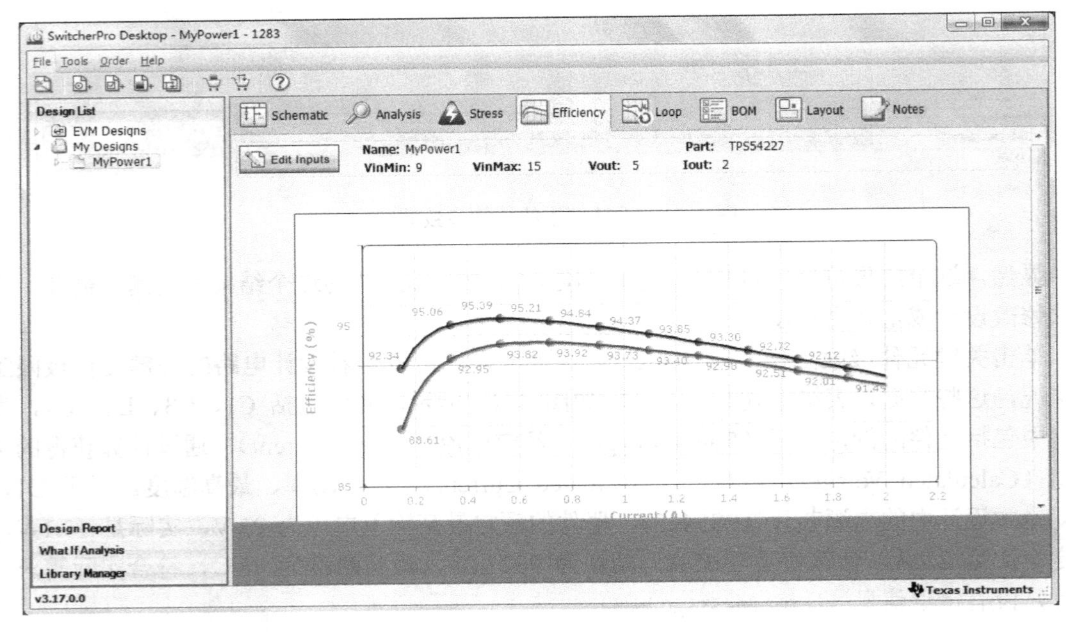

图 3-23　不同负载条件和输入电压条件下效率曲线截图

本电路没有稳定性分析，该选项卡（Loop）无内容。

单击元件表（BOM）选项卡，显示电路元件列表，如图 3-24 所示。元件表格内容包括元件名（Name）、元件数量（Quantity）、部件号（Part Number）、描述（Description）、生产厂商（Manufacturer）、面积（Area）和高度（Height）等。内容相当详细，使用时，可将内容按 Excel 格式进行导出，根据工艺规范格式要求进行相应修改，形成工艺文件。单击“Download to Excel”按钮，即可将元件表导出 Excel 文件。

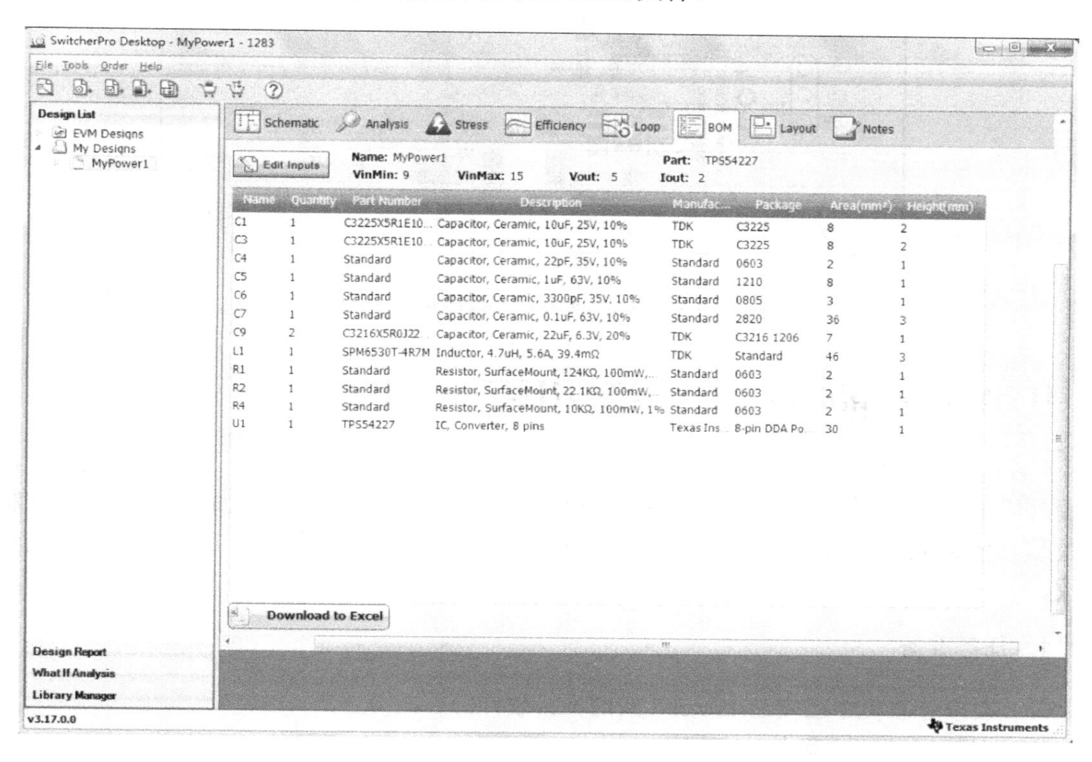

图 3-24　元件表（BOM）截图

单击电路板（Layout）选项，可显示电路板的参考设计，如图 3-25 所示。电源性能的优劣，电路板设计非常关键。从参考设计结果可看到，电源输入、输出、地均采用特别粗的导线（铜箔）。采用大面积接地方式，电源芯片底部接地，使电源芯片具有较好的散热环境。输入去耦电容与电源芯片非常接近，保证去耦性能。电感 L1 靠近电源芯片输出端，输出滤波电容靠近电感 L1 的输出端，这样的布局设计确保电路的稳定和高性能。

由于属于评估电路，所以电路板参考设计中也有较多的测试点（TPx）。在注释（Notes）选项，可输入关于设计的一些标注。

可见，采用 SwitcherPro 软件完成 DC-DC 开关电源的设计非常方便，设计结果内容齐全。采用菜单方式、工具栏方式进行设计，与通过向导（Wizard）方式方法类似，结果一致。另外，也可以通过 Web 方式，进入 TI 的网站进行电源设计，这样可以不用安装软件，方法、结果完全一致。

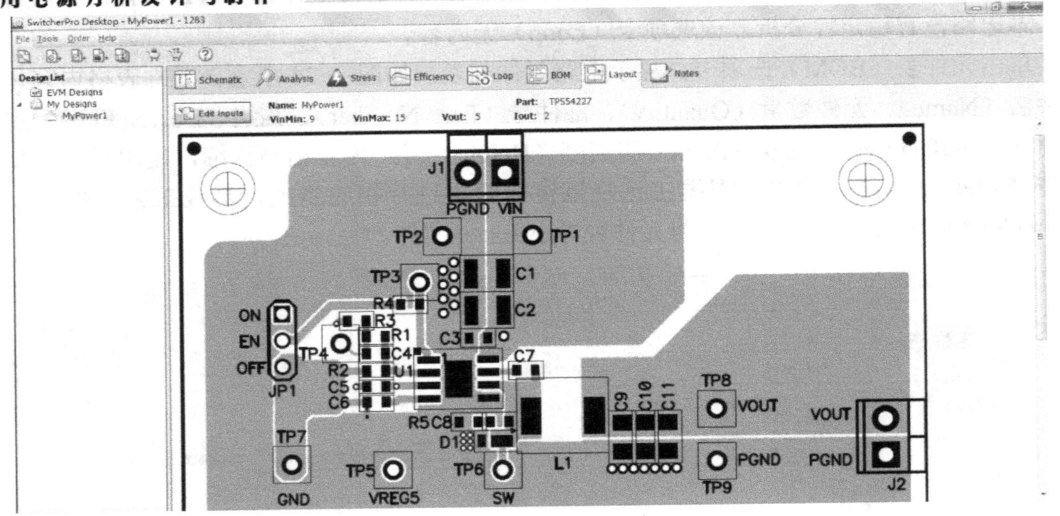

图 3-25　电路板的参考设计截图

任务实施 4　采用 PI Expert 软件设计制作开关电源

5 V/1 A 开关电源常用于机顶盒等各种电子系统中。通过对一个 5 V 开关电源的设计，掌握利用 PI Expert 软件进行开关电源设计过程。结合 Protel 软件，完成工程设计、试制全过程。考虑到课程进程和安全原因，试制电源所用的元件及电路板应预先准备，统一发放。

1. 任务准备

（1）要求计算机中已安装 Protel（或同类）软件。

（2）安装 PI Expert 软件。

（3）安装打印机。

（4）5 V/1 A 开关电源套件，原理图如图 3-26 所示，PCB 图如图 3-27 所示，元件清单如表 3-1 所示。

（5）电子装配工具及耗材，包括电烙铁、斜口钳、焊锡丝等。

（6）隔离变压器，数字电压表，示波器，5 Ω/5 W 电阻。

2. 设计、装配、调试与测试

（1）在计算机上安装 PI Expert 软件。

（2）采用 PI Expert 软件设计输入电压交流 85～230 V，输出电压 12 V，输出电流 1A 的开关电源，要求使用 TNY278NP 集成电路。

（3）将设计结果通过打印机输出。

（4）采用 Protel（或同类）软件，绘制原理图。

（5）采用 Protel（或同类）软件，绘制 PCB 图。

（6）分发电源电路板和元件。

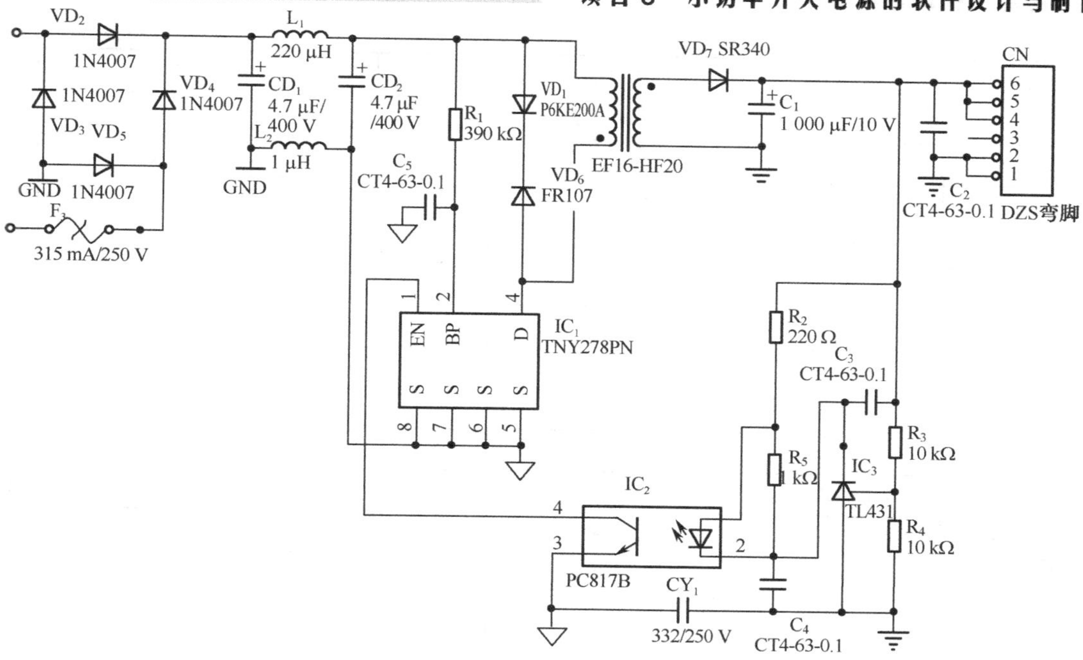

图3-26　5 V/1 A 开关电源原理图

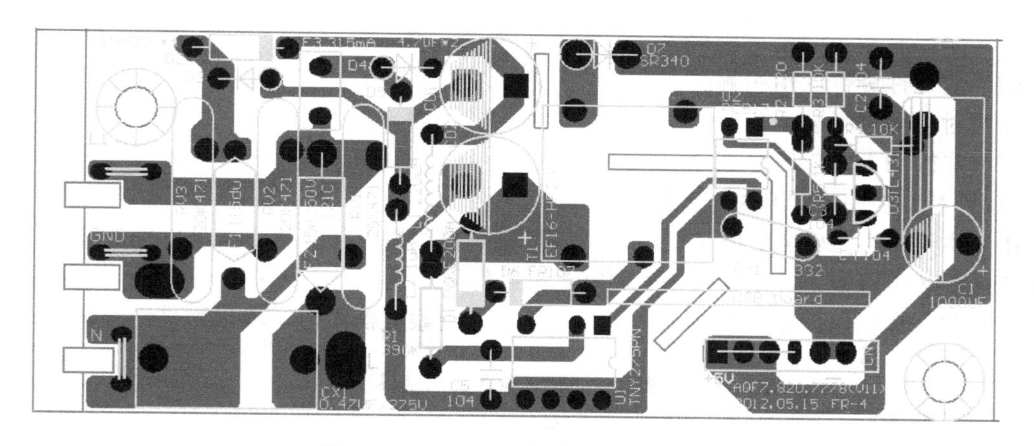

图3-27　5 V/1 A 开关电源 PCB 图

表3-1　开关电源套件元件清单

序　号	材 料 名 称	型号/规格	数　量	编　号
1	二极管	1N4007	4	VD_2、VD_3、VD_4、VD_5
2	二极管	SR340	1	VD_7
3	二极管	FR107	1	VD_6
4	二极管	P6KE200 A	1	VD_1
5	电解电容	4.7 μF/400 V	2	CD_1、CD_2

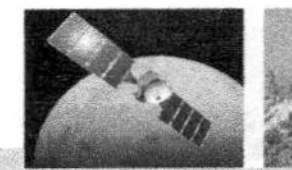

续表

序　号	材料名称	型号/规格	数　量	编　号
6	电解电容	1 000 μF/10 V	1	C_1
7	电容	CT4-63-0.1	4	C_2、C_3、C_4、C_5
8	电容	332/400 V	1	CY1
9	电阻	390 kΩ　1/2 W	1	R_1
10	电阻	390 kΩ　1/2 W	1	R_2
11	电阻	10 kΩ	2	R_3、R_4
12	电阻	1 kΩ	1	R_5
13	电感	220 μH	1	L_1
14	电感	1 μH	1	L_2
15	稳压模块	TL431	1	IC_3
16	光耦	PC817B	1	IC_2
17	集成电路	TNY278PN	1	IC_1
18	保险管	315 mA/250 V	1	F_3
19	插片	6.3 短脚	2	N、GND
20	导线	AQF	2	X4_白、X4_绿
21	接插件	DZS 弯脚	1	CN

（7）对元件进行认知和测试。

（8）对电源进行装配。

（9）焊好输入、输出导线。

（10）对安装完成的开关电源进行测试。

由于本开关电源输入 220 V 交流，所以测试时需要接入隔离变压器，以保证安全。输出端加 5 Ω/5 W 负载电阻，使其在 1 A 额定电流条件下工作。

加电前，在输出端接入数字电压表和示波器，观察仪器数值，填入测试结果表格 3-2。

表 3-2　开关电源测试结果

序　号	测试条件或项目	实际测试条件或结果	
1	输入电压 AC 220 V		
2	输出电压：DC 5V±3%（5.15～4.85 V 空载）		
3	输出额定电流：DC 1 A 时输出电压		
4	纹波与噪声电压：≤500 mV（p-p）	空载	
		满载	
5	输出过流保护：1～1.1 A		
结论			

3. 评分标准

按照任务要求，逐项进行评分，评分表如表3-3所示。

表3-3　任务完成情况表

项目内容	分　值	评分标准
安装PI Expert软件	10	（1）要求安装在C盘 （2）独立完成
采用PI Expert软件设计开关电源	20	（1）打印出原理图 （2）打印出布局图 （3）整理出元件清单 （4）独立完成
采用Protel软件绘制原理图	15	（1）参照PI Expert软件设计的电路图 （2）做好元件库 （3）独立完成
采用Protel软件绘制PCB图	15	（1）参照PI Expert软件设计的电路布局图 （2）做好元件封装库 （3）独立完成
对元件进行认知和测试	10	（1）提出方案完成对光耦、稳压管的测试 （2）画出测试线路图 （3）进行元件性能测试
电源电路装配	15	（1）要求符合焊接规范 （2）焊点焊锡过多、过少、冷焊、虚焊、搭焊均为不合格，装配与要求不符也为不合格 （3）不合格点每点扣1分，扣完为止
电源电路测试	15	进行电性能测试，记录测试数据，整理出报告

思考与练习3

1. 通过软件设计开关电源的特点有哪些？

2. 常用的开关电源辅助设计软件有（　　　　　　　　）、（　　　　　　　　）、（　　　　　　　）。

3. 整流滤波器电路的作用是（　　　　　　　　　）。

4. 如图3-7所示的设计方案选择对话框中，二极管1N1581在电路中起什么作用？该二极管有什么特点？与普通整流二极管1N5401有什么区别？

5. 如图3-12所示的软件产生的变压器有什么特点？与常规的工频变压器有什么区别？

6. 开关整流器的特点有（　　　　　）、（　　　　　）、（　　　　　）、（　　　　　）、

（　　　　）、（　　　　）及（　　　　）。

7．在计算机中安装 SwitcherPro 软件。

8．采用 SwitcherPro 软件设计一个 DC-DC 电源，输入直流电压 5 V，输出直流电压 12 V，电流 300 mA，提交设计报告。报告内容包括原理图、电路板布局图和材料清单。

项目4 DC-DC变换器电源设计制作

通过DC-DC变换器电源的设计与制作，能够初步掌握DC-DC升压变换、降压变换、极性反转变换的电路结构和工作原理，熟悉各种DC-DC变换芯片的应用，并能初步设计制作DC-DC变换器。

【知识要求】

（1）掌握DC-DC升压变换、降压变换、极性反转变换的电路结构与工作原理。

（2）掌握MC34063芯片及其在DC-DC变换中的应用。

（3）掌握LM2576芯片及其在DC-DC变换中的应用。

（4）掌握LM2587芯片及其在DC-DC变换中的应用。

（5）掌握MAX660芯片及其在DC-DC变换中的应用。

【能力要求】

（1）能使用典型的DC-DC变换芯片。

（2）能设计典型的DC-DC升压或降压变换电路。

（3）能设计典型的DC-DC变换的PCB。

（4）能调试、测试DC-DC变换器电源。

许多便携式电子设备本身带有直流电池或蓄电瓶，但是这些电池或电瓶通常只能提供一种固定的直流电压。当电路需要多种不同的直流电压时，就需要用到直流-直流（DC-DC）变换电路。通常，DC-DC 变换电路所需元件较多，电路较复杂，因此，DC-DC 变换电路中常使用通用或专用的集成电路，如 LT1073/1109、MAX660/640/856/679/887、MC33063/34063/35063 及 LM2574/2575/2576/2577 等。DC-DC 变换器又称开关集成稳压器，分为降压型、升压型、输入与输出极性相反型三类。

4.1 MC34063 芯片 DC-DC 电路

MC34063 芯片包含了 DC-DC 变换器所需要的主要功能，芯片价格便宜。MC34063 芯片由具有温度自动补偿功能的基准电压发生器、比较器、占空比可控的振荡器，R-S 触发器和大电流输出开关电路等组成。MC34063 芯片可用于升压变换器、降压变换器、反向器的控制核心，由它构成的 DC-DC 变换器仅用少量的外部元件。主要应用于以微处理器（MPU）或单片机（MCU）为基础的系统。

4.1.1 MC34063 芯片结构及功能

1. MC34063 芯片结构与特点

MC34063A 芯片内部结构如图 4-1 所示。共有 8 个引脚，内有开关管 VT_1 及激励管 VT_2，有带温度补偿的 1.25 V 基准电压源，有比较器和能限制电流及控制周期的振荡器。其主要参数是：电源电压为 40 V，比较器输入电压范围为-0.3～40 V，驱动管集电极电流为 100 mA，开关电流为 1.5 A。

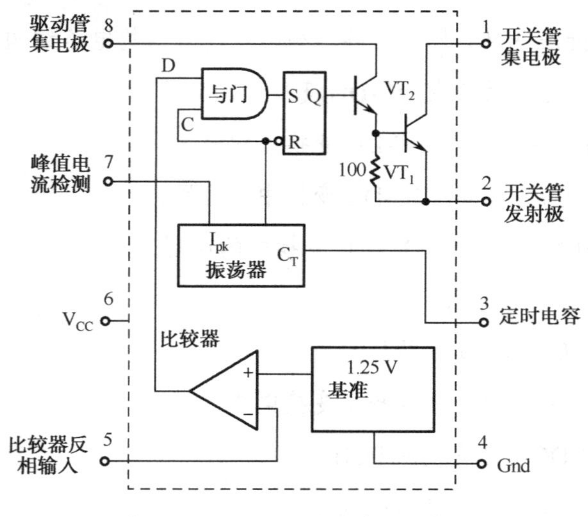

图 4-1　MC34063 芯片内部结构

MC34063 具有以下特点。

（1）能在 3～40 V 的输入电压下工作。

（2）带有短路电流限制功能。

（3）低静态工作电流。

（4）输出开关电流可达 1.5 A（无外接三极管）。

（5）输出电压可调。

（6）工作振荡频率为 100 Hz～100 kHz。

（7）可构成升压、降压或反向电源变换器。

2. MC34063 芯片功能说明

MC34063 内置有大电流的电源开关，能够控制的开关电流可达到 1.5 A，内部电路包含参考电压源、振荡器、转换器、逻辑控制电路和开关晶体管。MC34063 参考电压源是具有温度补偿的基准源，振荡器的振荡频率由③脚的外接定时电容决定，开关晶体管由比较器的反向输入端和与振荡器相连的逻辑控制电路置成 ON，并由与振荡器输出同步的下一个脉冲置成 OFF。

电路工作原理是振荡器通过恒流源对外接在③脚上的定时电容不断充电和放电以产生振荡波形。充电和放电的电流都是恒定的，因此振荡频率仅取决于外接定时电容的容量。与门的 C 输入端在振荡器对外充电时为高电平，D 输入端在比较器的输入电平低于阈值电平时为高电平，当 C 和 D 输入端都变成高电平时触发器被置为高电平，输出开关管导通。反之，当振荡器在放电期间，C 输入端为低电平，触发器被复位，使得输出开关管处于关闭状态。电流限制功能是通过检测连接在⑥、⑦脚之间电阻上的压降来完成的，当检测到电阻上的电压降超过 300 mV 时，电流限制电路开始工作，这时通过③脚对定时电容进行快速充电以减少充电时间和输出开关管的导通时间，结果是让输出开关管的关闭时间延长。

MC34063 的引脚功能说明如下。

①脚：开关管 VT_1 集电极引出端。

②脚：开关管 VT_1 发射极引出端。

③脚：定时电容 C_t 接线端；调节 C_t 可使工作频率在 100～100 kHz 范围内变化。

④脚：电源地。

⑤脚：电压比较器反相输入端，同时也是输出电压取样端；使用时应外接两个精度不低于 1%的精密电阻。

⑥脚：电源输出端。

⑦脚：负载峰值电流取样端，当⑥、⑦脚之间电压超过 300 mV 时，芯片将启动内部过流保护功能。

⑧脚：驱动管 VT_2 集电极引出端。

4.1.2　MC34063 芯片的应用

1. 升压式 DC-DC 变换器

如图 4-2 所示是由 MC34063A 组成的升压式 DC-DC 变换电路。电路的输入电压为

12 V，输出电压为 28 V，输出电流可达 175 mA。图中，L_1 是储能电感，VD_1 是续流二极管，L1、VD_1 与 VT_1 组成并联型升压他激式 DC-DC 变换电路。升压变换原理是：若开关管 VT_1 饱和导通，则电流线性增大，电流方向如图 4-2 中实线所示，此时 VD_1 截止，L_1 储存磁场能量；若 VT_1 截止，则由于 L_1 中的电流不能突变，所以此时 VD_1 导通，电流方向如图 4-2 中虚线所示，L_1 释放磁场能量，C_1 被充电，产生 28 V 直流电压。于是电路完成了从 12 V 到 28 V 的变换。

图 4-2 中 C_2 是振荡定时电容。R_4 为过流检测电阻，过流检测信号从⑦脚输入，通过控制芯片内部的振荡器，可达到限制电流的目的。输出电压经 R_1 和 R_2 分压后，反馈到⑤脚内部比较器的反相端，以保证输出电压的稳定性。本电路的效率可达 89.2%。如果需要，本电路在加入扩流管后输出电流可达 1.5 A 以上。

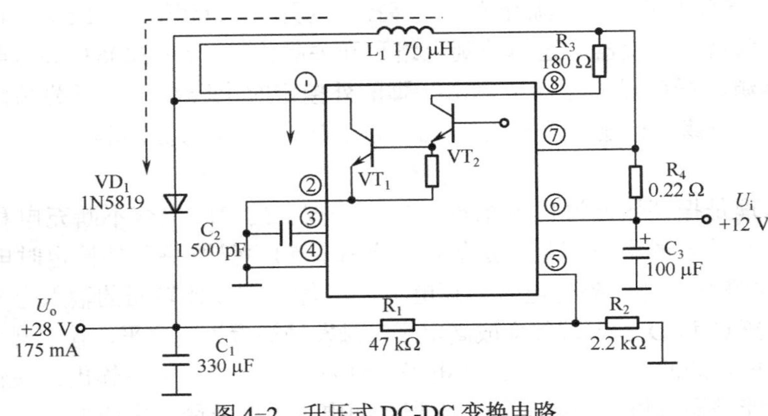

图 4-2　升压式 DC-DC 变换电路

2. 降压式 DC-DC 变换器

如图 4-3 所示是由 MC34063A 组成的降压式 DC-DC 变换电路，电路的输入电压为 25 V，输出电压为 5 V，输出电流可达 500 mA。图 4-3 中，L_1、VD_1 及 VT_1 组成串联型降压他激式开关电源电路。降压变换原理是：若开关管 VT_1 饱和导通，则电流线性增大，电流方向如图 4-3 中实线所示，此时 VD_1 截止，L_1 储存磁场能量，C_1 被充电；若 VT_1 截止，则由于 L_1 中的电流不能突变，所以此时 VD_1 导通，电流方向如图 4-3 中虚线所示，L_1 释放磁场能量，C_1 再次被充电，产生+5 V 直流电压输出。于是电路完成了从 25 V 到 5 V 的变换。

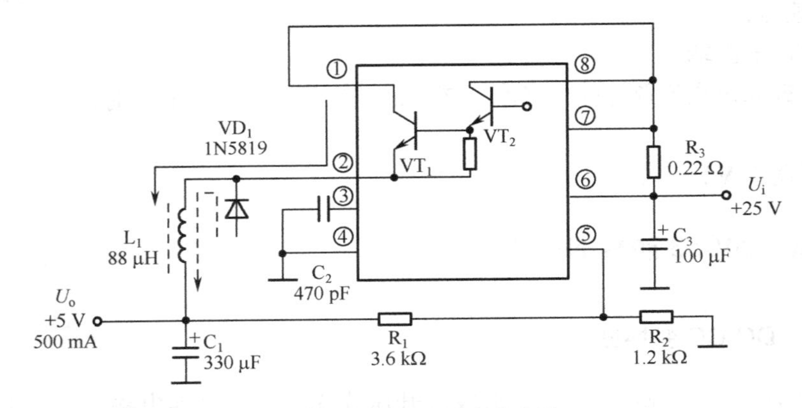

图 4-3　降压式 DC-DC 变换电路

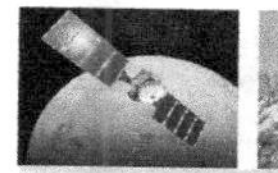

电路将①脚和⑧脚连接起来组成达林顿驱动电路。如果外接扩流管，则可把输出电流增加到 1.5 A。当电路中的电阻 R_3 选择 0.1 A 时，其限制电流为 1.1 A。本电路的效率为 82.5%。

3．电压极性反转式 DC-DC 变换器

如图 4-4 所示是由 MC34063A 组成的电压极性反转式 DC-DC 变换电路。电路的输入电压为 4.5～6 V，输出电压为−12 V，输出电流可达 100 mA。图 4-4 中 L_1、VD_1 及 VT_1 组成并联型反转他激式开关电源电路。反转变换原理是：若开关管 VT_1 饱和导通，则电流线性增大，电流方向如图 4-4 中实线所示，L_1 储存磁场能量，此时 VD_1 截止；若 VT_1 截止，则由于 L_1 中的电流不能突变，所以此时 VD_1 导通，电流方向如图 4-4 中虚线所示，L_1 释放磁场能量，C_1 被充电，产生−12 V 直流电压输出。于是，电路完成了电压极性的反转变换。

此电路中的限制电流为 910 mA。外接扩流管可将输出电流增加到 1.5 A。电路效率为 64.5%。

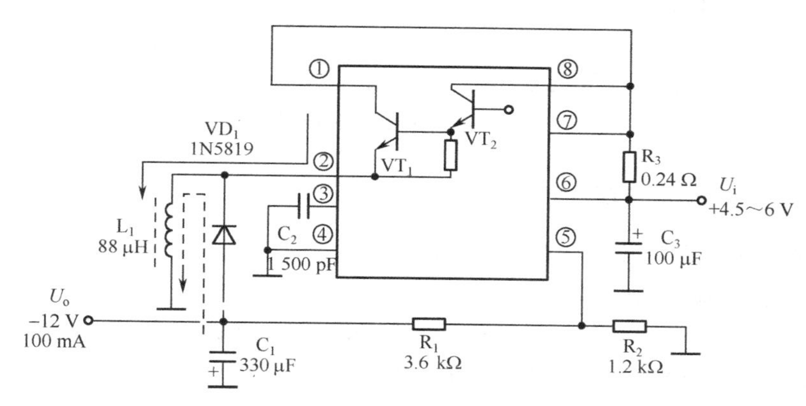

图 4-4　反转式 DC-DC 变换电路

4.2　LM2576 芯片 DC-DC 电路

4.2.1　LM2576 芯片结构及主要特性

LM2576 系列是美国国家半导体公司生产的 3 A 电流输出降压 DC-DC 变换电路，它内含固定频率振荡器（52 kHz）和基准稳压器（1.23 V），并具有完善的保护电路，包括电流限制及热关断电路等，利用该器件只需极少的外围器件便可构成高效稳压电路。LM2576 系列包括 LM2576（最高输入电压 40 V）及 LM2576HV（最高输入电压 60 V）两个系列。各系列产品均提供有 3.3 V、5 V、12 V、15 V 及可调（ADJ）等多个电压档次产品。

1．LM2576 芯片结构

LM2576 芯片内部结构如图 4-5 所示。LM2576 内部包含 52 kHz 振荡器、1.23 V 基准稳压电路、热关断电路、电流限制电路、放大器、比较器及内部稳压电路等。为了产生不同的输出电压，通常将比较器的负端接基准电压（1.23 V），正端接分压电阻网络 R_1 和 R_2，

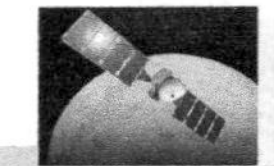

这样可根据输出电压的不同选定不同的阻值，其中 R_1=1 kΩ（可调-ADJ 时开路），R_2 分别为 1.7 kΩ（3.3 V）、3.1 kΩ（5 V）、8.84 kΩ（12 V）、11.3 kΩ（15 V）和 0（-ADJ），上述电阻依据型号不同已在芯片内部做了精确调整，因而无须使用者考虑。将输出电压分压电阻网络的输出同内部基准稳压值 1.23 V 进行比较，若电压有偏差，则可用放大器控制内部振荡器的输出占空比，从而使输出电压保持稳定。

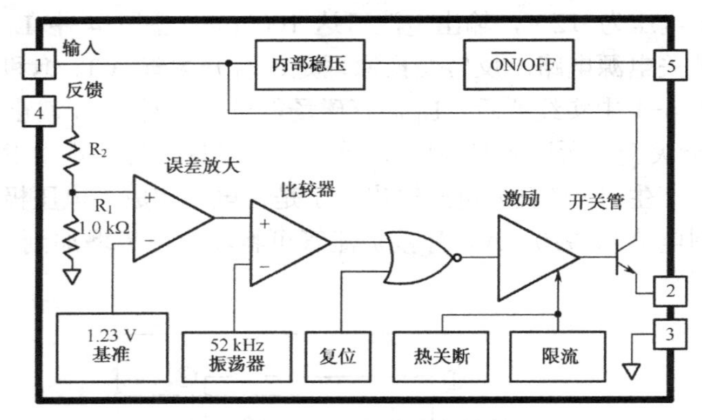

图 4-5　LM2576 芯片内部结构

2. LM2576 芯片主要特性

LM2576 系列开关稳压集成电路的主要特性如下。

（1）最大输出电流：3 A。

（2）最高输入电压：LM2576 为 40V，LM2576HV 为 60 V。

（3）输出电压：3.3 V、5 V、12 V、15 V 和可调（-ADJ）等可选。

（4）振荡频率：52 kHz。

（5）转换效率：75%～88%（不同电压输出时的效率不同）。

（6）控制方式：PWM。

（7）工作温度范围：-40℃～+125℃。

（8）工作模式：低功耗/正常两种模式可外部控制。

（9）工作模式控制：TTL 电平兼容。

（10）所需外部元件：四个（不可调）或六个（可调）。

（11）器件保护：热关断及电流限制。

（12）封装形式：TO-220 或 TO-263。

4.2.2　LM2576 芯片的应用

1. 电路组成与工作原理

LM2576 芯片的可调应用电路如图 4-6 所示。由图及 LM2576 系列开关稳压集成电路的特性可以看出，以 LM2576 为核心的开关稳压电源完全可以取代三端稳压器件构成的 MCU 稳压电源。

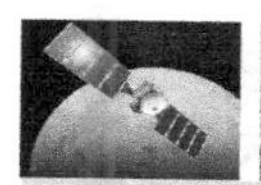

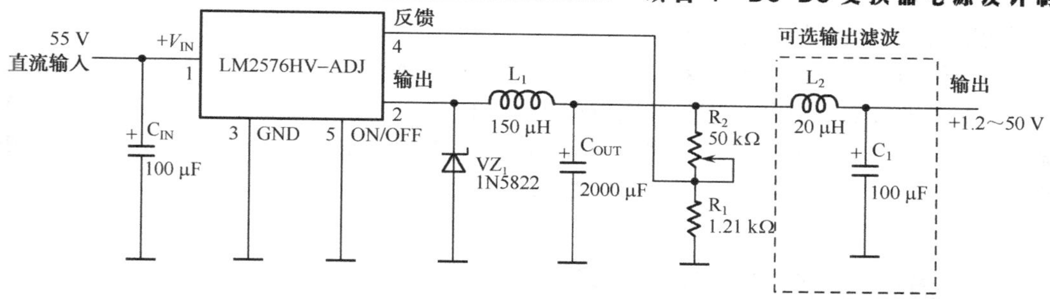

图 4-6　LM2576 芯片的可调应用电路

LM2576 芯片所需外部元件很少，若仅选用四个元件（C_{IN}、VZ_1、L_1、C_{OUT}），则输出电压不可调；若有六个元件（C_{IN}、VZ_1、L_1、R_1、R_2、C_{OUT}），则调节 R_2 可改变输出电压。

DC-DC 变换的工作原理：当 LM2576 内部开关管导通时，电流从③脚流出，经 L_1 给 C_{OUT} 充电，L_1 也储存起磁场能量；当 LM2576 内部开关管截止时，L_1 经 D_1 释放磁场能量，C_{OUT} 再次被充电，C_{OUT} 将形成输出直流电压。

2．元件的选择

1）输入电容 C_{IN}

要选低 ESR 的铝或钽电容作为旁路电容，防止在输入端出现大的瞬态电压。当输入电压波动较大，输出电流较高时，容量一定要选用大些，470～10 000 μF 都是可行的选择；电容的电流均方根值至少要为直流负载电流的 1/2；基于安全考虑，电容的额定耐压值要为最大输入电压的 1.5 倍。千万不要选用瓷片电容，否则会造成严重的噪声干扰。Nichicon 的铝电解电容不错。

2）续流二极管 VZ_1

首选肖特基二极管，因为此类二极管开关速度快、正向压降低、反向恢复时间短，千万不要选用 1N4000/1N5400 之类的普通整流管。

3）储能电感 L_1

建议根据芯片数据手册中的电感选择曲线，要求有高的通流量和对应的电感值，也就是说，电感的直流通流量直接影响输出电流。LM2576 既可工作于连续型也可工作于非连续型，流过电感的电流若是连续的则为连续型，电感电流在一个开关周期内降到零为非连续型。

4）输出端电容 C_{OUT}

推荐使用 1～470 μF 的低 ESR 的钽电容。若电容值太大，反而会在某些情况（负载开路、输入端断开）对器件造成损害。C_{OUT} 用来输出滤波及提高环路的稳定性。如果电容的 ESR 太小，就有可能使反馈环路不稳定，导致输出端振荡。

3．LM2576 芯片应用注意事项

（1）反馈线要远离电感，电路中输入/输出电容、续流二极管、接地端、控制端的连线

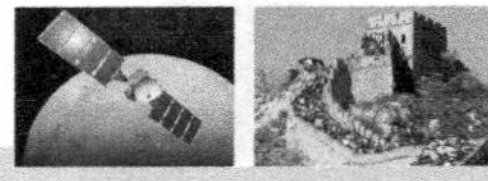

要尽可能短而粗，最好用地线屏蔽。

（2）由于器件较高的转换效率，所以几乎不用考虑散热问题。

采用 LM2576 系列开关稳压集成电路作为 MCU 稳压电源的核心器件不仅可以提高稳压电源的工作效率，减少能源损耗，减少对 MCU 的热损害，而且可减少外部交流电压大幅波动对 MCU 的干扰，同时还可降低经电源窜入的高频干扰。

4.3 LM2587 芯片 DC-DC 电路

4.3.1 LM2587 芯片结构及电路设计软件

美国国家半导体公司生产的 LM2587 芯片属于升压式 DC-DC 电源变换器，高效率大电流型，输出电流类型分为 1 A、2 A 两种，请根据实际情况留有一定余量进行选择。

1. LM2587 芯片结构

LM2587 芯片内部结构如图 4-7 所示。本款是 1 A 的，另有 2 A 可供选择。内部包含 100 kHz 振荡器和 1.23 V 带隙基准电压源，并具有完善的保护电路，包括过电流保护及过热保护电路等，并具有优良的线性度和负载调节能力。工作温度范围是−40～+125℃。最高允许结温 T=+150℃，提高输入与输出电压差可降低发热量。

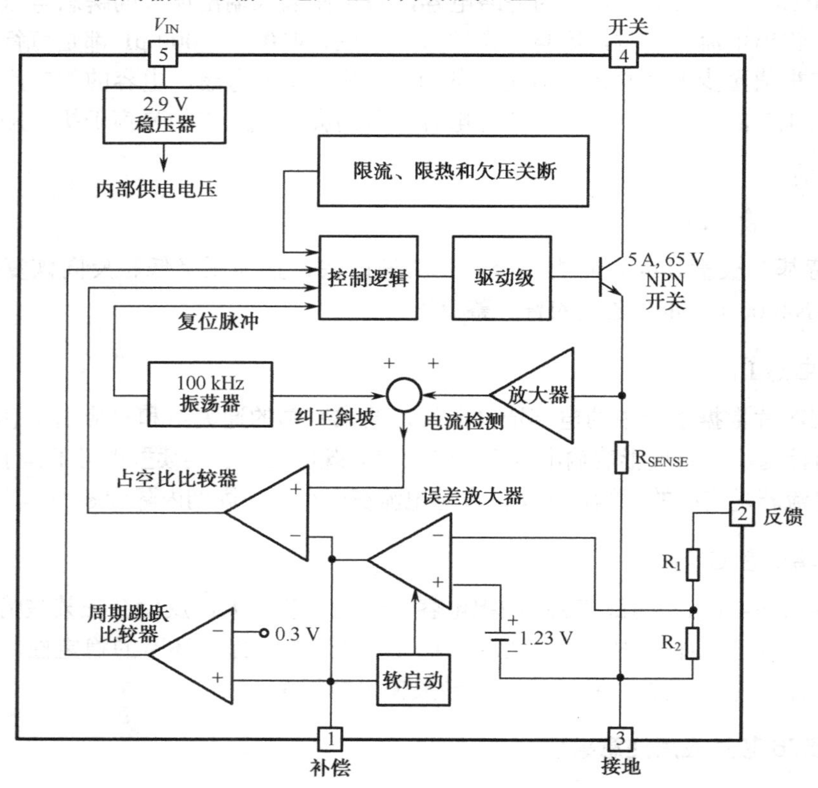

图 4-7　LM2587 芯片内部结构

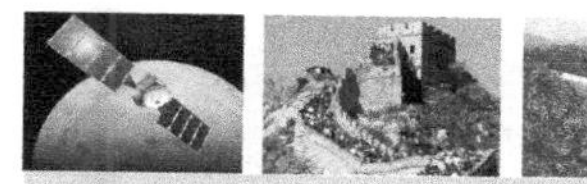

分析图 4-7 可知，LM2587 可以接成 BOOST 或 BUCK-BOOST 变换器，通过 SWITCHER MADE SIMPLE V4.3 的协助，设计同样十分简单。

调整范围：4～60 V 连续可调。

2. LM2587 系列稳压电路设计软件

美国国家半导体公司的 SIMPLE SWITCHER 电源模块系列产品，在芯片内部集成了 DC-DC 变换器所需的大部分元件，只需外接电感/高频变压器、滤波电容及肖特基二极管等极少器件即可构成基本的高性能 DC-DC 变换器。而且，美国国家半导体公司（现为 TI 公司）提供了优秀的计算机辅助设计软件，使用户的设计工作相当轻松，只需输入要求的参数，即可得到所需的一切。LM2587 设计软件界面如图 4-8 所示。

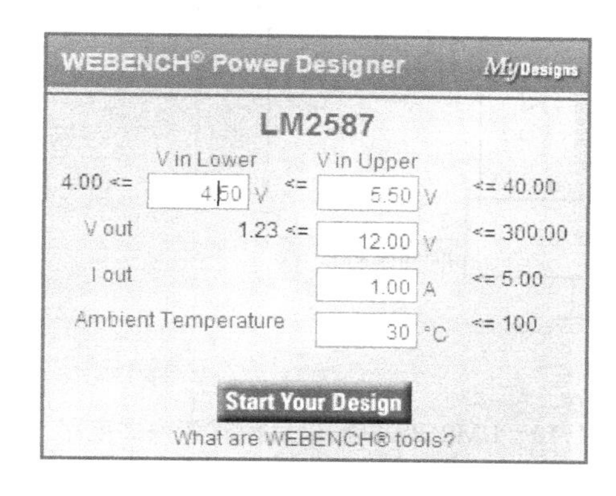

图 4-8　LM2587 设计软件界面

4.3.2　LM2587 芯片的应用

1. LM2587 在升压变换中的应用

LM2587 在升压变换器电路中的应用如图 4-9 所示。其工作原理是：当 LM2587④脚内部开关管导通时，输入电压 5 V 经 L 流入 LM2587④脚中，L 储存起磁场能量；当 LM2587④脚内部开关管截止时，L 感应电势与输入 5 V 叠加，经 VD 给 C_{OUT} 充电，产生 12 V 输出电压。于是，输入电压为 5 V，经 LM2587 变换，输出电压升为 12 V。

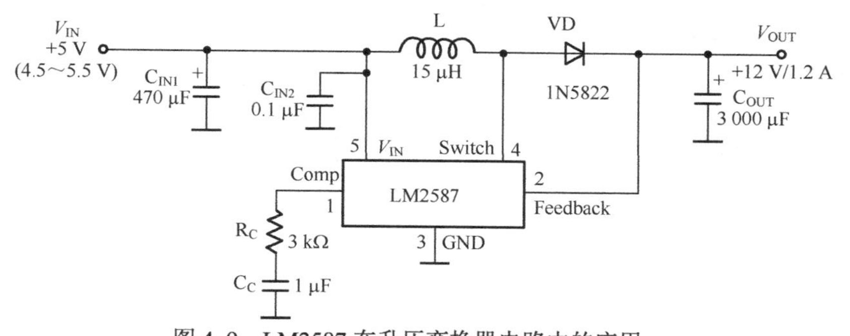

图 4-9　LM2587 在升压变换器电路中的应用

2. LM2587在单输出反激式变换中的应用

LM2587 单输出反激式变换器电路如图 4-10 所示。所谓反激式是指：当 LM2587④脚内部开关管导通时，VD_1 截止；当 LM2587④脚内部开关管截止时，VD_1 导通，C_{OUT} 被充电，产生 12 V 单电压输出。

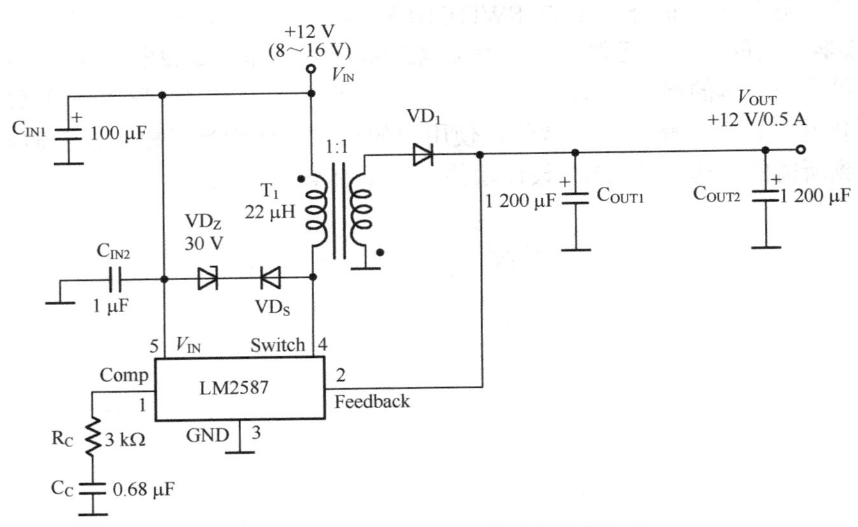

图 4-10　LM2587 单输出反激式变换器电路

3. LM2587在双输出反激式变换中的应用

LM2587 双输出反激式变换器电路如图 4-11 所示。其工作原理是：当 LM2587④脚内部开关管导通时，VD_1 截止，VD_2 导通，C_{OUT2} 被充电，产生-12 V 电压输出；当 LM2587④脚内部开关管截止时，VD_1 导通，VD_2 截止，C_{OUT1} 被充电，产生+12 V 电压输出。

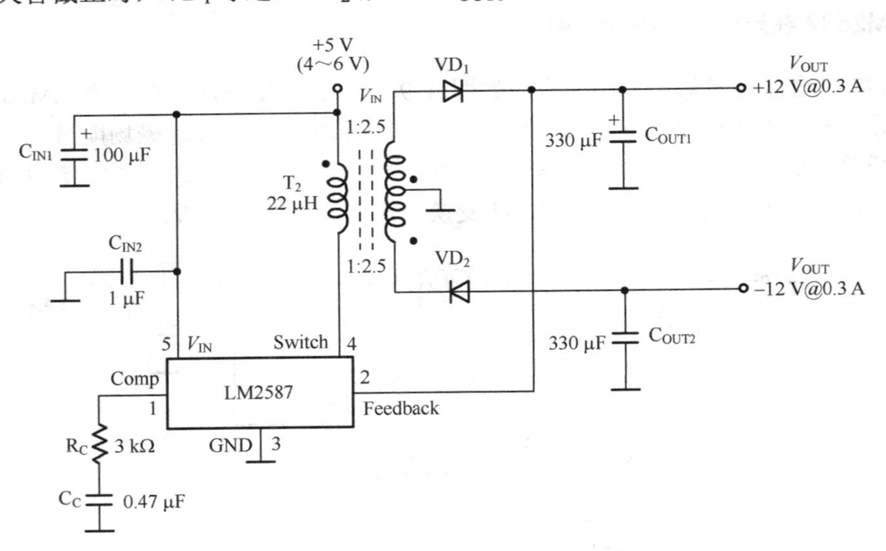

图 4-11　双输出反激式变换器

4. LM2587 在三输出反激式变换中的应用

LM2587 双输出反激式变换器电路如图 4-12 所示。工作原理是：当 LM2587④脚内部开关管导通时，VD_2 截止，VD_1 和 VD_3 导通，C_{OUT1} 和 C_{OUT1} 被充电，产生+5 V 和-12 V 电压输出；当 LM2587④脚内部开关管截止时，VD_2 导通，VD_1 和 VD_3 截止，C_{OUT2} 被充电，产生+12 V 电压输出。

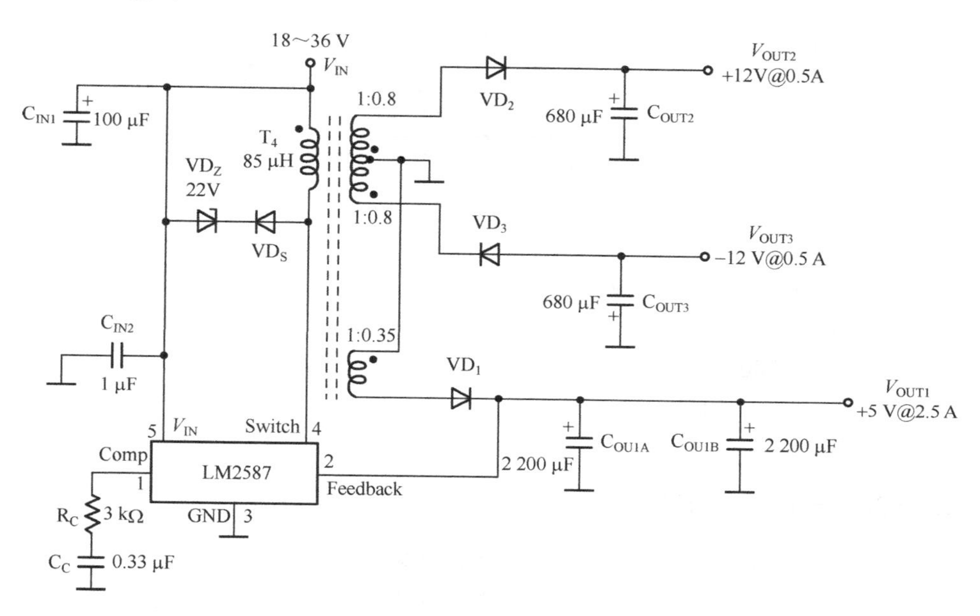

图 4-12　三输出反激式变换器

4.4　MAX660 芯片 DC-DC 电路

4.4.1　MAX660 芯片结构及主要参数

MAX660 芯片可以把正输入电压变换成负输出电压，也可以把负输入电压变换成正输出电压，还可以产生二倍压，即输出电压为输入电压的 2 倍。使用 MAX660 可以简化设计，非常适用于便携式仪表。

1. MAX660 内部结构

MAX660 内部结构如图 4-13 所示。

2. MAX660 主要电气参数

MAX660 主要电气参数如下。

（1）输入电压范围：-5.5～5.5 V

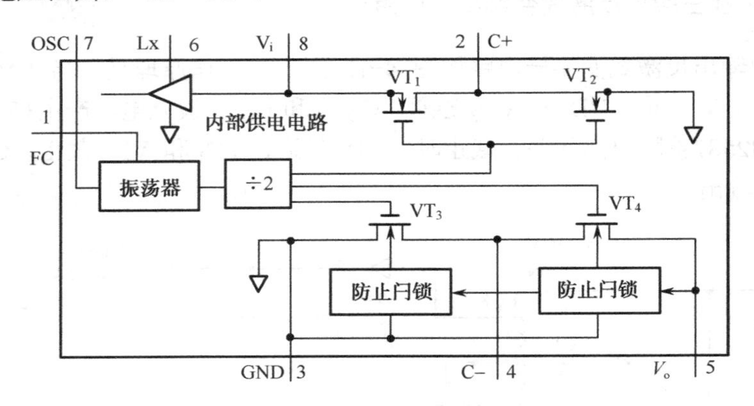

图 4-13　MAX660 内部结构

（2）输出电压范围：-5.5～5.5 V

（3）最大输出电流：100 mA

（4）自身耗电：≤200 μA

（5）工作频率：10～45 kHz

（6）变换效率：88%～96%

3．MAX660 振荡频率的控制

MAX660 可以控制 FC 与 OSC 引脚改变振荡频率。当 FC 脚与 OSC 脚均为开路时，片内振荡器振荡，振荡频率 f=10 kHz，其 1/2 分频作为开关工作频率 f=5 kHz。当 FC 脚接 V+时，OSC 脚空，则振荡频率 f=45 kHz，开关工作频率 f=22.5 kHz。若 OSC 脚外接电容，则可以降低振荡频率。若不使用片内振荡器，则可以由外接时钟来驱动 OSC 脚。

4.4.2　MAX660 芯片的应用

1．正输入电压变换成负输出电压

MAX660 芯片将正输入电压变换成负输出电压如图 4-14 所示，正电压从 MAX660⑧脚输入，经变换后，从 MAX660⑤脚输出负电压。输入电压为 1.5～5.5 V，电压反转后可输出-1.5～-5.5 V 电压。在负载电流增加时，输出电压会有所跌落。当负载电流为 100 mA，输入电压为 5 V 时，输出电压约为-4.35 V。输出电压的波纹与负载电流的大小、振荡频率、C_2 的容量有关。当振荡频率为 10 kHz，C_2 取 150 μF 时，其纹波电压约为 90 mV（100 mA 电流）；当 C_2 采用 390 μF 时，其纹波电压可降到 45 mV。

2．负输入电压变换成正输出电压

MAX660 芯片将负输入电压变换成正输出电压如图 4-15 所示，负电压从 MAX660⑧脚输入，经变换后，从 MAX660⑤脚输出正电压。

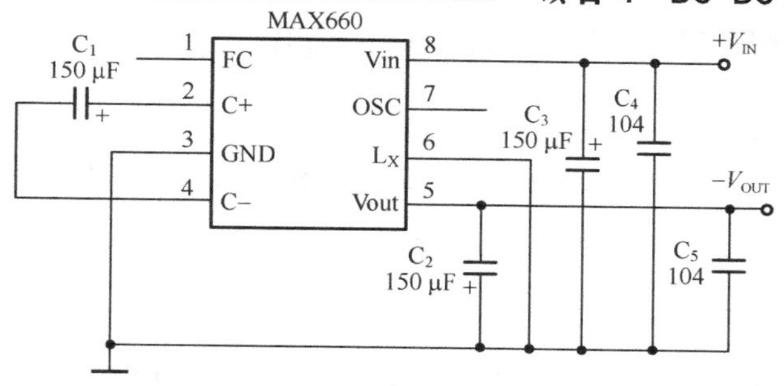

图 4-14　正输入电压变换成负输出电压

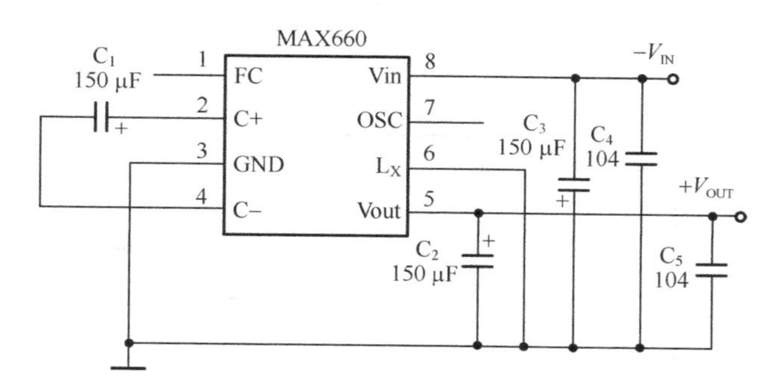

图 4-15　负输入电压变换成正输出电压

3．在双输出电压电路中的应用

如图 4-16 所示为 MAX660 在双输出电压电路中的应用。电压从 MAX660⑧脚输入，经变换后，从 MAX660⑤脚输出 $V_{o1}=-V_i$ 的反极性电压；另一个输出电压为 $V_{o2}=2V_i-1.4$ V，是倍压输出。

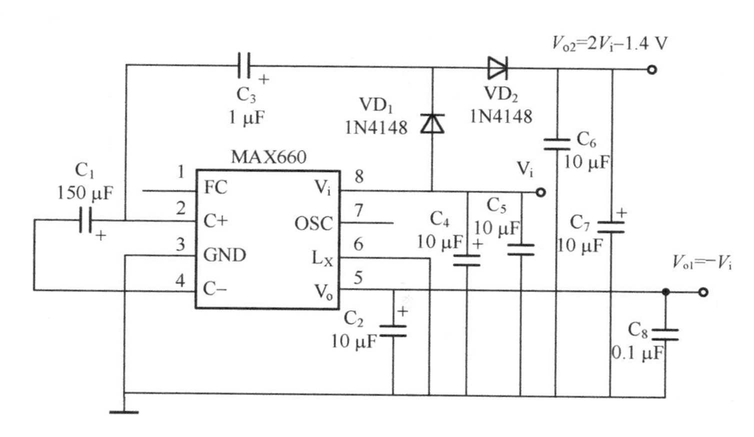

图 4-16　MAX660 在双输出电压电路中的应用

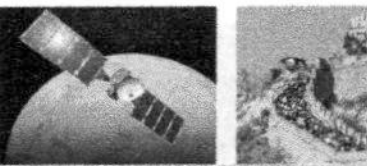

任务实施5 降压型5 V DC-DC变换器制作

选用 LM2576 芯片，设计制作一个降压型 5 V DC-DC 变换器，可替代 LM7805，测试各关键点电压和波形。通过此设计制作，掌握 DC-DC 降压变换器的电路结构、工作原理、调试与测试方法。

1．任务准备

（1）降压型 5 V DC-DC 变换器电路原理图一份，如图 4-17 所示。

（2）元件清单如表 4-1 所示，实验板（应包括任务要求所需的元件）。

（3）每组配备示波器和数字式万用表各一只。

（4）元件手册。

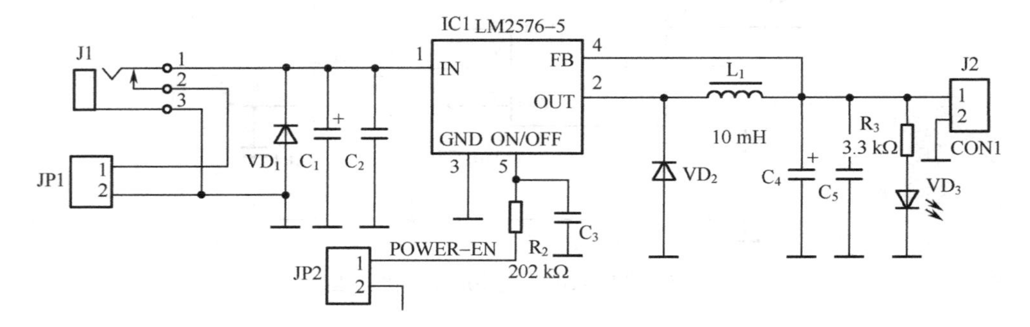

图 4-17 5 V DC-DC 变换器电路原理图

表 4-1 5 V DC-DC 变换器电路元件清单

序　号	序　号	元　件	参　数	数　量
1	VD_3	LED	PowerLed	1
2	J1	电源插座	Phonejack	1
3	IC	集成电路	LM2576-5	1
4	L_1	电感	Inductor Iron	1
5	JP1	插座	Header 2	1
6	JP2	插座	Header 2	1
7	VD_1	二极管	Diode	1
8	J2	插座	CON2	1
9	C_1	电解电容	4700 μF/16 V	1
10	C_4	电解电容	1000 μF/16 V	1
11	R_3	电阻	3.3 kΩ	1
12	R_2	电阻	2.2 kΩ	1
13	VD_2	肖特基二极管	1N5819	1
14	C_3	电容	0.1 μF	1
15	C_2	电容	0.1 μF	1
16	C_5	电容	0.1 μF	1

2．元件测试

根据电路原理图查阅资料，通过万用表电阻挡分别对元件进行测试。

（1）测试 LM2576 芯片。

（2）测试各电阻阻值。

（3）测试各电解电容的充放电特性。

（4）测试各二极管、发光二极管的特性。

3．PCB 设计与安装

（1）设计 PCB，如图 4-18 所示。设计前进行布局规划，讨论布局的合理性。

（2）逐级进行安装和布线。

（3）安装完毕，通电进行测试。

（4）对操作结果进行记录，撰写工作报告。

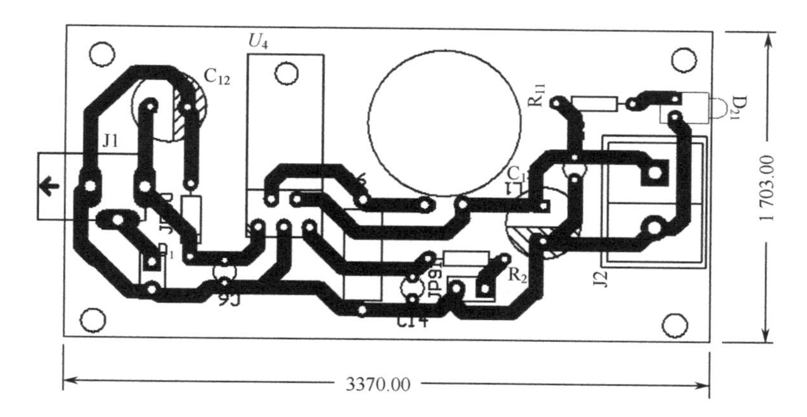

图 4-18　5 V DC-DC 变换器 PCB 图

4．评分

按照表 4-2 中各个评分项目对 5 V DC-DC 变换器制作与测试进行评分。

表 4-2　5 V DC-DC 变换器制作与测试评分表

序　号	项 目 内 容	结果（或描述）	得　分
1	布局规划		
2	安装工艺		
3	布线合理性		
4	桥式整流输出电压		
5	LM2576 测试		
6	功率管 VT_1 测试		
7	5V DC-DC 变换器使用		

思考与练习 4

1. DC-DC 电源与开关稳压电源与何区别?
2. DC-DC 电源应用场合?
3. 请分析如图 4-2 所示的升压式 DC-DC 变换电路的工作原理。
4. 请分析如图 4-3 所示的降压式 DC-DC 变换电路的工作原理。
5. 请分析如图 4-5 所示的电压极性反转式 DC-DC 变换电路的工作原理。
6. 试采用 LM2576 芯片，设计一个升压式 DC-DC 变换电路。
7. 试采用 LM2576 芯片，设计一个电压极性反转式 DC-DC 变换电路。
8. 试比较图 4-9、图 4-10、图 4-11 变换器电路的异同点。
9. MAX660 芯片有何特点？

项目5

LED照明驱动电源设计制作

通过对LED日光灯、LED吸顶灯的设计、制作与调试，能够初步掌握LED照明驱动电源的特点，熟悉LED照明驱动电源类型，掌握LED照明驱动电源结构与工作原理，了解常用LED照明驱动芯片及其应用。

【知识要求】

（1）了解LED照明和优点。

（2）熟悉LED照明应用的伏安特性。

（3）掌握LED照明对驱动电源的要求及驱动方式。

（4）熟悉LED照明驱动的集成电路。

（5）掌握常用LED照明驱动电源的电路结构与工作原理。

（6）掌握常用LED照明驱动芯片设计升、降压电路。

【能力要求】

（1）能选用LED照明驱动芯片。

（2）能设计LED照明驱动电路的原理图。

（3）能设计LED照明驱动电路PCB。

（4）能制作装配LED照明驱动电路。

（5）能调试、测试LED照明驱动电路。

LED 照明作为继白炽灯、荧光灯之后照明光源的第三次革命，节能优势明显。全球各个国家产业推进迅速，如日本的“21 世纪照明计划”、韩国的“固态照明计划”、中国的“半导体照明产品应用示范工程计划”，这些国家级半导体照明的规划都折射出各国对 LED 照明产业发展、产业经济与环境能源效益的重视。现今各国正在积极推动 LED 照明计划，LED 灯泡将列为优先导入的照明产品，LED 路灯切换计划亦如火如荼。随着 LED 发光性能的进一步提升及成本的优化，近年来已迈入通用照明领域，如建筑物照明、街道照明、景观照明、标识牌、信号灯，以及住宅内的照明等，应用可谓方兴未艾。

5.1 LED 照明特点与驱动方式

5.1.1 LED 照明的优点和特性

回顾 20 世纪的照明史，荧光灯、汞灯、高/低压钠灯、金属卤化物灯、紧凑型荧光灯、高频无极荧光灯及微波硫灯等新光源层出不穷。白炽灯从其问世的那一天起就带有先天性缺陷，钨丝加热耗电大，灯泡易碎，而且容易使人触电。荧光灯虽说比白炽灯节电节能，但对人的视力不利，灯管内的汞也有害于人体和环境。真正引发照明技术发生质变的还是 LED 照明灯具，如图 5-1 所示。LED 属于全固体冷光源，体积更小，质量更轻，结构更坚固，而且工作电压低，使用寿命长。

图 5-1　形形色色的 LED 照明灯具

1. LED 照明的优点

1）发光效率高

LED 经过几十年的技术改良，其发光效率有了较大的提升。白炽灯、卤钨灯光效为 12～24 lm/W，荧光灯为 50～70 lm/W，钠灯为 90～140 lm/W，大部分的耗电变成热量损耗。LED 光效经改良后将达到 50～200 lm/W，而且其光的单色性好、光谱窄，无须过滤可

直接发出有色可见光。目前，世界各国均加紧提高 LED 光效方面的研究，在不远的将来其发光效率将有更大的提高。

2）耗电量少

LED 单管功率为 0.03～0.06 W，采用直流驱动，单管驱动电压为 1.5～3.5 V，电流为 15～18 mA，反应速度快，可在高频操作。在同样照明效果的情况下，耗电量是白炽灯泡的八分之一、荧光灯管的二分之一。日本估计，如采用光效比荧光灯还要高两倍的 LED 替代日本一半的白炽灯和荧光灯，则每年可节约相当于 60 亿升原油。以桥梁护栏灯为例，同样效果的一支日光灯超过 40 W，而采用 LED 每支的功率只有 8 W，而且可以七彩变化。

3）使用寿命长

采用电子光场辐射发光，存在灯丝发光易烧、热沉积、光衰减等缺点。而采用 LED 灯体积小、重量轻，环氧树脂封装，可承受高强度机械冲击和震动，不易破碎。平均寿命超过 5 万小时。LED 灯具使用寿命可达 5～10 年，可以大大降低灯具的维护费用，避免经常换灯之苦。

4）安全可靠性强

LED 可采用直流低压供电，安全可靠。发热量低，无热辐射，冷光源，可以安全触摸；能精确控制光型及发光角度，光色柔和，无眩光；不含汞、钠元素等可能危害健康的物质。

5）有利于环保

LED 为全固体发光体，耐震、耐冲击，不易破碎，废弃物可回收，没有污染。光源体积小，可以随意组合，易开发成轻便薄短小型照明产品，也便于安装和维护。当然，节能是考虑使用 LED 光源的最主要原因，也许 LED 光源要比传统光源昂贵，但是用一年时间的节能可收回光源的投资，从而获得 4～9 年中每年几倍的节能净收益。

6）高纯度，鲜艳丰富的色彩

目前 LED 几乎覆盖了整个可见光谱范围，且色彩纯度高。而获得色彩光的传统方式是白炽灯加滤光片，大大降低了光效。

2. LED 照明特性

LED 的主要结构是 PN 结，其 i–u 特性曲线呈非线性关系，如图 5-2 所示为 40 ℃时白光 Luxeon Ⅲ的 i–u 特性曲线。当 LED 导通后，其两端电压发生微小波动时，流过 LED 的电流将发生剧烈的变化，对 LED 的光输出主波长影响较大，严重时会使 LED 色温发生漂移，因此 LED 对驱动电源提供的电流的稳定性要求较高。

LED 工作的主要参数是正向电压 U_F 和正向电流 I_F，其他相关的是颜色、波长、亮度、发光角度、效率、功耗。

（1）正向电压 U_F：LED 正常发光时所需要的两端正向工作电压 U_F。LED 的 U_F 标称电压为 3.4±0.2 V。

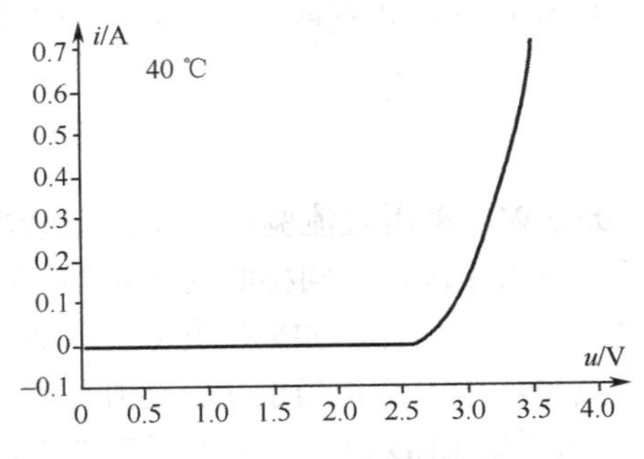

图 5-2　LED 照明特性曲线

（2）正向电流 I_F：I_F 促使 LED 发光，发光亮度与流过的电流成正比。一般功率 LED 的 I_F 为 10～20 mA，大功率 LED 的 I_F 为 300～1 400 mA，LED 的 I_F 工作电流按应用需要选用，各挡不能混用。

（3）结温：LED 的等效电阻 R_{LED} 有负温度效应。当 LED 的 PN 结温度升高时，等效电阻 R_{LED} 减小，若 U_{LED} 不变，电流 I_F 会上升，从而使结温进一步上升，形成恶性循环；当 LED 结温较高时，会加速 LED 荧光粉的老化，严重时会使荧光粉发黄变质，影响 LED 的光输出性能，LED 使用寿命急剧下降，因此结温是 LED 的一个重要参数。

3. LED 照明的排列方式

大功率照明用 LED 的封装从成品来看是单颗芯片的，其实是用 N 颗 LED 管芯封装在一个单位里的。LED 照明排列基本上有串联、并联两种方式。

（1）并联排列。一种是所有的 LED 并联在一起，一般也叫作并联型驱动方式，如图 5-3（a）所示，采用并联方式驱动多只 LED 所需电压较低（一只 LED 的正向压降），但由于每只 LED 的正向压降差异，所以使得每只 LED 的亮度不同，除非单独采用。

（2）串联排列。另一种是所有的 LED 串联在一起，一般也叫作串联型驱动方式，如图 5-3（b）所示，采用串联方式能够保证流过每只 LED 的电流相同，得到均匀的亮度，但它需要较高的驱动电压。

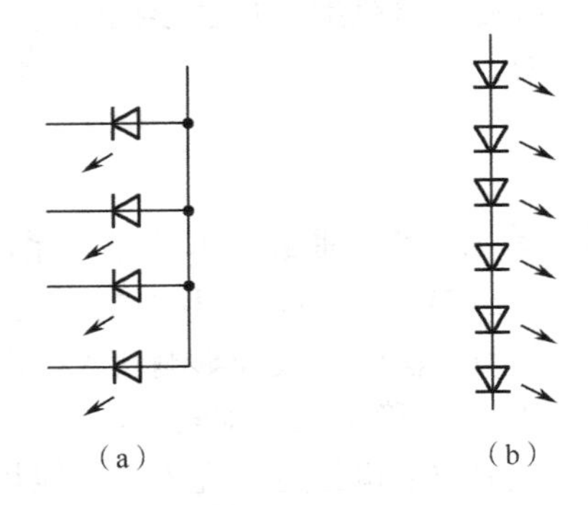

图 5-3　常见的 LED 排列方式

在 LED 各种排列方式中，首选单串 LED，因为这种方式不论正向电压如何变化、输出电压（U_{out}）如何“漂移”，均能提供极佳的电流匹配性能。当然，用户也可以采用并联、

串联-并联组合及交叉连接等其他排列方式，然后由两点连接电源。

5.1.2 对LED照明驱动的要求

LED驱动电源是LED照明的关键所在，它就好比一个人的心脏，要制造高品质的、用于照明的LED灯具必须放弃恒压方式驱动LED，而采用稳定、高效的LED照明驱动方式。

1. LED照明的稳定驱动

在LED照明中，LED稳定地发光是照明的首要指标。由于LED加工制造的特殊性，所以导致不同的生产厂家甚至同一个生产厂家在同一批产品中所生产的LED的电流、电压特性均有较大的个体差异。现以大功率1 W白光LED典型规格为例，按照LED的电流、电压变化规律来做简要说明，一般1 W白光应用正向电压为3.0～3.6 V，为保证1 W LED的寿命，一般LED生产厂家建议灯具厂用350 mA的电流去驱动，当通过LED两端的正向电流达到350 mA后，LED两端的正向电压很小的增加，都会使LED正向电流大幅度上升，使LED温度成直线上升，从而加速LED光衰，使LED的寿命缩短，严重时甚至烧坏LED。由于LED的电压、电流变化的特殊性，所以对驱动LED的电源提出了严格要求。

有些厂家，为降低产品的成本，采用恒压驱动LED。众所周知，做到LED驱动电压完全恒定通常是不可能的，只要LED驱动电压有微小的变化，就会引起LED电流较大的变化，使LED发光亮度不均匀、LED不能工作于最佳状态。

恒流源驱动是最佳的LED驱动方式。采用恒流源驱动，LED上流过的电流将不受外界电源电压变化、环境温度变化，以及LED参数离散性的影响，从而能保持电流恒定，使LED的亮度稳定，充分发挥LED的各种优良特性。

2. LED照明的高效驱动

在LED照明驱动中，驱动效率高也是LED照明驱动的重要指标。

当驱动电压太高时，当前很多厂家生产的LED灯类产品（如护栏、灯杯、投射灯、庭院灯等）采用电阻降压，然后加上一个稳压二极管或线性稳压器进行稳压，向LED供电。这种驱动LED的方式存在极大缺陷，首先是效率低，在降压电阻上消耗大量电能，甚至有可能超过LED所消耗的电能，且无法提供大电流驱动，因为电流越大，消耗在降压电阻上的电能就越大，无法保证通过LED的电流不超过其正常工作要求，设计产品时都会采用降低LED两端电压来供电驱动，这是以牺牲LED亮度为代价的。

为实现LED照明的高效驱动，通常采用DC-DC开关稳压器驱动。LED的DC-DC开关稳压器常见的拓扑结构包括降压（Buck）、升压（Boost）、降压-升压（Buck-Boost）和单端初级电感转换器（SEPIC）等不同类型。当输入电压高于LED串电压时采用降压结构，当输入电压低于LED串电压时采用升压结构。采用DC-DC开关稳压器驱动，可获得较高的能效，与输入电压无关，且能控制亮度，不足则是成本相对较高，复杂度也更高，且存在电磁干扰（EMI）问题。

3．LED 照明的散热

LED 功率越高，发热效应越大。LED 芯片温度的升高将导致发光器件性能的变化与电光转换效率衰减，严重时甚至失效，实验测试表明：LED 自身温度每上升 5 ℃，光通量就下降 3%，因此 LED 灯具一定要注意 LED 光源本身的散热工作，在可能的情况下加大 LED 自身的散热面积，尽量降低 LED 自身的工作温度。

有些设计工程师为提高发光效率而采取加大驱动电流的办法，例如，对于同一只 1 W LED，加大驱动电流后，亮度可以从 20 lm 提高到 40 lm，但是 LED 的工作温度也相应升高了。一旦温度超过 LED 的限温点，就会影响 LED 的寿命和可靠性，这是设计恒流驱动过程中需要注意的重要问题。

此外，LED 照明系统的光学效率不仅取决于 LED 恒流驱动方案，还与整个系统的散热设计密切相关。为缩小体积，某些 LED 恒流驱动系统将 LED 驱动电路与散热部分贴近设计，这样容易影响可靠性。

一般来说，LED 照明系统的热源基本就是 LED 灯本身的热源，热源太集中会产生热损耗，因此 LED 驱动电路不能与散热系统紧贴在一起。建议采取下列散热措施：LED 灯采用铝基板散热；功率器件均匀排布；尽可能避免将 LED 驱动电路与散热部分贴近设计；抑制封装至印制电路基板的热阻抗；提高 LED 芯片的散热顺畅性以降低热阻抗。

5.1.3　LED 照明的直流驱动方式

根据 LED 驱动电源输出的电流极性，可将 LED 驱动方式分为直流型驱动和交流型驱动。直流型驱动主要针对直流 LED，负载只流过单方向的电流，而交流型驱动主要针对交流 LED，负载流过双方向的电流。目前实际应用的 LED 绝大多数都为直流 LED，因此直流型驱动是 LED 最常见的驱动方式。根据流过 LED 的电流性质，可将直流型驱动方式分为恒压驱动、限流驱动、恒流驱动和脉冲驱动。

1．恒压驱动

恒压驱动时，LED 两端电压保持基本恒定，但由于电压中存在纹波，所以使得 LED 电流随着电压的波动而波动。根据 LED 的伏安特性，微小的电压波动会引起 LED 电流的较大波动。另外，由于 LED 负温度效应的影响，所以电流波动有可能造成结温和电流的恶性循环，严重时甚至烧毁 LED。因此，LED 采用恒压驱动时，对驱动电源的恒压精度要求较高。

虽然恒压驱动对 LED 性能的影响较大，但是在电源技术的发展过程中，恒压技术相对恒流技术要成熟得多，而且在一些要求不高的场合可以通过简单而又经济的方法实现恒压（如采用稳压芯片 TL431），因此在一些低端 LED 驱动电源中仍然有少量应用。

2．限流驱动

限流驱动是指将 LED 电流限制在设定范围以内的驱动方式。根据限流的实现方式，又可将其分为阻抗限流、饱和限流和分流限流。阻抗限流通过在电流主回路中串联远大于 LED 负载等效阻抗的大阻抗，减小外界干扰对 LED 负载电流的影响，从而达到限流

的目的。该串联阻抗可以由电阻、电感及电容中的一种或多种组合而成，限流效果主要取决于串联阻抗的大小。该驱动方式结构简单、成本很低，但驱动性能不理想，特别是单纯采用电阻限流方案时，电阻上的大功耗使整机效率很低，只在小功率 LED 场合有少量应用。

有些元件，如 MOS 管、稳流二极管等，当满足一定条件时即进入饱和状态，随着输出端电压上升，电流几乎不变，将其与 LED 串联，可以限制流过 LED 的电流，即饱和限流。利用耗尽型 NMOS 管在栅极电压为零时已导通的特性，及其在漏极电压增加时电流基本在饱和区直到漏极雪崩击穿，将电流限制在饱和电流值；也可采用稳流二极管的典型扩流方法将电流限定在希望的范围内。上述驱动方式可以达到较好的驱动性能，但由于过分依赖于元件的特性，而实际中同类元件间的差异较大，所以较难大规模推广应用。

分流限流是指当 LED 电流超过预先设定的限定值时，辅助电路接通，将超过的电流分流，从而使流过 LED 的电流基本保持不变，达到限流的目的。图 5-4（a）中 R_1 与 LED 负载串联，电流正常时，LED 负载流过全部回路电流；当电流超过设定的限定值时，R_1 上的电压上升，VT 触发导通，使过量的电流经 R_1 和 VT 分流，从而维持 LED 电流在设定范围以内。图 5-4（a）中 VT 可以是半导体晶体管、IC（如 TL431、TL432 等）及半导体晶闸管中的一种或多种组合。图 5-4（b）的整体电路与 LED 负载串联实现限流，电流正常时，VT_2 截止，VT_1 工作在饱和状态，电流经 VT_1、R_1 流向 LED；当电流超过限定值时，R_1 两端电压升高，使 VT_2 导通，VT_1 逐渐退出饱和，两端电压升高，从而调节 LED 负载电压，并将多余能量消耗在限流电路中，达到限流目的。

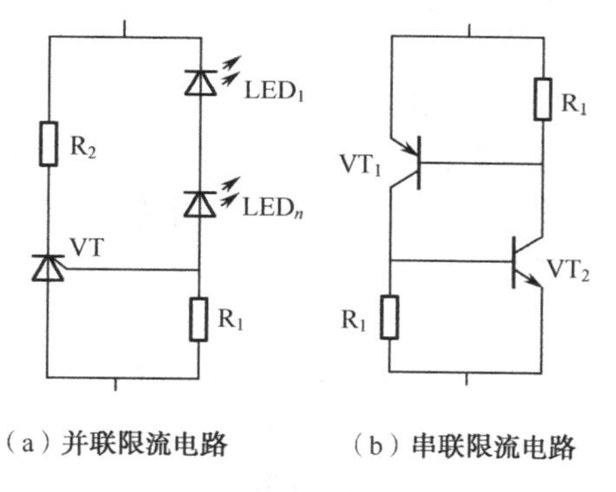

（a）并联限流电路　　（b）串联限流电路

图 5-4　LED 分流限流电路

由于分流限流电路结构简单、成本低、EMI 小、可靠性高，所以在中小功率场合的应用较广泛，同时还可利用它来抑制和吸收电路中短暂的过饱和电流；但其串联在负载回路中的元件损耗较大，电路效率较低。

3. 恒流驱动

恒流驱动是指使流过 LED 的电流保持恒定的驱动方式，当外界干扰使得电流增大或减小时，LED 电流都可以在恒流电路的调节作用下回到预设值。由于 LED 具有非线性 *i–u* 特性，小电压波动将引起电流的大波动，所以采用恒流驱动 LED 可以达到较好的性能。根据主功率器件的工作状态，可将恒流驱动分为线性恒流和开关恒流。

在线性恒流电路中，主功率器件与 LED 负载串联，且工作在线性放大区，其典型电路如图 5-5（a）所示。图中主功率器件为 NMOS 管 VT_1，工作在线性放大区，VT_1 漏极与 LED 负载相连。电阻 R_1 串联在主回路中，用于负载电流反馈。运算放大器 A 的反相输入端接电流反馈信号，同相输入端与预先设定的参考电压 U_{ref} 相连，运算后得到相应的 VT_1 门极控制信号，控制电阻 R_1 上的电压恒定，即保持了 LED 负载电流恒定。另一种典型的线性恒流电路是镜像恒流电路，如图 5-5（b）所示，主功率管 VT_2 也工作在线性放大区，该方式需先由恒流电路产生源电流，再通过镜像电路传递到负载，使负载电流保持恒定。

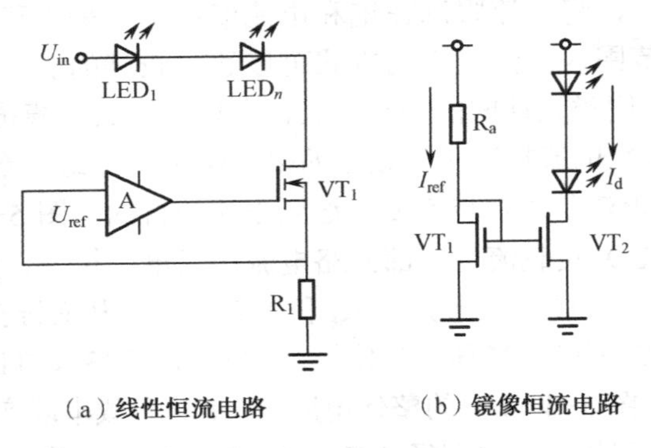

（a）线性恒流电路　（b）镜像恒流电路

图 5-5　LED 恒流驱动电路

线性恒流稳流效果好，电路成本较低，且 EMI 小，在中小功率场合应用较广泛，但由于串联在电路主回路中的功率管工作在线性放大区，输出端电压较高，功率管上的损耗较大，加上采样电阻上的能耗，电路效率不高，所以在大功率场合应用较少。

与线性恒流不同，开关恒流中主功率管不直接与 LED 串联，工作在高速开关状态，它主要利用目前较成熟的开关电源技术，通过采集 LED 回路的电流信号，反馈控制功率管的开关状态，使输出电流保持恒定。由于目前 LED 照明功率不高，在 500 W 以内，所以开关恒流 DC-DC 环节采用的电路拓扑主要有 Buck、Boost、Flyback、Forward 和半桥（LLC）等电路。

恒流驱动性能好，实际应用较广，经济性好，且 EMI 小，效率较高，开关恒流效率可以达到更高，但电路结构复杂，成本高，且 EMI 大，在中小功率场合应用较少。恒流驱动的不足之处是 LED 持续工作，结温较高，且在调光应用时，需改变 LED 两端电压或电流，LED 峰值波长会发生漂移，影响光线质量。

4．脉冲驱动

由于塑造电压波形比电流波形更容易，所以脉冲驱动一般是电压型脉冲驱动，即 LED 负载两端的电压是脉冲式的，在一个周期脉冲内，LED 点亮一段时间后会熄灭一段时间，但由于人眼存在“视觉暂留”效应，当脉冲频率足够大，如 100 Hz 时，人眼会感觉 LED 一直处于“亮”状态，所以 LED 依然可以“连续”发光。

脉冲驱动的最基本驱动波形为方波，但为了提高 LED 的瞬态响应性能，可采用如图 5-6（a）所示的上下沿尖峰脉冲。如图 5-6（b）所示为提高脉冲驱动发光效率的双电平波形，如图 5-6（c）所示为综合上述两个优势的多电平波形。

与其他直流驱动方式相比，脉冲驱动在调光性能方面具有显著优势。它可以在保持 LED 电压脉冲幅值基本不变的情况下，通过调节脉冲占空比实现光输出调节，调光性能灵活，同时 LED 峰值波长基本不漂移，颜色稳定性好。其他直流驱动方式在调光时都需改变 LED 电流和电压幅值，会使 LED 峰值波长漂移，色温改变，严重时发出的光会发黄或发灰。

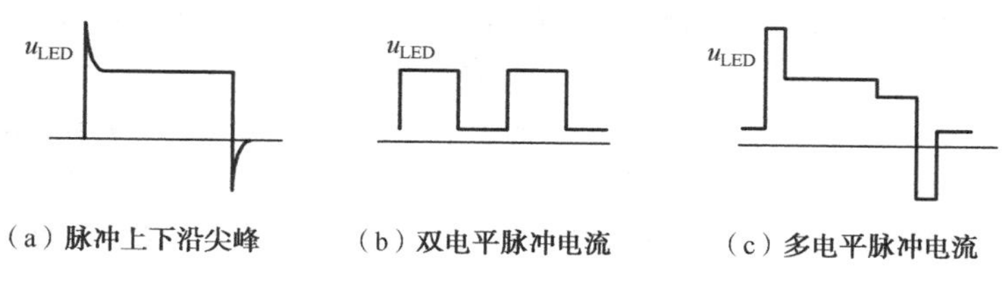

图 5-6　脉冲驱动波形

在发光效率方面，脉冲驱动的流明效率较恒流或小波动电流驱动时更低，在驱动电流平均值相等的条件下，高占空比时发光效率与恒流相差不大，但随着占空比减小，发光效率下降较大，在脉冲关断时间内让 LED 承受一定的反向偏置电压，可以提高发光效率和 LED 的耐用性。由于发光效率较低，驱动性能不如恒流驱动，所以目前 LED 脉冲驱动的实际应用较少。

5.1.4　LED 照明的交流驱动方式

交流 LED 可以简单等效为将两个或两个以上 LED 按一定的规律反向并联的电路，如图 5-7 所示。

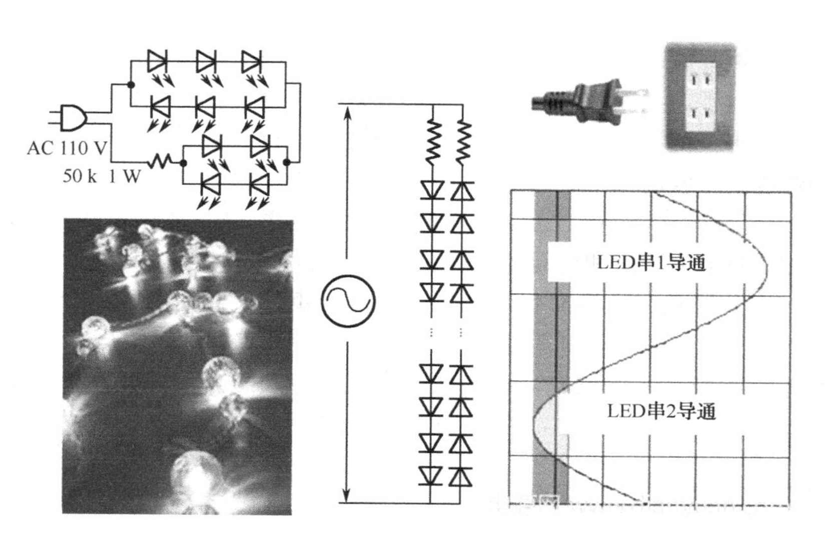

图 5-7　交流 LED 简单等效电路

交流型驱动电路结构简单，若 LED 的额定参数与电源参数匹配，可直接串联在交流电源上工作。为了减小负载电流随正弦输入电压而造成的巨大波动，可在回路中再加上一个电阻、电容或两者组合起来的大阻抗限流元件。在调光应用场合，可以通过控制工作的

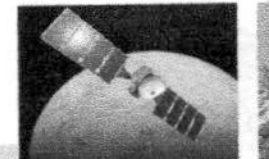

LED 数量或外加交流 LED 导通调节控制实现调光。

与传统的 LED 直流驱动相比，在市电供电的应用场合，交流驱动有较大优势。它可以不需要整流、变压及变流等能量变换环节，降低了电能损耗，因此具有使用方便、成本低和效率高等优势。

但是上述交流驱动只是简单地利用交流市电驱动，还有许多问题有待解决。要使 LED 导通，需要一定的电压，即门槛电压 U_{th}，当多个 LED 串联时，该门槛电压 U_{th} 比较高，而电压按正弦变化。因此，如图 5-8 所示，在一个周期内，有一段时间 LED 不导通，使 LED 的利用率降低。进而提出了一种应用两相电压驱动的方法，通过控制两相电压的电位差控制 LED 的点亮时长。但 LED 两端电压按正弦波变化，致使 LED 电流波动较大，而 LED 的光输出波长与电流密切相关，LED 发出白光的效率降低了，因此浪费了大量的光能。

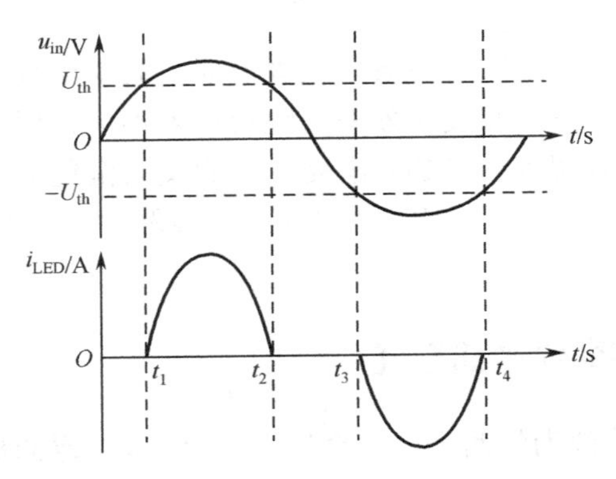

图 5-8　正弦波输入及点亮时程

脉冲驱动调光性能好，交流驱动只针对交流 LED 应用，结构简单，成本低，LED 交替工作，对结温有所改善，在工频市电（110 /220 V）供电的照明应用中对直流 LED 的冲击非常大，前景诱人。由于交流 LED 问世时间还比较短，LED 发光效率低，EMI 很大，且要达到较好的驱动性能成本较高，电流波动大，对 LED 造成较大影响，所以在许多直流供电场合，交流 LED 不能取代直流驱动 LED。用市电驱动大功率 LED 需要解决降压、隔离、PFC（功率因数校正）、抗电磁干扰和过温、过流、短路、开路保护等问题。

综上所述，各种驱动方式各有优缺点，有待进一步发展和完善，如开发损耗更小的限流方式；寻找更优的恒流驱动控制策略；研究脉冲驱动中脉冲各参数对 LED 性能的影响；解决交流驱动中电流波动大的问题。而另外一个发展方向是将两种或多种驱动方式的优点有机地结合在一起，开发出性能更好的 LED 驱动方式。

5.1.5　LED 驱动电路的演变

LED 驱动电路除了要满足安全要求外，另外的基本功能应有两个方面，一是尽可能保持恒流特性，尤其在电源电压发生±15%的变动时，仍应能保持输出电流在±10%的范围内变动；二是驱动电路应保持较低的自身功耗，这样才能使 LED 的系统效率保持在较高水平。LED 驱动器的基本电路如图 5-9 所示。

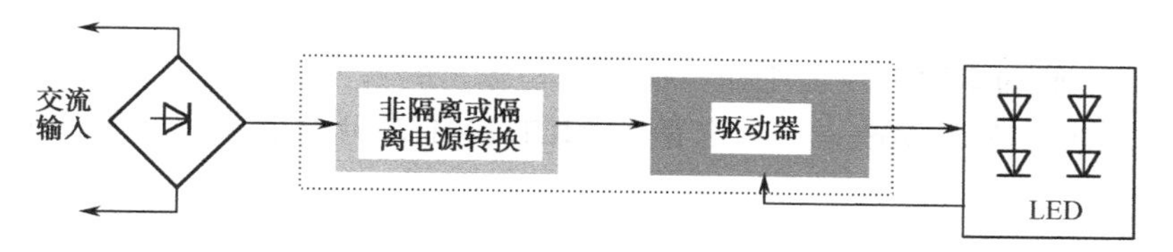

图 5-9　LED 驱动器的基本电路

1．电阻限流型 LED 驱动

如图 5-10 所示是传统的电阻限流型驱动电路，电网电源通过降压变压器降压，桥式整流滤波后，通过电阻限流来使 3 只 LED 稳定工作。此电路的主要优点是驱动方式易于设计、成本低，且没有电磁兼容（EMC）问题。这种电路的致命缺点是由于没有稳压电路，所以电阻 R 的存在是必需的，R 上的有功损耗直接影响了系统的效率，当 R 分压较小时，R 的压降占总输出电压的 40%，输出电路在 R 上的有功损耗已经占 40%，再加上变压器损耗，系统效率小于 50%。当电源电压在±10%的范围内变动时，流过 LED 的电流变化将不小于 25%，LED 上的功率变化将达到 30%。当 R 分压较大，电源电压在±10%的范围内变动时，虽说能使输出到 LED 的功率变化减少，但系统效率将更低。

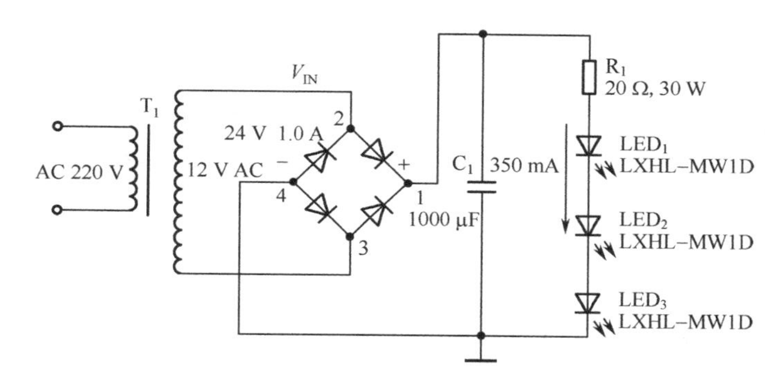

图 5-10　电阻限流型 LED 驱动

2．线性稳压器 LED 驱动

如图 5-11 所示是在图 5-10 的基础上加了一个集成线性稳压器 MC7809，使输出端的电压基本稳定在 9 V，限流电阻 R 可很小也不会因为电源电压的不稳定造成 LED 的超载。线性稳压器同样易于设计且没有 EMC 问题。但是，此电路除了保证 LED 的基本恒定输出外，效率还是很低的。因为 MC7809 和 R_1 上的压降仍占很大比例，其效率仅为 40%左右。

为了达到既能使 LED 稳定工作，又能保持高的效率，应采用低功耗的限流元件和电路来提高系统效率。

3．采用集成恒流源驱动

NUD4001 是 LED 恒流驱动专用芯片，⑤～⑧脚是恒流源输出脚，最大输出电流 500 mA。如图 5-12 所示是采用 NUD4001 芯片的 LED 驱动电路，R_1 阻值决定输出电流大小，当输入

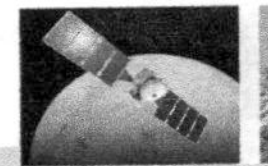

电源电压在±15%的范围内变动时，输出波动不大于 1%，可称为恒功率驱动电路。NUD4001 可在很低的串联分压下工作，即①脚与输出的各引脚之间的电压在不小于 2.8 V 时尚能工作，系统效率达 70%左右。若两片 NUD4001 芯片并联使用，则输出电流可增加一倍。

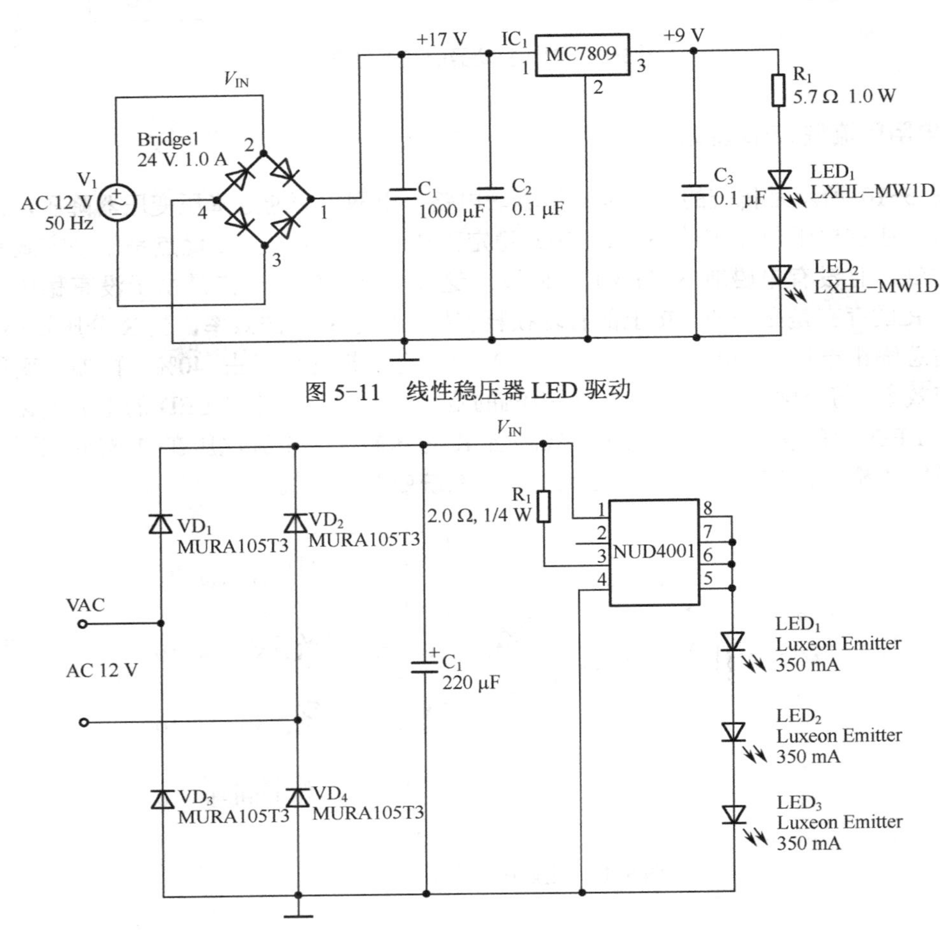

图 5-11　线性稳压器 LED 驱动

图 5-12　采用集成恒流源驱动

4．采用电容限流的交流驱动

如图 5-13 所示电路采用电容作为限流元件的交流驱动。在此电路中，由于电容上的分压几乎达到了全部电源电压，所以具有良好的限流特性，当电源电压在±10%波动时，输出电流也在不大于±10%内波动，只要在设计中把 LED 的额定值留有一定的裕量，就能保证在电源电压波动时 LED 仍处于良好的工作状态。由于电容的介质损耗极小，所以电路的损耗很小，电阻 R 的作用是在断电时，保证电容上的电压能及时放掉，其阻值可不小于 3 MΩ。

每组串联的 LED 中，可加有一个 1N4007 二极管，当两组串联的 LED 有一个内部开路时，另一组有可能被反向电压击穿，如串入一个 1N4007 二极管，则可保护剩余的 LED 不损坏，当然 1N4007 的加入也使效率略有下降。

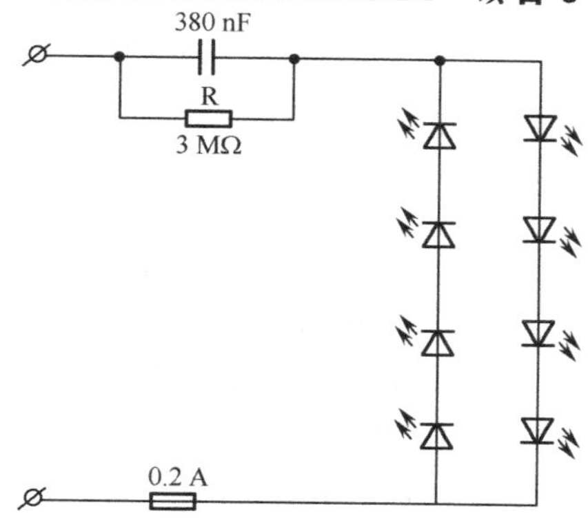

图 5-13　采用电容限流的交流驱动

此电路在 30 个 LED 串联时还能稳定工作。但是此电路输出的光具有一定的频闪（在 50 Hz 时有 100 Hz 的频闪），不适用于运动物的照明场合，并且使用时 LED 应不可触及，否则将影响安全。

5．利用高频电感作为限流驱动

利用高频电感作为 LED 限流驱动的电路如图 5-14 所示，此电路是在原卤钨灯电子变压器 T_2 的基础上，利用高频电感 L_2～L_n 限流来实现 LED 的稳定工作。交流电经 VD_1～VD_4 桥式整流及 C_1 滤波产生直流电压，此直流电压经 R_1 给 C_2 充电，导致 VT_2 启动导通。VT_1、VT_2、C_4、C_5、T_1 组成半桥高频振荡电路，其中 T_1 的作用是正反馈，振荡信号经 T_2 耦合、高频电感 L_2～L_n 限流，使 LED 稳定工作。

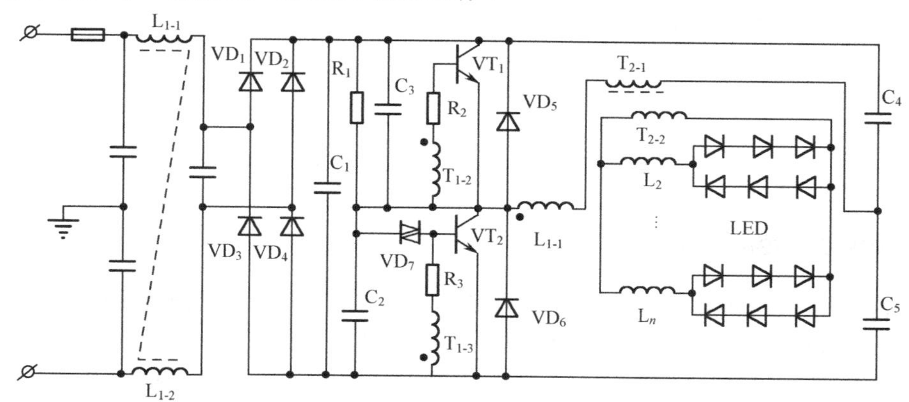

图 5-14　利用高频电感作为 LED 限流驱动

此电路可根据电子变压器功率的大小带上几组 LED，并且可做到次级完全隔离的安全特低电压输出，输出电压 12 V（此时每组的 LED 为 3 只），最高输出电压可以到 25 V，空载输出电压可以到 33 V。由于采用了高频电流来点亮 LED，所以输出光的频闪现象基本可消除。输出的限流电感可以做得体积很小，每个电感的电感量仅为 0.05～0.2 mH，此电路在输出功率为 8～70 W 时，总体效率可达 80%～92%。此电路在线路功率不小于 25 W 时，还能全面满足谐波和 EMI 的要求。此电路在电源电压变化±10%时，输出给 LED 的功率变

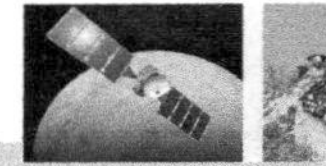

化±20%，因此应保证在额定电源电压下，使输出给 LED 的功率适当小于额定值，防止过电压时 LED 超载引起过热而影响使用寿命。

6．采用 DC–DC 开关稳压器驱动

LED 是节能产品，驱动电源的效率要高。因为 LED 的发光效率随着 LED 温度的升高而下降，所以 LED 的散热非常重要。驱动电源的效率高，它的耗损功率小，在灯具内发热量就小，也就降低了灯具的温升，对延缓 LED 的光衰有利。为实现 LED 照明的高效驱动，通常采用 DC–DC 开关稳压器驱动。LED 的 DC–DC 开关稳压器常见的拓扑结构包括降压（Buck）、升压（Boost）、降压–升压（Buck-Boost）或单端初级电感转换器（SEPIC）等不同类型。采用 DC–DC 开关稳压器驱动，可获得较高的能效，与输入电压无关，且能控制亮度，不足则是成本相对较高，复杂度也更高，且存在电磁干扰（EMI）问题。

如图 5–15 所示是 DC–DC 开关稳压器驱动。LM3401 是专用芯片，外置 MOS 大功率 LED 驱动器，可以设计 3 A 以内的驱动电流，输入电压最高 35 V，可以串接 10 余只 LED。

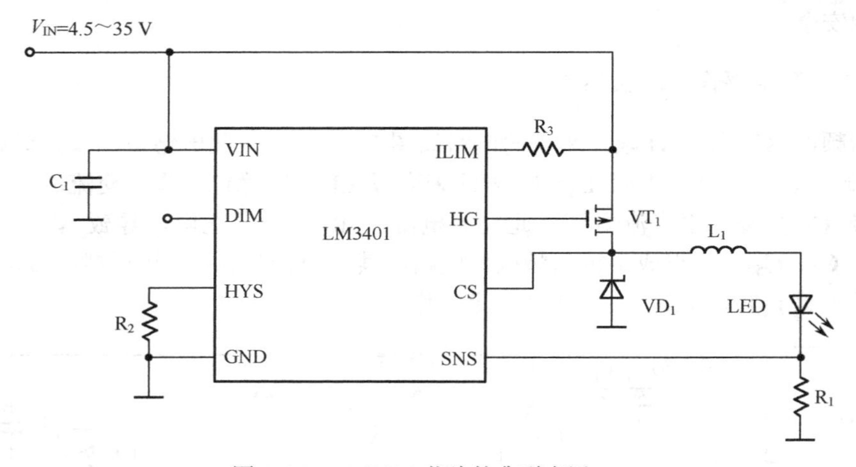

图 5–15　LM3401 芯片的典型应用

7．无须电解电容的 LED 驱动

为什么要强调无电解电容呢？这是因为目前普通 LED 照明驱动电源的工作寿命取决于 AC 转 DC 时滤波电路必须采用的电解电容。我们知道 LED 的工作寿命高达 4 万小时，而电解电容的寿命只有几千小时，由于系统的寿命是由电源组件中使用的电解电容的寿命来决定的，所以如果不想办法拿掉电解电容，那么 LED 照明驱动电源的寿命与 LED 的寿命就很不匹配，也就很难发挥出 LED 照明的长工作寿命优势。这也是最近业界一直在积极开发无电解电容的 LED 照明驱动电源的主要原因。

综上所述可以看出，LED 在工作时需要有稳流、稳压的元件，但是此类元件应具备自身承担的分压高，但功耗要小的特性，否则将使具有较高效率的 LED 因为驱动电路的工作功耗太大而使总体系统的效率大为降低，有悖于节能高效的宗旨。因此，应尽可能不采用电阻或串联稳压电路来作为 LED 驱动器的限流主电路，而应该采用电容、电感或 DC–DC 开关稳压器等高效驱动电路，这样才能保证 LED 系统的高效率。

5.2　LED 驱动芯片简介

LED 驱动芯片型号很多，本节主要介绍 PT4115、PAM2861、AMC7150、CAT4201、LM3402/3404 等一些常用 LED 驱动芯片。

5.2.1　LED 驱动芯片 PT4115

PT4115 采用 SOT89-5 封装和 ESOP8 封装。PT4115 是一款连续电感电流导通模式的降压恒流源，用于驱动一只或多只 LED 串。PT4115 输出电流可调，最大可达 1.2 A。根据不同的输入电压和外部器件，PT4115 可以驱动高达数十瓦的 LED。PT4115 内置功率开关，采用高端电流采样设置 LED 平均电流，并通过 DIM 引脚可以接受模拟调光和很宽范围的 PWM 调光。当 DIM 的电压低于 0.3 V 时，功率开关关断，PT4115 进入极低工作电流的待机状态。

1. PT4115 芯片的功能

PT4115 芯片引脚图如图 5-16 所示。各引脚功能说明如下。

①脚（SW）：功率开关的漏端。

②脚（GND）：信号和功率地。

③脚（DIM）：开关使能、模拟、PWM 及调光端。

④脚（CSN）：电流采样端，采样电阻接在 CSN 和 VIN 端之间。

⑤脚（VIN）：电源输入端，必须就近接旁路电容。

⑥脚（Exposed PAD）：散热端，内部接地，贴在 PCB 上减小热阻。

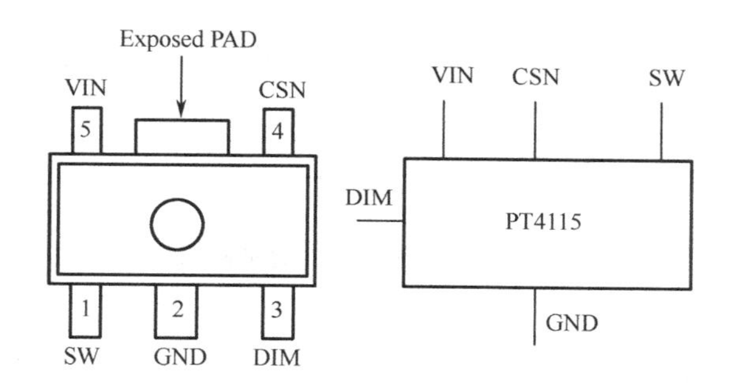

图 5-16　PT4115 芯片引脚图

PT4115 是一种 DC-DC 降压恒流式 LED 驱动器，具有以下特点。

（1）输入范围为 8～30 V，击穿电压大于 45 V。

（2）输出电流高达 1.2 A，内置大功率 MOSFET。

（3）效率高达 97%。

（4）超低的关断电流。

（5）± 5%输出电流精度。

（6）LED 开路保护。

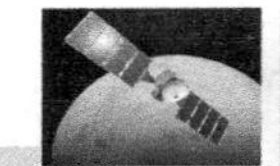

（7）模拟/PWM 调光功能选择，高达 5000:1 的 PWM 调光比。

（8）内部含有抖频特性，有效地改善了 EMI。

2. PT4115 芯片的应用

PT4115 广泛应用于低压 LED 射灯代替卤素灯、车载 LED 灯、低压工业照明、LED 备用灯、灯饰、安全电压照明、液晶电视背光。

PT4115 芯片的应用非常容易，只需要一个输入电容、一个电感、一个二极管和一个采样电阻四个外部元件。PT4115 可以驱动多达 7 只串联的 LED，提供从 1～28 W 以上的输出功率，效率高达 97%。由于外部电流检测电阻的压降仅为 100 mV，以及内部 0.4 Ω的导通电阻，所以降低了芯片和系统的功耗，大幅提升了 LED 照明系统的效率，达到省电的效果。同时 PT4115 输出 LED 的电流精度达±5%。为了方便用户有效调光，PT4115 可以接受 PWM 和模拟调光。PT4115 芯片的典型应用如图 5-17 所示。PT4115 芯片在实际应用中需要注意以下几点。

（1）PCB 铜箔与 PT4115 的 Exposed PAD 和 GND 的接触面积要尽可能大，以利于散热。

（2）AC 12V 整流管和续流二极管 VD 一定要选用低压降的肖特基二极管，以降低自身功耗。

（3）电感的饱和电流必须大于输出电流 1.5 倍。

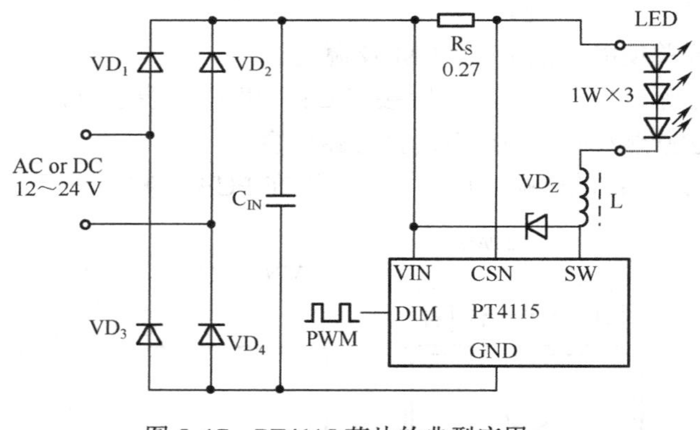

图 5-17　PT4115 芯片的典型应用

5.2.2　LED 驱动芯片 PAM2861

PAM2861 是一款用于连续工作模式下的降压转换器，专为单只或多只大功率 LED 串联使用。此驱动 IC 兼容较宽的直流输入电压，输入范围在 DC 6～40 V 内都能稳定可靠地工作，输出稳定可调的最大 1 A 恒流电流，最高输出达 24 W。

1. PAM2861 芯片的结构与特点

PAM2861 芯片内部结构如图 5-18 所示。PAM2861 内置高精度电流检测器，能通过外置电阻设定输出电流，电流检测电压极低，只有 0.1 V，大大减少因大电流电阻发热变阻值问题。输出电流可通过对 VSET 引脚进行 PWM 调节，PWM 频率为 100 Hz～1 kHz，PWM

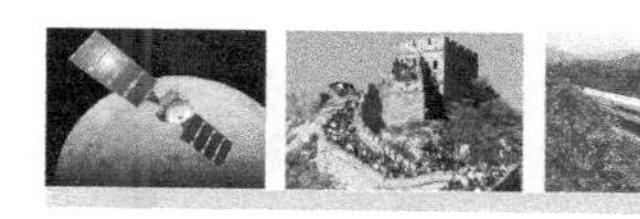

最高输入电压是 5 V。VSET 引脚也可能通过 DC 电压来控制输出开或关。输入低于 0.38V DC 电压时，可有效关闭输出。

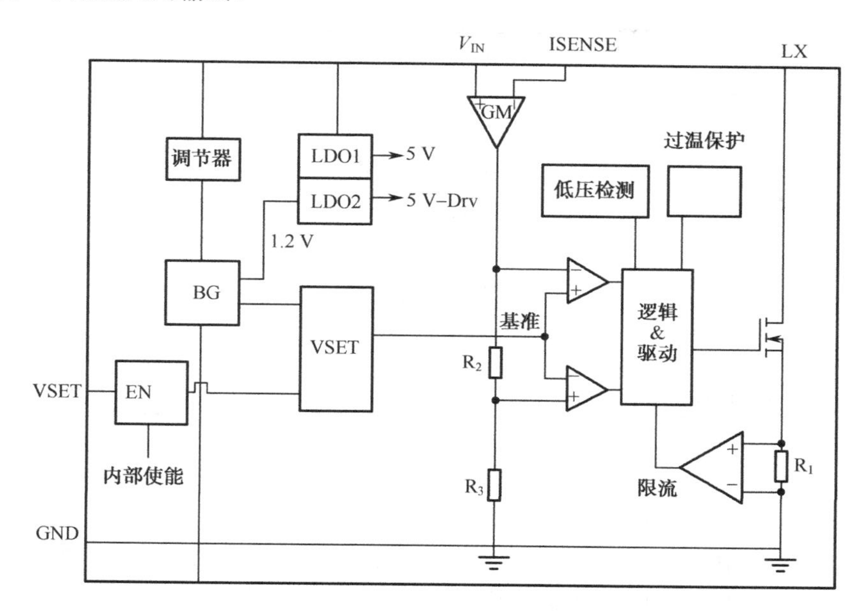

图 5-18 PAM2861 芯片内部结构

PAM2861 芯片外围电路极简单，具有以下特点。

（1）宽输入电压范围：6～40 V 输入。

（2）最大输出电流 1 A。

（3）单引脚控制软开关输出或 DC 及 PWM 调光控制。

（4）内置 PWM 滤波器。

（5）可选择软开关。

（6）软启动，可 PWM 调光，转换效率高达 97%。

（7）开关频率最高到 1 MHz。

（8）内置 LED 过电流快速保护和过温保护，让系统更安全。

（9）输出恒流精度 2%。

（10）完全替换 ZXLD1350/1360、PT4115 等 MR16 驱动产品。

（11）无铅 SOT23-5、SOT89-5 和 MSOP-8 封装。

2. PAM2861 芯片的应用

PAM2861 产品完全兼容 ZXLD1350、ZXLD1360 和 PT4115、PT4105、BP1361、BP1360、SN3350、CL6808、MT7201 等产品。PAM2861 总结了业界同类产品的优缺点，扬长避短，是中低电压范围 LED 驱动的终结者。PAM2861 主要封装有 SOT23-5 和 SOT89-5。

PAM2861 广泛用于 MR16、MR11、洗墙灯、投光灯、埋地灯、水底灯和汽车照明等。PAM2861 典型应用如图 5-19 所示。当 PAM2861 内部功率管导通时，LED 串电流经 L_1 从 PAM2861 的①脚输入，L_1 储存磁场能量；当 PAM2861 内部功率管截止时，L_1 经续流二极

管 VD_1 释放磁场能量。

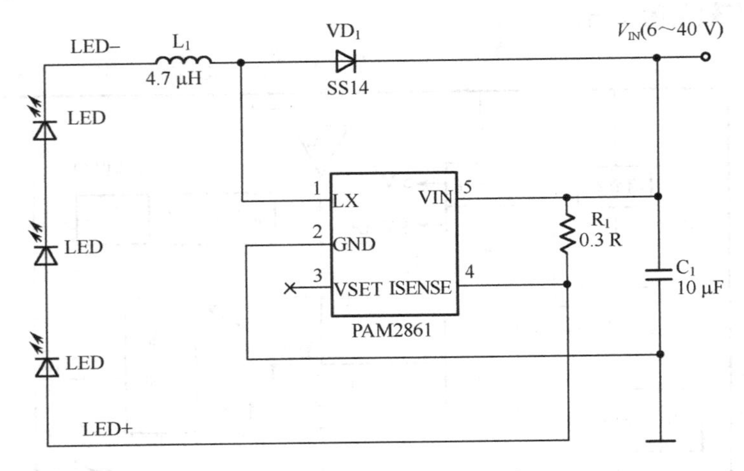

图 5-19　PAM2861 芯片的典型应用

PAM2861 芯片在实际应用中需要注意的是：

（1）电容 C_1 尽量离 PAM2861 很近，跨在 PAM2861 的 VIN 和 GND 引脚上。

（2）电感 L_1 和二极管 VD_1 尽量离 PAM2861 的①脚近一些，走线要短。

5.2.3　LED 驱动芯片 AMC7150

AMC7150 则是 1.5A 高功率 LED 驱动 IC，主要应用于一般 LED 照明与汽车 LED 辅助照明。

1．AMC7150 芯片的结构与功能

AMC7150 芯片内部结构如图 5-20 所示。AMC7150 内有 PWM 与功率晶体管，只需 5 个外部零件。该组件输入工作电压为 4～40 V，最高驱动电流达 1.5 A，可以驱动 24 W 的高功率 LED。工作频率可由外部电容控制而达 200 kHz，只要调整外部电阻值即可达到变更输出电流的目的。

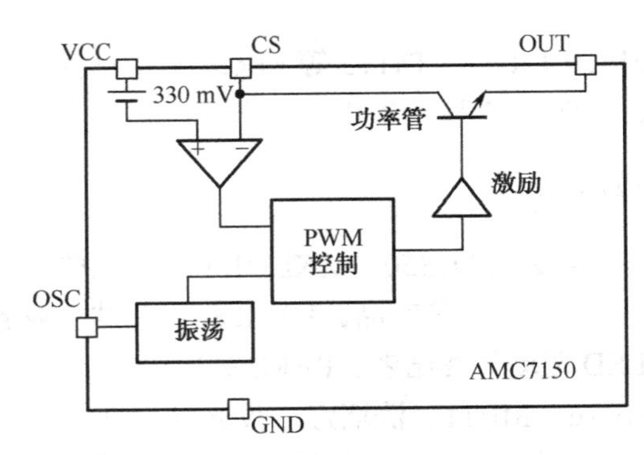

图 5-20　AMC7150 芯片内部结构

AMC7150 芯片引脚功能说明如下。

①脚（VCC）：输入电压 4～40 V。

②脚（CS）：峰值电流检测脚。

③脚（GND）：电源地。

④脚（OUT）：驱动输出脚。

⑤脚（OSC）：振荡调节电容引脚。

2．AMC7150 芯片的应用

AMC7150 是专为驱动 LED 而设计的芯片，在低电压应用时仅需外接 5 个元件就可以正常工作。如图 5-21 所示是输入电压 4～40 V 的典型应用电路。

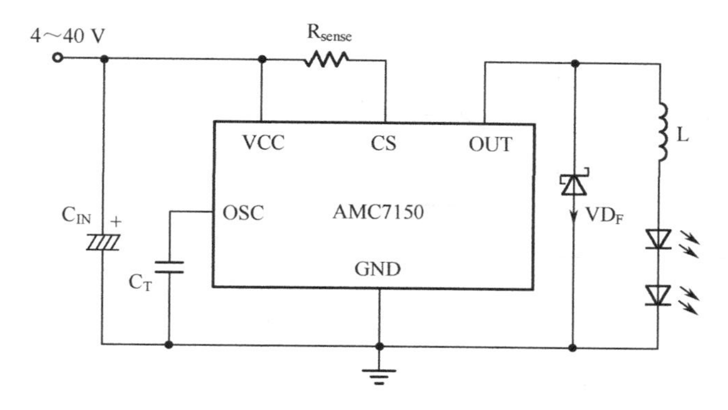

图 5-21 AMC7150 芯片典型应用

峰值电流 I_{PK} 流过 LED 串的大小由以下公式决定：I_{PK}=330 mV/R_{sense}。电感 L 的作用是在 AMC7150 内部功率管导通时储存磁场能量，而在功率管截止时通过续流二极管 VD_F 释放磁场能量给 LED 串。电路工作频率由电容 C_T 决定。

5.2.4 LED 驱动芯片 CAT4201

美国 CATALYST 公司的 CAT4201 芯片可驱动 1～7 只 1 W LED，效率可达 92%，6～28 V 电压输入范围降压型驱动应用设计。采用 SOT23 封装，线路简洁，符合目前多数小体积灯杯设计使用要求。大阻值范围电流调节，可以电位器宽阻值范围调节亮度。

1．CAT4201 芯片的结构与功能

CAT4201 芯片内部结构如图 5-22 所示，内有 PWM 控制器、功率场效应管、1.2 V 参考电压等。CAT4201 的主要特性如下。

（1）CAT4201 驱动电流高达 350 mA。

（2）与 12 V 和 24 V 系统兼容。

（3）可控制瞬变电压高达 40 V。

（4）单引脚控制和亮度可调节功能。

（5）电源转换效率高达 94%。

（6）开路与短路 LED 保护。

（7）可驱动高达 20 V 有 LED 串联电压。

（8）并联配置，可得到更高的输出电流。

（9）符合 RoSH 的 TSOT-23、5 引脚封装。

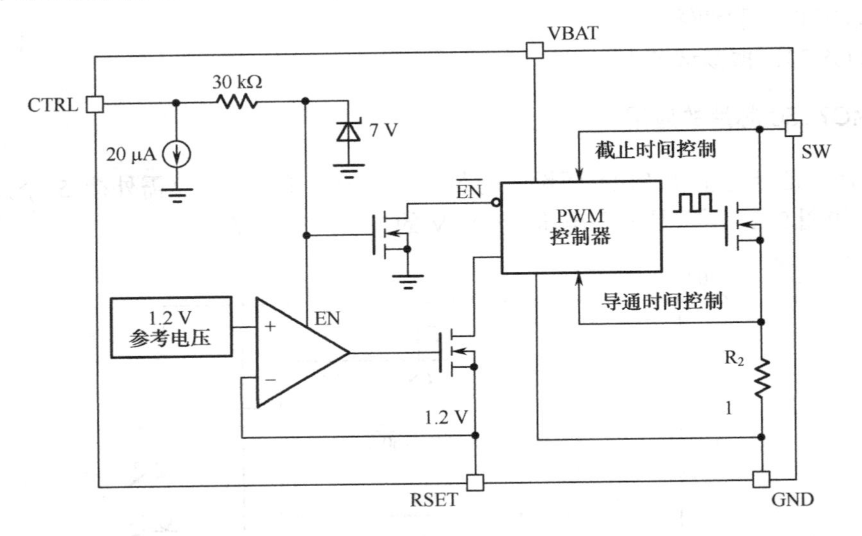

图 5-22　CAT4201 芯片内部结构

CAT4201 芯片引脚功能说明如下。

①脚（CTRL）：模拟调节与控制输入。当 CTRL 为空脚时，20μA 的内部下拉电流使 LED 熄灭。CTRL 输入引脚可安全控制高达 40 V 的电压。当 CTRL 电压小于 0.9 V 时，LED 熄灭；当 CTRL 电压大于 2.6 V 时，LED 输出最大亮度；当 CTRL 电压小于 2.6 V 且电压逐渐下降时，LED 电流会不断减小直到熄灭。

②脚（GND）：接地脚。

③脚（RSET）：RSET 引脚校准到 1.2 V，RSET 引脚与地之间的电阻可对 LED 亮度电流进行满刻度的调节。

④脚（SW）：内部 MOSFET 的漏极。

⑤脚（VBAT）：电源输入，该脚一般输入电流小于 1 mA，瞬间电压高达 40 V，VBAT 引脚电压应比总的 LED 串正向电压大 3 V 以上。建议在 VBAT 脚接一个 4.7 μF 电容。

2．CAT4201 芯片的应用

CAT4201 芯片可应用于 12 V 和 24 V 照明系统、汽车和航行器照明、通用照明及高亮度 350 mA 的 LED。CAT4201 芯片的典型应用如图 5-23 所示，L 为储能电感，VD_1 是续流二极管。

对于 LED 的电流驱动水平为 350 mA，建议使用 22 μH 的电感，以便在大范围的输入供电电压值内，能提供一个适当的转换频率。而对于 LED 电流驱动水平为 150 mA 或更小的，使用 33 μH 或 47 μH 的电感比较合适。电感应该有一个更大的电流额定值，它等于或大于 2 倍的 LED 电流。例如，当驱动 LED 电流为 350 mA 时，必须使用电流额定值至少为

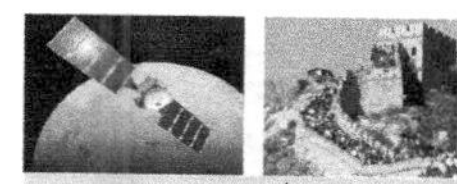

350 mA 的电感。

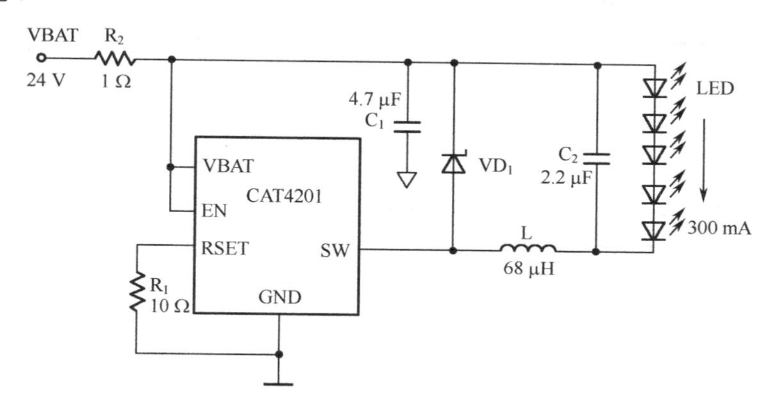

图 5-23　CAT4201 芯片的典型应用

在大部分应用中，与 LED 并联的 10 μF 的电容 C_2 能够保持 LED 波动电流在额定值±15%范围内。如有必要，可使用更大容量的电容。

5.2.5　LED 驱动芯片 LM3404

美国国家半导体 LM3404/04HV 是一款由降压型调节器衍生出来的受控电流源，驱动一串正向电流达 1 A 的高功率、高亮度 LED。

1．LM3404 芯片的特点与结构

LM3404 电路可接受一个 24 V±10%的输入电压，为一个正向电压约为 3.7 V 的单只 LED 提供一个恒定的 1.0 A 电流。在 6～42 V 的输入电压范围内，LED 的平均电流 I_F 是 1.0 A±10%，脉动电流ΔI_F不大于 400 $mA_{p\text{-}p}$，开关频率为 450 kHz±10%。

LM3404HV 电路可接受一个 48 V±10%的输入电压，为一个正向电压约为 3.7 V 的单只 LED 提供一个恒定的 1.0 A 电流。在 6～75 V 的输入电压范围内，LED 的平均电流 I_F 是 1.0 A±10%，脉动电流ΔI_F不大于 400 $mA_{p\text{-}p}$，开关频率为 200 kHz±10%。

LM3404 芯片内部结构如图 5-24 所示。

2．LM3404 芯片的应用

LM3404 芯片比较适用于汽车电子系统、工业系统及一般照明系统内置的新一代大功率高亮度 LED 组件。可耐受更高输入电压的型号是 LM3404HV，输入电压范围是 6～75 V。LM3404/04HV 芯片的典型应用如图 5-25 所示。

图 5-25 中 R_{SNS} 电阻决定驱动电流的大小，DIM1 端口提供一个脉冲宽度调制信号输入，用来对 LED 串调光。

3．LM3402/02HV 芯片的应用

LM3402/02HV 芯片的典型应用如图 5-26 所示。LM3402 输入电压范围涵盖整个汽车应用领域，内置 MOS 管最多可以驱动 15 只 LED，应用领域比较广，线路简洁实用，是众多

LED 驱动 IC 中的佼佼者。LM3402 输入电压为 5～42 V，LM3402HV 输入电压为 5～75 V。

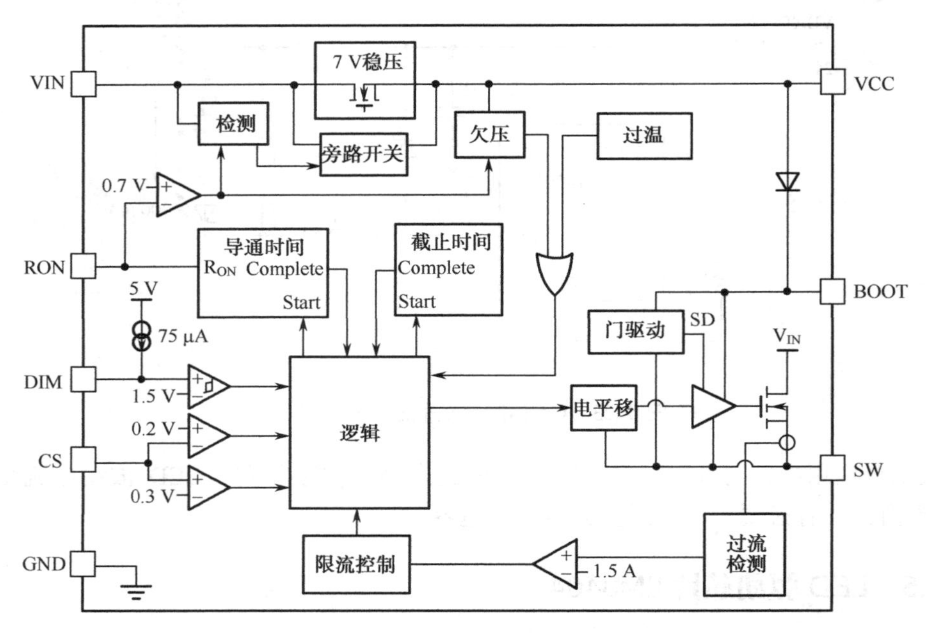

图 5-24　LM3404 芯片内部结构

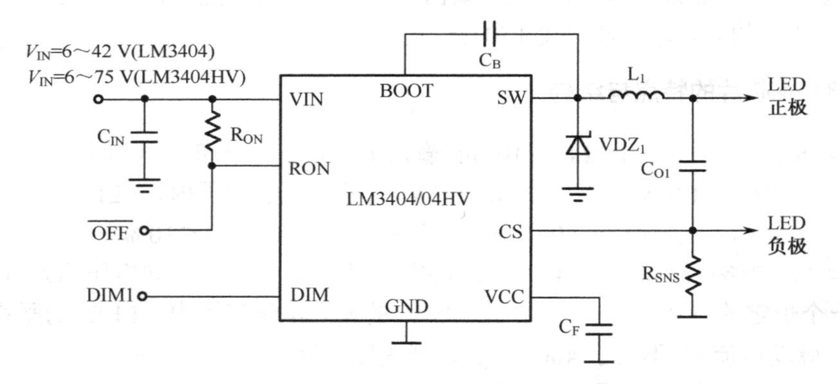

图 5-25　LM3404 芯片的典型应用

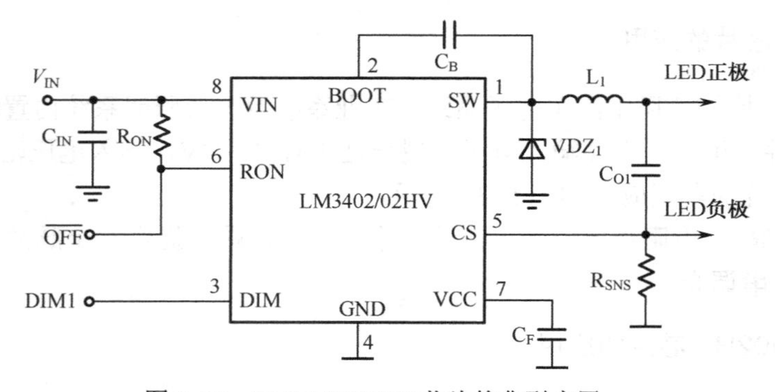

图 5-26　LM3402/02HV 芯片的典型应用

5.2.6　其他 LED 驱动芯片

1. SB42511 芯片的典型应用

士兰微电子 SB42511 芯片的典型应用如图 5-27 所示。SB42511 采用 SOP8 封装形式，输入 6～25 V 电压，适合驱动 1～6 只 LED，主要针对目前低端射灯市场。

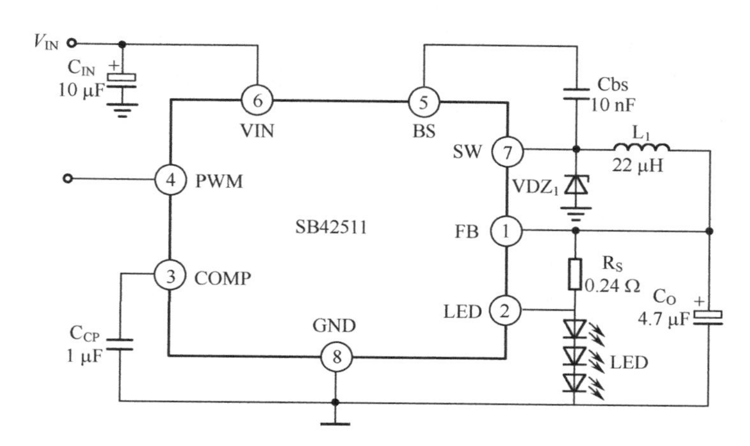

图 5-27　SB42511 芯片的典型应用

2. ZXLD1350 芯片的典型应用

欧洲 Zetex 公司的 ZXLD1350 芯片的典型应用如图 5-28 所示。ZXLD1350 芯片采用 SOT23 小体积封装，输入 7～30 V 电压，降压恒流驱动 1～7 串 LED，线路简洁实用。设计时 R_S 要紧靠 ZXLD1350，避免供电电压大幅度波动，这样会影响恒流效果。

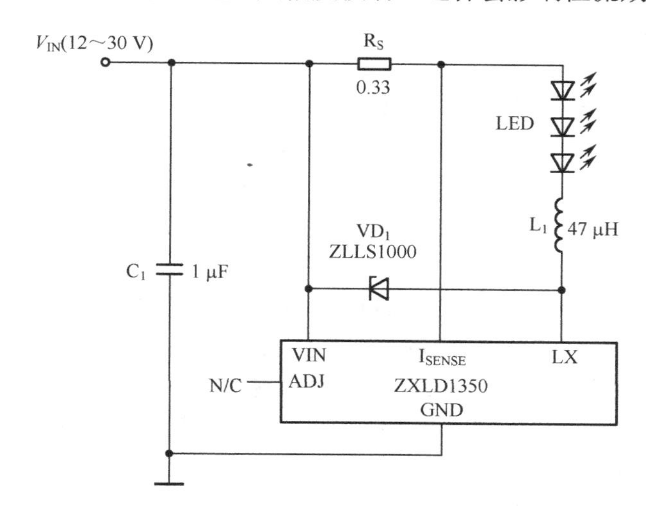

图 5-28　ZXLD1350 芯片的典型应用

3．MAX16819/16820 芯片的特点与典型应用

美国美信的 MAX16819/16820 芯片的典型应用如图 5-29 所示。MAX16819/16820 芯片工作于 4.5～28 V 输入电压范围，并且有一个 5 V/10 mA 片上稳压器。输出电流由高边电流检测电阻调节，可使外部元件的数量最少，并可提供±5%精度的 LED 电流。专用 PWM 输入（DIM）可实现宽范围的脉冲式亮度调节。在负载切换和 PWM 亮度调节过程中，滞回控制算法保证了优异的输入电源抑制和快速响应。MAX16819 具有 30%的电感纹波电流，而 MAX16820 具有 10%的纹波电流。这些器件可工作于高达 2 MHz 的开关频率，从而允许使用小型元件。MAX16819/MAX16820 可工作于-40～+125 ℃汽车级温度范围，采用 3 mm×3 mm×0.8 mm、6 引脚 TDFN 封装。

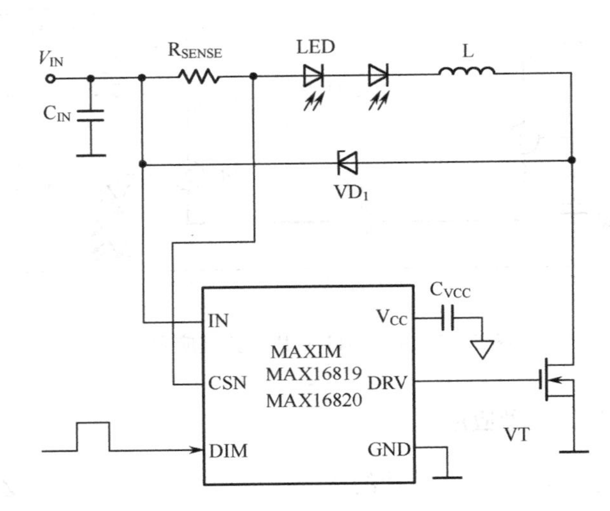

图 5-29　MAX16819/16820 芯片的典型应用

4．MAX16802 芯片的特点与典型应用

美国美信的 MAX16802A/B 芯片的典型应用如图 5-30 所示。MAX16802A/B 芯片是高亮度 LED 驱动器控制 IC，内部包含了设计一个宽输入范围 LED 驱动器所需的全部电路，适合通用照明和显示应用。适用于低输入电压（10.8～24 V）LED 驱动器。需要精密调节 LED 电流时，可利用片上的误差放大器及精度为 1%的基准，通过低频 PWM 亮度调节实现较宽的亮度调节范围。

MAX16802 具有输入欠压锁定（UVLO）特性，可设置输入启动电压，并可确保在电源跌落时正常工作。MAX16802A 具有较高滞回电压的内部自举欠压锁定电路，从而简化了离线式 LED 驱动器的设计。MAX16802B 内部没有这个自举电路，可直接由+12 V 电压提供偏置电源。内部微调的 262 kHz 固定开关频率允许优化选择磁性元件和滤波元件，从而实现紧凑、高性价比的 LED 驱动器。

MAX16802A 的最大占空比为 50%，MAX16802B 的最大占空比为 75%。这些器件均采用 8 引脚μMAX 封装，可工作在-40～+85 ℃温度范围。

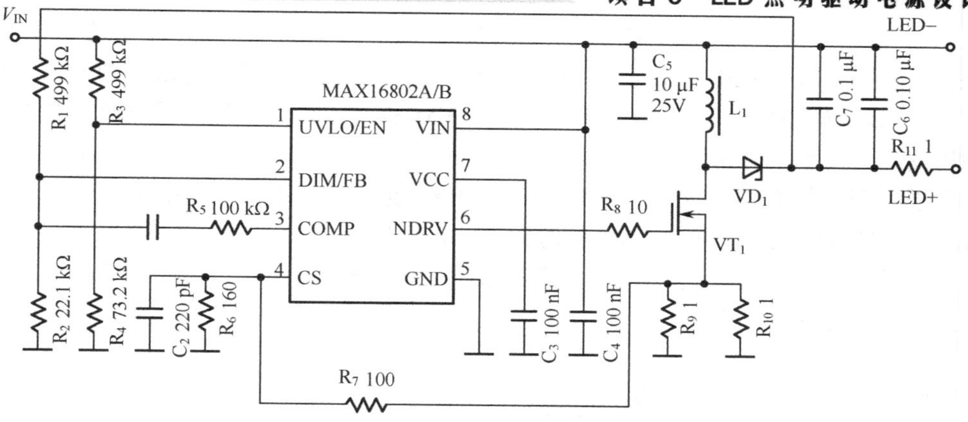

图 5-30　MAX16802 芯片的典型应用

5．MAX16818 芯片的特点与典型应用

美国美信的 MAX16818 芯片的典型应用如图 5-31 所示。MAX16818 采用 28 引脚 TQFN 封装，是脉宽调制型 LED 驱动控制器，可在使用最少外部元件的情况下提供较大的输出电流。MAX16818 非常适合同步和非同步降压拓扑，以及 Boost、Buck-Boost、SEPIC 和 Buck LED 驱动器架构。可以实现高达 20 A/μs 的快速 LED 瞬态电流及 30 kHz 的亮度调节频率。

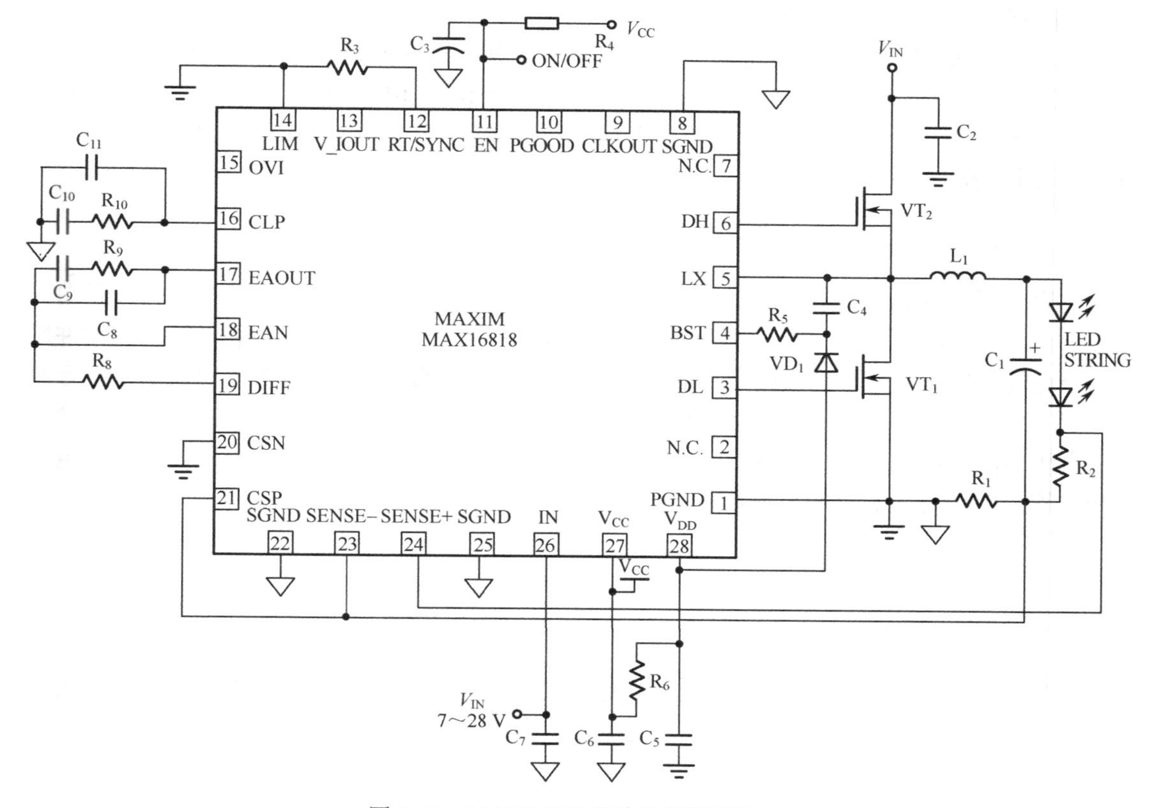

图 5-31　MAX16818 芯片的典型应用

该器件采用平均电流模式控制，通过优化利用具有最佳电荷和导通电阻特性的MOSFET，甚至在输出LED电流高达30 A时也能使对外部散热器的需求降到最低。真差分检测技术可以精确控制LED电流。通过外部PWM信号可以方便地实现宽范围亮度调节。内部稳压器配合简单的外部偏压器件，可以使器件工作在较宽的4.75～5.5 V或7～28 V输入电压范围。开关频率范围较宽，可高达1.5 MHz，允许使用小尺寸的电感和电容。

MAX16818具有延迟180°相位的时钟输出，可用于控制另一个错相工作的LED驱动器，以减小输入和输出滤波电容尺寸并降低纹波电流。MAX16818还提供可编程的打嗝式过流、过压及过热保护功能。

5.3 LED照明驱动电路及特点

5.3.1 12 W标准T8 LED日光灯驱动电路

传统的荧光日光灯的电源利用率并不理想，附加镇流器功耗较大，开启时需要辅助高压，日光灯管内置的水银在废弃时无法处理，成为污染环境的公害。作为第四代新型节能光源，LED光源诞生之时即被用来做各类灯具的发光光源。节能省电是LED日光灯的最大特点。以T8日光灯为例，标称36 W的荧光日光灯（CFL），其附加镇流器耗电8 W，工作时实际耗电44 W，照亮流明为420 lm，使用寿命3千小时。而同样规格的LED日光灯，工作时实际耗电仅16 W，照亮流明为550 lm，使用寿命可达3万小时。

LED日光灯的LED灯条电源驱动方案有很多种，目前非隔离方案因其效率高而占主流，而用LED驱动芯片来设计驱动电源的又占绝大多数。LED日光灯驱动属于小功率照明驱动，广泛使用恒流驱动和稳压驱动。下面介绍简单、可靠的电容降压式12 W标准T8 LED日光灯驱动电路。

1. 电容降压式LED日光灯驱动电路

电容降压式LED日光灯驱动电路原理图如图5-32所示。该电路共驱动140只白光LED（小功率），采用35串4并的模式，采用电容降压式驱动方式。其中，C_1、C_4为并联的两个相同的电容，起降压及限流作用；4个1N4007组成的整流桥对输入交流电压进行整流；滤波电容C_3用于滤除整流输出电压中的交流成分，使电压更为平滑；L_1、C_2用于滤除输出电压中的高频成分；电阻R_4为C_3提供放电回路；采用单向晶闸管SCR729210对电路进行保护，R_3为晶闸管的限流电阻。

2. 元件的选择

1）降压电容的选择

因为通过降压电容C向负载提供的电流I_o实际上就是流过C的充放电电流I_C。当负载电流I_o小于C的充放电电流I_C时，多余的电流就会流过滤波电容C_2。

$$I_C = \frac{U_i}{1/2\pi fC}$$

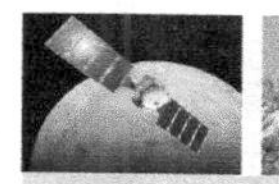

式中，U_i为输入交流电压有效值，f为交流信号频率。因此，对于负载所消耗的64 mA电流I_o，至少需要降压电容值 C_{min}=0.928 μF。另外，为保证 C 可靠工作，其耐压选择应大于 2 倍的电源电压，因此选择两个684 μF/630 V电容并联工作。

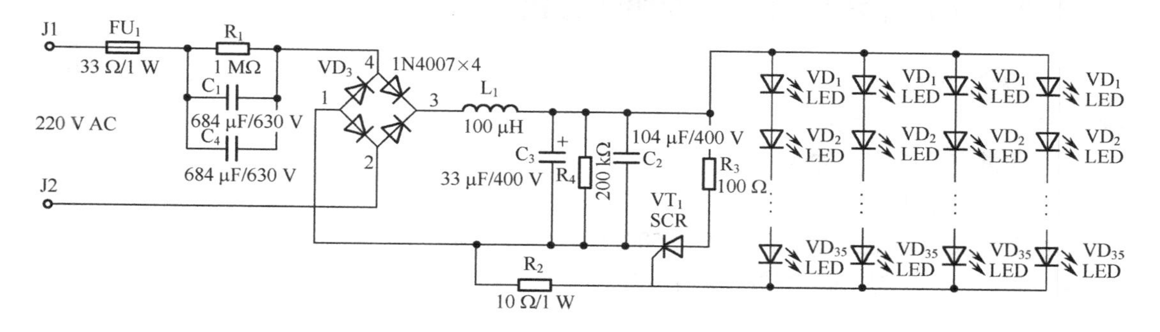

图5-32 电容降压式LED日光灯驱动电路

2）输出整流及滤波电路

根据有些文献，整流桥上单个二极管所承受的电压最大值 $U_{RM}=\sqrt{2}U_i$（U_i为输入电压有效值）=318.4 V，因此，选用常用的整流二极管1N4007（U_{RM}=1 000 V，I_F=1 A）。

为使输出端得到平滑的负载电压，一般取$R_LC\geqslant(3\sim5)T/2$，其中R_L为负载阻抗值，T为输入信号周期（0.02 s），可得$C\geqslant$24.38 μF。原则上电容值取得越大，输出电压越平滑，其纹波值越小。但是，随着电容容量的增大，其体积也随着增大，考虑到电路要安装在普通T8 灯管中，实取 33 μF/160 V 的电解电容；同时，为得到更平滑的输出电压，选取 L_1 为100 μH的线绕电感，C_1为0.01 μF的瓷片电容。

3）输出保护电路设计

LED 中使用的电流不能超过其规格稳定值，长期超过负荷不仅不会增大亮度（白光LED在大电流下会出现饱和现象，发光效率大幅度降低），而且还会缩短LED寿命，影响LED照明电路的可靠性。由于LED正向导通后，其正向电压的细小变动将会引起LED电流的大幅度变化，所以需要在输出端设置输出保护电路。

该电路由VT_1、R_2、R_3组成，VT_1采用Motorola公司的MCR729210（U_{DRM}=800 V，控制极触发电压 U_{GT}=0.8 V，触发电流 I_{GT}=10 mA）。R_2上的为单向晶闸管提供触发偏置电压，其阻值的选择至关重要，如果值太大，则电路中某些不稳定因素会导致LED中的电流瞬间变大，会导致晶闸管频繁触发，保护电路频繁起作用，造成电路工作不正常；如果阻值选得过小，LED可能在超出其规格稳定值下工作，保护电路不灵敏，会造成LED寿命缩短。因此要求LED支路电流为16 mA，则

$$R_2 \leqslant \frac{U_{GT}}{4\times16\ \text{mA}} = 12.5\ \Omega$$

为留有一定的裕量，选取R_2=10 Ω。

以上电容降压式驱动电路可驱动12 W标准T8 LED日光灯。该电路具有体积小、成本低等特点，通过改变降压电容可适合用作多种LED灯具电源。虽然其电源功率因数偏低，

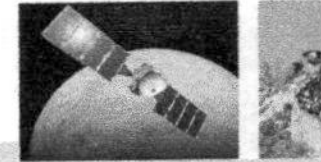

但特别适合低端照明市场应用。依据此电路，通过改变降压电容值，共制作了 1 W、4 W、8 W、12 W 等多种照明产品。

5.3.2　18 W 无源 PFC LED 照明驱动电路

18 W 无源 PFC LED 照明可代替 T5 日光灯，具有高效率和长寿命的特点，适合低碳的照明方式。电路主要特色如下。

（1）非常高的效率：82%。

（2）元件数量少：只需 40 个元件。

（3）不需要共模电感就能满足 EN55022B 对传导 EMI 的要求。

（4）ON/OFF 控制抑制由填谷电路引起的较高工频纹波电压。

1．TNY279PN 驱动芯片内部结构

该日光灯照明驱动电路采用 TNY279PN 芯片，其内部结构如图 5-33 所示。

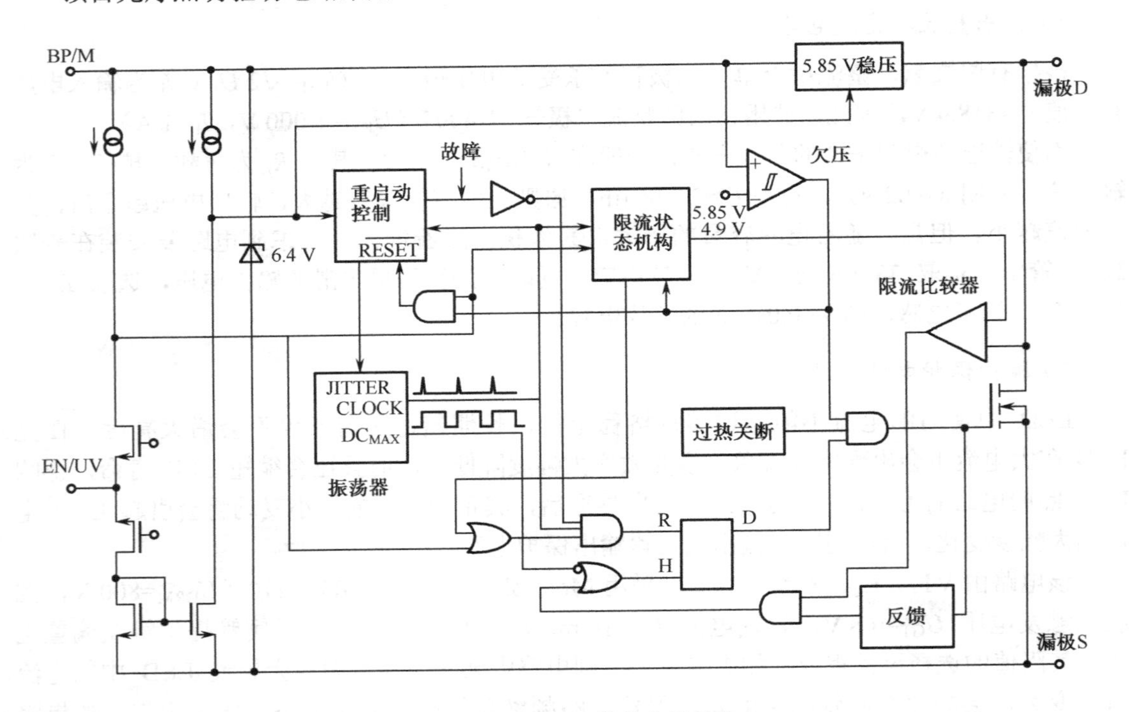

图 5-33　TNY279PN 芯片内部结构

2．驱动电路及工作原理

18 W 无源 PFC LED 照明驱动电路如图 5-34 所示。图中反激式变换器使用了 TinySwitch-III 系列的一个器件（U_2，TNY279PN）给 6 只高亮度流明 LED（LXHL 系列）提供高达 1.8 A 的负载电流。

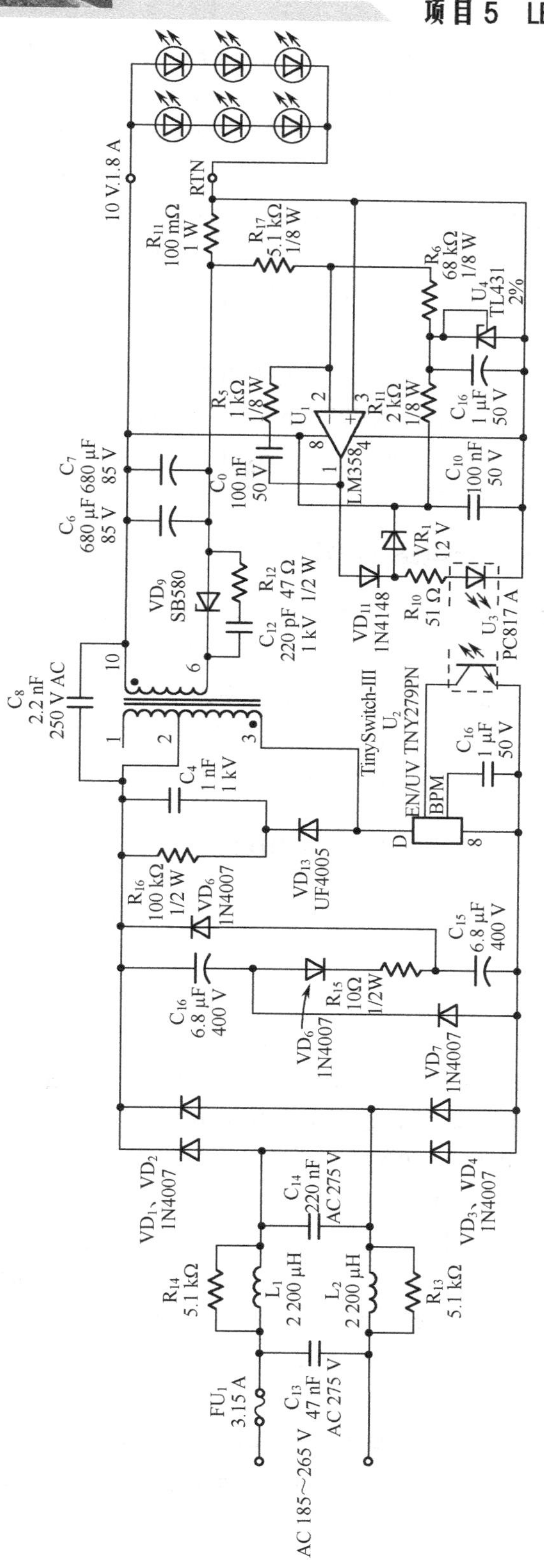

图5-34　18W无源PFC LED照明驱动电路

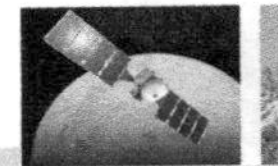

输出电压比LED串的正向电压降稍低，因此当LED灯串接到电源时，电源工作在恒流（CC）模式。如果LED串没接到电源，稳压管VR_1提供电压反馈，将输出电压调整在DC 13.5 V左右。一个100 mΩ的电阻（R_{11}）检测输出电流，通过一个运放（U_1）驱动光耦给U_2提供反馈。TinySwitch-III系列器件通过关断或跳过MOSFET开关周期进行稳压。当负载电流达到电流设置阈值时，U_1驱动U_3导通。U_3内的光三极管从U_2的EN/UV脚拉出电流，使U_2跳过周期。一旦输出电流降到电流设置阈值以下，U_1停止驱动U_3，U_3停止从U_2的EN/UV脚拉出电流，开关周期重新使能。TL431（U_4）给U_1提供一个参考电压，以和R_{11}两端的电压降做比较。

输出整流管VD_9位于变压器T_1次级绕组的下引脚，以降低EMI噪声的产生。RCD钳位由R_{16}、C_4和VD_{13}组成，以保护TNY279PN芯片内部的MOSFET漏极免受反激电压尖峰的损害。电容C_8可减小传导EMI的产生。C_{13}、L_1、L_2和C_{14}组成π形滤波，使电源满足欧盟传导标准（EN55022B）的要求。

3．新型无源功率因数校正器电路（填谷电路）

填谷电路由VD_5、VD_6、VD_7、C_{15}、C_{16}和R_{15}组成，它限制工频电流的3次和5次谐波值，使电源满足国际电工委员会IEC61000-3-2标准规定的总谐波失真（THD）要求。填谷电路（Valley Fill Circuit）属于一种新型无源功率因数校正器电路。填谷电路是将交流市电整流滤波后的电流波形，从窄脉冲形状展开到接近于正弦波形状，相当于把窄脉冲电流波形中的谷点区域“填平”了很大一部分的电路（详见下一节内容）。

5.3.3　20 W全电压LED日光灯驱动电源

本节介绍由PT4107芯片组成的LED日光灯驱动电源，这是一个全电压20 W日光灯开关恒流驱动电源。

1．PT4107芯片的结构与功能

PT4107是一个典型的PWM LED驱动芯片，其内部结构如图5-35所示。PT4107是一款高压降压式PWM LED驱动芯片，通过外部电阻和内部的齐纳二极管，可以将经过整流的110 V或220 V交流电压钳位于20 V。当VIN上的电压超过欠压闭锁阈值18 V后，芯片开始工作，按照峰值电流控制的模式来驱动外部的MOSFET。在外部MOSFET的源端和地之间接有电流采样电阻，该电阻上的电压直接传递到PT4107芯片的CS端。当CS端电压超过内部的电流采样阈值电压后，GATE端的驱动信号终止，外部MOSFET关断。阈值电压可以由内部设定，或通过在LD端施加电压来控制。如果要求软启动，可以在LD端并联电容，以得到需要的电压上升速度，并和LED电流上升速度相一致。

PT4107的主要技术特点：18～450 V的宽电压输入范围，恒流输出；采用频率抖动减少电磁干扰，利用随机源来调制振荡频率，这样可以扩展音频能量谱，扩展后的能量谱可以有效减小带内电磁干扰，降低系统级设计难度；可用线性及PWM调光，支持上百个0.06 W LED的驱动应用，工作频率25～300 kHz，可通过外部电阻来设定。

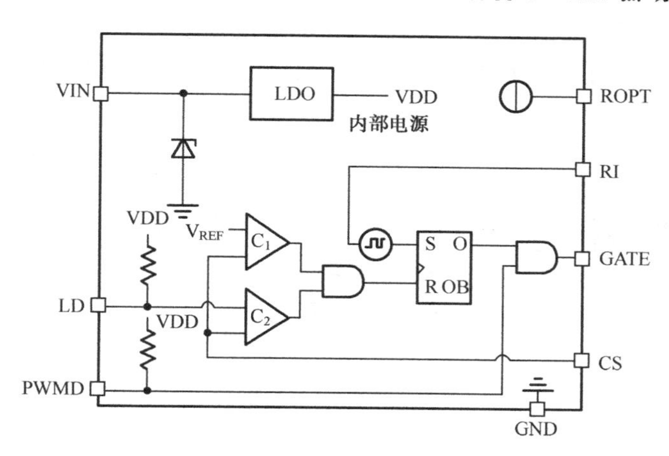

图 5-35 PT4107 芯片内部结构

PT4107 芯片各引脚功能如下。

①脚（GND）：芯片接地端。

②脚（CS）：LED 峰值电流采样输入端。

③脚（LD）：线性调光接入端。

④脚（RI）：振荡电阻接入端。

⑤脚（ROTP）：过温保护设定端。

⑥脚（PWMD）：PWM 调光兼使能输入端，芯片内部有 100 kΩ上拉电阻。

⑦脚（VIN）：芯片电源端。

⑧脚（GATE）：驱动外挂 MOSFET 栅极。

2. 20 W LED 日光灯驱动电路

20 W LED 日光灯驱动电路如图 5-36 所示。从 AC 220 V 看进去，交流市电入口接有 1 A 熔断器 FS_1 和抗浪涌负温度系数热敏电阻 NTC，之后是 EMI 滤波器，由 L_1、L_2 和 CX_1 组成。BD_1 是整流全桥，内部是 4 个高压硅二极管。C_1、C_2、R_1、VD_1～VD_3 组成无源功率因数校正电路。PT4107 芯片由 VT_1、VD_4、C_4、R_2～R_4 组成的电子滤波器降压稳压后供电，这个滤波器输入阻抗很高，输出阻抗很小，整流后近 300 V 直流高压经此三极管降压向 PT4107 的 VIN 引脚提供 18～20 V 稳定电压，确保芯片在全电压范围里稳定工作。

控制芯片 IC_1（PT4107）和功率 MOS 管 VT_2、镇流功率电感 L_3、续流二极管 VD_5 组成降压稳压电路，IC_1 的②脚输入由电流采样电阻 R_6～R_9 提供的峰值电流，由内部逻辑在单周期内控制 GATE 脚信号的脉冲占空比进行恒流控制。输出恒流与 VD_5、L_3 的续流电路合并向 LED 光源恒流供电，改变电阻 R_6～R_9 的阻值可改变整个电路的输出电流，但 VD_5、L_3 也要随之改动。R_5 是芯片振荡电路的一部分，改变它可调节振荡频率。电位器 R_T 在本电路中不用于调光，而是用于微调恒流源的电流，使电路达到设计功率。

本电路的参数是按每串 22 只 0.06 W 的 LED，共 15 串并联，驱动 330 只 60 mW 的白光 LED 负载设计的，每串的电流是 17.8 mA，设计输出为 36～80 V/250 mA。如果改变 LED 数量，则需修正 R_6～R_9 的参数。

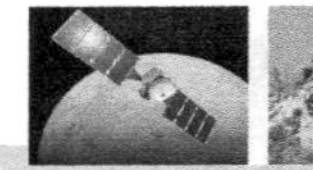

PCB 的排列是做好产品的关键，因此 PCB 的走线要按电力电子规范要求来设计。本电路可用于 T10、T8 日光灯管，因两管空间大小不同，两块 PCB 的宽度将不同，需要降低所有零件的高度，以便放入 T10、T8 灯管。

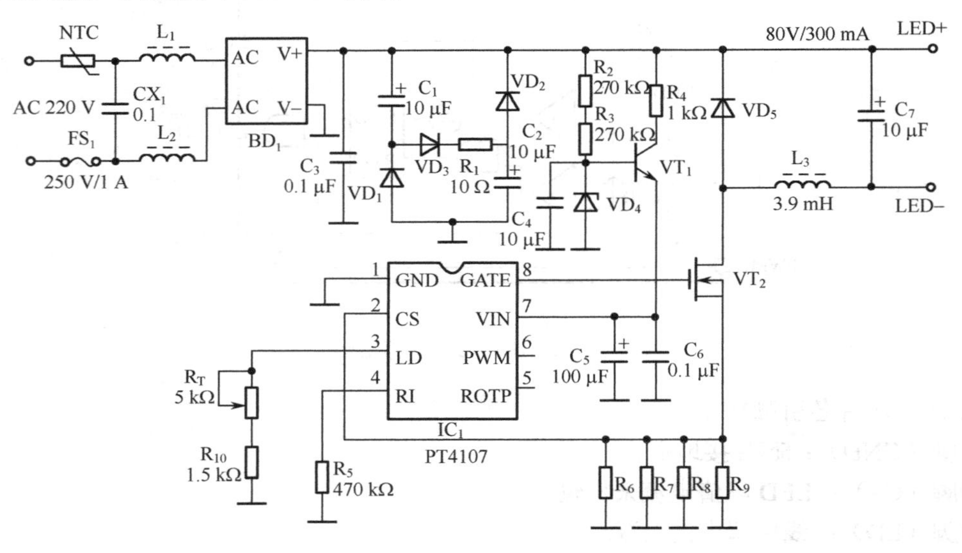

图 5-36　20 W LED 日光灯驱动电路

3. 关键的设计和考虑因素

1）抗浪涌的 NTC

抗浪涌的 NTC 选用 300 Ω/0.3 A 热敏电阻，若改变此方案的输出，比如增大电流，则 NTC 的电流也要选大一些，以免过流自发热。

2）EMC 滤波

在交流电源输入端，为了增加电路抗 EMI 的效果，滤除掉传导干扰信号和辐射噪声，本电路采用共轭电感 L_1、L_2 加 CX_1 电容器的简洁方式。CX_1 电容器应标有安全认证标志和耐压 AC 275 V 字样，其真正的直流耐压在 2 000 V 以上，外观多为橙色或蓝色。共轭电感是绕在同一个磁芯上的两个电感量相同的电感，主要用来抑制共模干扰，电感量在 10～30 mH 范围内选取。为缩小体积和提高滤波效果，优先选用高导磁率微晶材料磁芯制作的产品，电感量应尽量选较大的值。使用两个相同电感替代一个共轭电感也是一个降低成本的方法。

3）全桥整流

全桥整流器 BD_1 主要进行 AC/DC 变换，因此需要给予 1.5 系数的安全余量，建议选用 600 V/1A。

4）无源功率因数校正（PFC）

普通的桥式整流器整流后输出的电流是脉动直流，电流不连续，谐波失真大，功率因数低，因此需要增加低成本的无源功率因数校正（PFC）电路，这个电路又称为平衡半桥补偿电路，C_1 和 VD_1 组成半桥的一臂，C_2 和 VD_2 组成半桥的另一臂，VD_3 和 R 组成充电连接通路，利用填谷原理进行补偿。滤波电容 C_1 和 C_2 串联，电容上的电压最高充到输入电压的一半，一旦线电压降到输入电压的一半以下，二极管 VD_1 和 VD_2 就会被正向偏置，使 C_1 和 C_2 开始并联放电。这样，正半周输入电流的导通角从原来的 75°～105° 上升到 30°～150°；负半周输入电流的导通角从原来的 255°～285° 上升到 210°～330°，如图 5-37 所示。与 VD_3 串联的电阻 R_1 有助于平滑输入电流尖峰，还可以通过限制流入电容 C_1 和 C_2 的电流来改善功率因数。采用这个电路后，系统的功率因数从 0.6 提高到 0.89。R_1 有浪涌缓冲和限流功能，因此不宜省略。VD_1～VD_3 采用 1N4007。

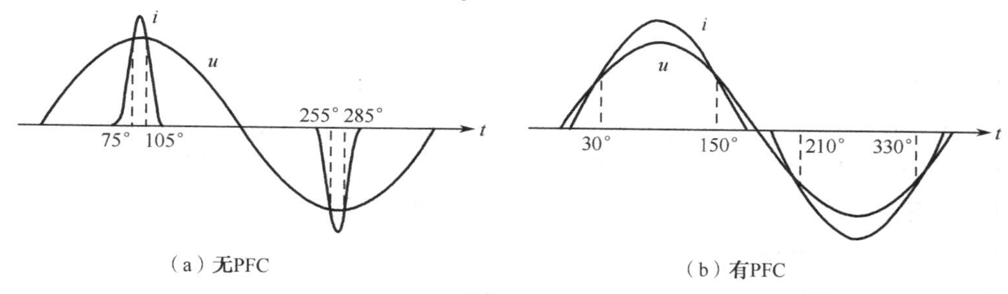

图 5-37 平衡半桥 PFC 电路的效果

5）降压稳压电路

给 PT4107 供电的电路是倍容式纹波滤波器，具有电容倍增式低通滤波器和串联稳压调整器双重作用。在射极输出器的基极到地接一个电容 C_4，由于 VT_1 基极电流只有射极电流的 $1/(1+\beta)$，所以相当于在发射极接了一个容值为 $(1+\beta)C_4$ 的大电容，这就是电容倍增式滤波器的原理。如果在基极到地之间再连接一个齐纳二极管 VD_z，就是一个简单的串联稳压器，该电路能有效地消除高频开关纹波。VT_1 要选择双极型晶体管，U_{CEO}=500 V，I_C=100 mA。稳压二极管 VD_4 要用 20 V、1/4 W 任何型号的小功率稳压管。

6）镇流功率电感

镇流功率电感 L_3、VT_2 及 R_6、R_7、R_8、R_9 并联的电流采样电阻，是此电路恒流输出的三大关键元件。镇流功率电感 L_3 要求 Q 值高、饱和电流大、电阻小，标称 3.9 mH 的电感，在 40～100 kHz 频率范围里 Q 值应大于 90。设计时要选用饱和电流是正常工作电流 2 倍的功率电感。本电路设计输出电流 250 mA，因此选 500 mA。选用功率电感的绕线电阻要小于 2 Ω、居里温度大于 400 ℃的优质功率电感。一旦电感发生饱和，MOS 管、LED 光源、PWM 控制芯片就会瞬间烧毁。建议使用高导磁率微晶材料的功率电感，它可以确保恒流源长期安全可靠地工作。

L_3 电感要选用 EE13 磁芯的磁路闭合电感器，或高度低一点的 EPC13 磁芯。现在 LED 日光灯大多数选用半铝半 PV 塑料的灯管，以帮助 LED 光源散热。工字磁芯电感器的磁路是开放的，当使用工字磁芯电感器的电源驱动板进入半铝半 PV 塑料灯管时，由于金属铝能使其磁路发生变化，所以往往会使已调试好的电源驱动板输出电流变小。

7）续流二极管

续流二极管 VD_5 一定要选用快速恢复二极管，它要跟上 MOS 管的开关周期。如果在此

使用 1N4007，那么在工作时会烧毁。此外，续流二极管通过的电流应是 LED 光源负载电流的 1.5～2 倍，本电路要选用 1A 的快速恢复二极管。

8）PT4107 开关频率设定

PT4107 开关频率的高低决定功率电感 L_3 和输入滤波电容器 C_1、C_2、C_3 的大小。如果开关频率高，则可选用更小体积的电感器和电容器，但 VD_2（MOSFET）管的开关损耗也将增大，导致效率下降。因此，对 AC 220 V 的电源输入来说，开关频率 50～100 kHz 是比较适合的。当 f=50 kHz 时，R_5=500 kΩ。由开关频率设定电阻 R_2 计算公式：R_2=25 000/f。

9）MOSFET 管的选择

MOSFET 管 VD_2 是本电路输出的关键器件。首先，它的 $R_{DS(ON)}$要小，这样它工作时本身的功耗就小。另外，它的耐压要高，这样在工作中遇到高压浪涌不易被击穿。在 MOSFET 的每次开关过程中，采样电阻 R_6～R_9 上将不可避免地出现电流尖峰。为避免这种情况发生，芯片内部设置了 400 ns 的采样延迟时间。因此，传统的 RC 滤波器可以被省去。在这段延迟时间内，比较器将失去作用，不能控制 GATE 引脚的输出。

10）电流采样电阻

电阻 R_6、R_7、R_8、R_9 并联作为采样电阻，这样可以减小电阻精度和温度对输出电流的影响，并且可以方便地改变其中一个或几个电阻的阻值，达到修改电流的目的。建议选用千分之一精度、温度系数为 50 ppm 的 SMD（1206）1/4 W 电阻。电流采样电阻 R_6～R_9 的总阻值设定和功率选用，要按整个电路的 LED 光源负载电流为依据来计算。

$$R_{(6\sim9)}=0.275/I_{LED}$$

$$P_{R(6\sim9)}=I_{LED}{}^2\times R_{(6\sim9)}$$

11）电解电容器

LED 光源是一种长寿命光源，理论寿命可达 50 000 h，但是若应用电路设计不合理、电路元件选用不当、LED 光源散热不好，都会影响它的使用寿命。特别是在驱动电源电路里，作为 AC/DC 整流桥的输出滤波器的电解电容器，它的使用寿命在 5 000 h 以下，这就成了制造长寿命 LED 灯具技术的拦路虎。本电路采用 C_1、C_2、C_4、C_5、C_7 多颗铝电解电容器。铝电解电容器的寿命还与使用环境温度有很大关系，环境温度升高电解质的损耗加快，环境温度每升高 6 ℃，电解电容器寿命就会减少一半。LED 日光灯管内温度因空气不易流动，如电源驱动板设计不合理，管内温度会比较高，电解电容器的寿命因此大打折扣。选用固态电解电容器，也许是延长寿命的好办法之一，但会导致成本上升。

采用 PT4107 芯片可以设计以多颗 0.06 W LED 光源串并联为负载的，电压输入为 AC 110 V 或 AC 220 V 的 T10、T8、T5 的 LED 日光灯方案，以及类似应用的吸顶灯、满天星灯、野外照明工作灯、球泡灯等，也可设计以高亮度 1 W LED 光源串联为负载的 LED 庭院灯、LED 路灯、LED 隧道灯。

5.3.4　LED 吸顶灯恒流二极管驱动电源

LED 吸顶灯驱动电源可以分为非隔离式和隔离式两大类。由于 LED 吸顶灯不像球泡灯那样容易被用户用手触摸到，而且由于不需要接触式导热，它的内部结构很容易把铝基板或印制板和金属底板绝缘起来，所以采用非隔离电源可以很容易通过 CE、UL 等安全认证。再加上它通常是由专业的电工来安装，也减小了用户触电的危险。LED 必须采用恒流源来驱动，否则由于它的负温度系数，而会使电流急剧上升导致结温升高、寿命缩短。恒流源分为线性和开关式两种。线性恒流源的优点是不会产生电磁干扰（EMI）、简单、成本低，它的缺点是效率比较低。

1．恒流二极管工作原理与主要参数

恒流二极管和恒流三极管是近年来问世的半导体恒流器件，是与稳压二极管相对偶的基础电子元件。在恒流二极管的基础上增加控制引脚，进而发展成为恒流三极管。它们都能在很宽的电压范围内输出恒定的电流，并具有很高的动态阻抗。由于它们的恒流性能好、价格较低、使用简便，所以目前已被广泛用于恒流源、稳压源、放大器及电子仪器的保护电路中。

恒流二极管（CRD）属于两端结型场效应恒流器件。其电路符号和伏安特性如图 5-38 所示。恒流二极管在正向工作时存在一个恒流区，在此区域内 I_H 不随 V_I 而变化；其反向工作特性则与普通二极管的正向特性有相似之处。恒流二极管的外形与 3DG6 型晶体管相似，但它只有两个引线，靠近管壳突起的引线为正极。

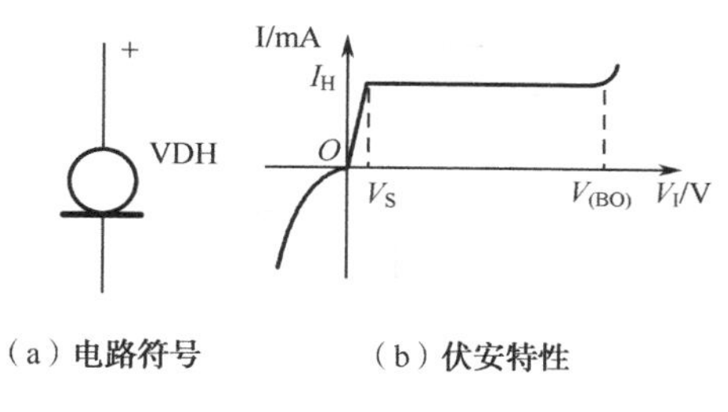

图 5-38　恒流二极管电路符号与伏安特性

恒流二极管的主要参数有：恒定电流（I_H）、起始电压（V_S）、正向击穿电压（$V_{(BO)}$）、动态阻抗（Z_H）、电流温度系数（α_T）。其恒定电流一般为 0.2～6 mA。起始电压表示管子进入恒流区所需要的最小电压。恒流二极管的正向击穿电压通常为 30～100 V。动态阻抗的定义是工作电压变化量与恒定电流值变化量之比，对恒流管的要求是 Z_H 越大越好，当 I_H 较小时，Z_H 可达数兆欧；当 I_H 较大时，Z_H 降至数百千欧。

恒流二极管在零偏置下的结电容近似为 10 pF，进入恒流区后降至 30～50 pF，其频率响应为 0～5 000 kHz。当工作频率过高时，由于结电容的容抗迅速减小，所以动态阻抗就升高，导致恒流特性变差。

常用的进口恒流二极管，主要以日本跟韩国为代表，日本作为全球第一家恒流二极管生产国，目前市场占有率最高，主要用于仪器仪表、机器设备及 LED 应用照明领域，恒流

区间可提供（0.01～18 mA）；韩国公司做为后起之秀他们提供更高电流、更高耐压的恒流二极管，主要应用于照明市场，可提供 18～60 mA，耐压 100 V 的恒流二极管，对于 LED 照明应用厂商来说是降低成本跟简化电路的一个比较理想的选择。

部分恒流二极管参数如表 5-1 所示。

表 5-1　部分恒流二极管参数

型　号	恒定电流（mA）	启动电压（V）	最大耐压（V）	适 用 范 围
E-101	0.09～0.11	0.4	100	仪器仪表，传感器
E-301	0.28～0.32	0.5	100	麦克风，传感器，仪表
E-501	0.49～0.54	0.8	100	仪器仪表，传感器，机器设备
E-701	0.66～0.72	1.1	100	仪器仪表，传感器，机器设备
E-202	1.97～2.10	2.3	100	仪器仪表，传感器，机器设备
E-272	2.66～2.80	2.7	100	仪器仪表，传感器，机器设备
E-352	3.50～3.60	3.2	100	仪器仪表，传感器，机器设备
E-452	4.47～5.10	3.7	100	LED 小信号灯，交通标识灯
S-562T	5.32～5.78	4.5	100	LED 小信号灯，LED 日光灯
S-103T	8.75～9.87	3;1	50	LED 小信号灯，LED 日光灯
S-123T	10.0～13.0	3.8	50	LED 日光灯，LED 灯带
S-153T	12.0～16.0	4.3	50	LED 日光灯，LED 灯条
S-183T	15.0～18.0	4.5	50	LED 日光灯，LED 球泡灯
RCD203	18.0～20.0	3.1	100	LED 日光灯，LED 小功率产品
RCD253	23.0～27.0	3.6	100	LED 日光灯，LED 小功率产品
RCD303	27.0～30.0	4.4	100	LED 日光灯，LED 小功率产品
RCD403	37.0～40.0	5.0	100	LED 日光灯，LED 汽车灯
RCD503	45.0～50.0	5.0	100	LED 日光灯，LED 汽车灯
RCD603	56.0～60.0	5.0	100	LED 日光灯，LED 汽车灯

使用恒流二极管需注意以下事项。

（1）测量恒流二极管时极性不得接反，否则起不到恒流作用，并且还容易烧毁管子。

（2）由恒流二极管组成电路时，必须使 $R_L << Z_H$，否则恒流特性无法保证。

（3）使用一只恒流二极管只能提供几毫安的恒定电流，若将几只恒流管并联使用，则可以扩大输出电流。

（4）利用串联法可以提升电压。例如，将几只性能相同的恒流二极管串联使用，可将

耐压值提高到 100 V 以上。

2. 采用恒流二极管的 LED 吸顶灯驱动电路

恒流二极管是一种线性恒流源，它的恒流作用可以用来驱动 LED。最简单的方法就是把恒流二极管直接和 LED 串联，但必须注意选择恰当的电流和耐压。

（1）最低电压。由于恒流二极管需要一定的电压 U_k 才能够进入恒流，所以太低的电源电压是无法工作的。通常这个 U_k 大约在 5～10 V。

（2）最高电压。由于恒流二极管必须能吸收掉电源电压的变化，所以对于同样的百分比，220 V 就要比 110 V 的变化范围大一倍。例如，对于+10%～-20%的变化范围，对于 220 V 就意味着 22+44=66（V）的变化范围，经过桥式整流以后这个变化还会加大 1.2 倍，变成 79.2 V。而对于 110 V 电源，同样的变化范围只相当于 39.6 V 的变化范围。电压越低，就意味着功耗越小，效率越高。因此可以说恒流二极管更适用于 110 V 市电的国家。

（3）最大电流。由于恒流二极管的功耗受到限制，所以过大的电流也是不合适的。例如，1 W 的 LED 通常需要 350 mA，恒流二极管很难提供。即使能够提供，它的功耗也过大而使整体效率大为降低。

恒流二极管最适用的使用场合就是交流市电供电的 LED 灯具，采用很多小功率 LED 串联，也就是高压小电流的情况。

如图 5-39 所示就是一种用于 LED 吸顶灯的恒流二极管（CRD）驱动源。其负载是 80 只 3022 串联，总功率为 16 W。所用的恒流二极管也是恒流在 60 mA。假如手头的恒流二极管只有 30 mA，就需要 2 串并联。

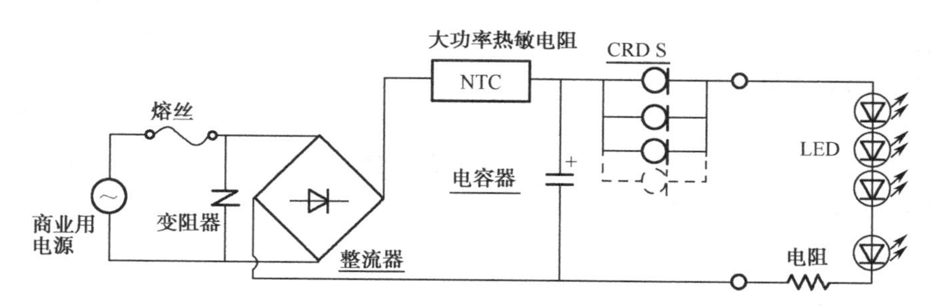

图 5-39 采用恒流二极管作为 LED 驱动电源

恒流二极管的作用就是要在输入市电电压变化时，保持输出电流不变，当然也可以消除由于 LED 负温度系数所引起的电流增大。但是，由于恒流二极管的耐压有一定的限制，所以它所能吸收的电源电压变化也是有限的。就拿 100 V 耐压的 CRD 来说，它的工作电压范围还要减去它的最小工作电压 10 V，可用的电压范围只有 90 V。用在 220 V 市电电源里，如果市电变化+10%～-20%，则相当于整流后为 290～211 V，电压变化 79 V，在其耐压范围内。假如所用的 LED 为 80 只，如果正向电压为 3.3 V，那么总电压为 264 V，正好相当于 220 V 经过桥式整流以后的值。这时恒流二极管上没有压降，但是这时它是不能工作的，因为它至少需要 10 V 压降，也就是要求整流后电压为 274 V，即市电电压为 AC 228 V。那时恒流二极管压降最小，功耗也最小，只有 0.03A×10 V=0.3 W，整体效率最高可达 96%（当然还要考虑整流器的效率，实际上还会低一些）。如果市电增高至 AC 242 V，那么恒流二极管电压就增高为 26.4 V，其功耗也增加到 0.79 W，这时效率等于 91%。

如果市电电压低于 228 V，是不是恒流二极管就不工作呢？并不是，但的确是不恒流了，这时它和 LED 就会达到一个新的平衡点，那就是两者的电压和等于市电电压经过整流后的电压。因为 LED 伏安特性的非线性，所以很难用公式来表示。总之，当市电电压降低时，LED 中的电流就会随市电电压的降低而降低。其亮度也会跟着变暗。但是这时恒流二极管的压降不大，所以并不消耗很多功率，因此效率还是很高的。

LED 的正向压降为 3.3 V，在开机一段时间以后，由于结温的升高，所以正向压降就会降低至 3.1 V 甚至 3.0 V。采用恒流二极管后，其最高效率的确可以做到非常高，是一种值得选用的电源。为了在 220 V 得到最高的效率，应该串联 90 只以上的 LED。

5.3.5 液晶电视机 LED 背光灯驱动电源

液晶电视机已由冷阴极荧光灯（CCFL）背光灯进入到发光二极管（LED）背光灯时代，与 CCFL 背光灯相比较，LED 背光灯具有色域广、外观薄、节能环保、寿命长、对比度和清晰度高、亮度均匀性好、低压驱动等优点。LED 背光灯的主要缺点是在市场价格上没有优势，发光效率低。本节以海尔 LE22T3 液晶电视机中的 MP3388 芯片为例介绍 LED 的背光灯驱动。

1. LED 背光灯驱动芯片 MP3388

由于 LED 导通电压约为 3.3 V，所以 LED 背光模组是一种低压驱动。以如图 5-40 所示的 MP3388 背光模组驱动芯片为例，MP3388 是 DC-DC 变换芯片，输入电压为 4.5～25 V，输出直流电压最高可达 50 V，然后给 LED 供电。MP3388 有 8 路 LED 控制，每一路与电源之间可串接若干只 LED。

MP3388 有 LED 灯短路和开路保护电路。假如某 LED 开路，LED 脚变为低电平（低于 0.21 V），则 MP3388 会认为串灯电压不够，MP3388 会一直提高串灯电压，当串灯电压超过正常工作电压的 1.3 倍时，过压保护启动。假如某 LED 短路，LED 脚变为高电平，当电平超过 5.5 V 时，MP3388 会将短路的串灯断开。

MP3388 有以下三种调光方式。

（1）两次 PWM 波变换调光。将一个 100 Hz～50 kHz 的方波加到 PWM_1 脚，通过芯片内部一个 400 kΩ电阻与 PWM_0 脚的一个电容滤波，在 PWM_0 脚产生直流电压（0.2～1.2 V），然后此直流电压再被调制成一个内部 PWM 波去控制 LED 灯的电流。

（2）直流电压调光码。直接将直流电压（0.2～1.2 V）加到 PWM_0 脚，以调节 LED 工作电流。

（3）直接 PWM 波调光。将 100 Hz～2 kHz 频率的 PWM 波直接加到 PWM_1 或 PWM_0 脚，此时 MP3388 内部会产生一个与输入信号频率相同的内部 PWM 信号来调节 LED 灯的工作电流。

2. MP3388 背光灯驱动电路

LE22T3 液晶电视机采用 LED 背光模组，其驱动电路如图 5-41 所示，共有两个驱动电

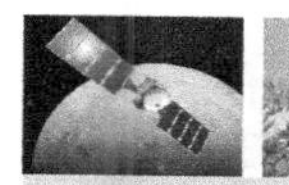

路。驱动电路主要由 MP3388 芯片组成，其功能是将 12 V 直流电压升压到 33 V，然后给 LED 供电，同时通过调整 I_PWM 的占空比来控制亮度。直流电压升压电路由 MP3388 的⑳脚及 L_2、VD_2、C_{16}、C_{17} 组成。

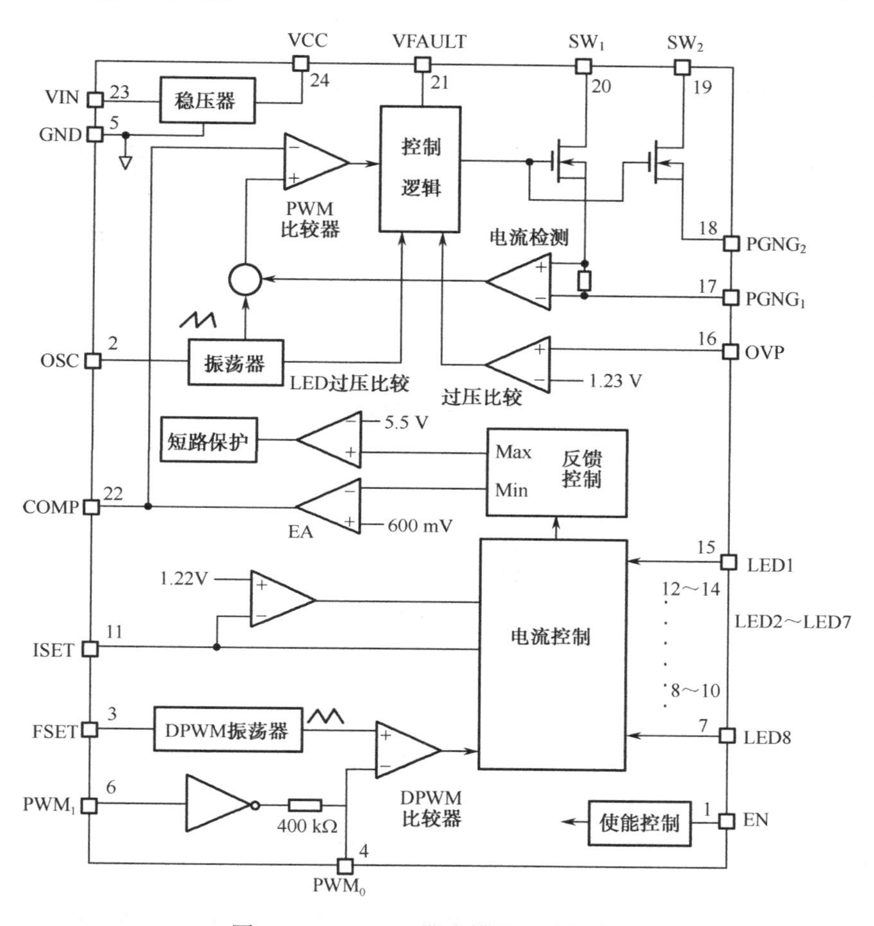

图 5-40　MP3388 背光模组驱动芯片

每次启动时，首先㉓脚输入工作电压，接着开启 EN 脚，即①脚接高电平（大于 2.1 V），㉑脚输出 6 V 直流电压，使外接开关管 M_2 导通，MP3388 开始工作。

MP3388 的⑳脚内部有一只开关管，若开关管导通，则相当于⑳脚接地；若开关管截止，则相当于⑳脚开路。当⑳脚接地时，电流经 M_2、L_2 流入⑳脚，L_2 储存起磁场能量；当⑳脚开路时，L_2 释放磁场能量，即 L_2 两端（右正左负）电压与 12 V 叠加后，经 VD_2 给 C_{16}、C_{17} 充电，在 C_{16}、C_{17} 串联电容上产生 33 V 直流电压，这就是升压工作原理。

驱动电路采用两次 PWM 波变换调光方式，先将一个方波加到 PWM_1 脚，通过 PWM_0 脚的一个 C_{18} 电容滤波，在 PWM_0 脚产生直流电压（0.2～1.2 V），然后此直流电压再被调制成一个内部 PWM 波去控制 LED 灯的电流。

MP3388 的 LED1～LED8 引脚为八路 LED 控制脚，每一路通过 CN_3 插座与+33 V 之间串接 10 只 LED，因此 LE22T3 背光灯共有 160 只 LED。

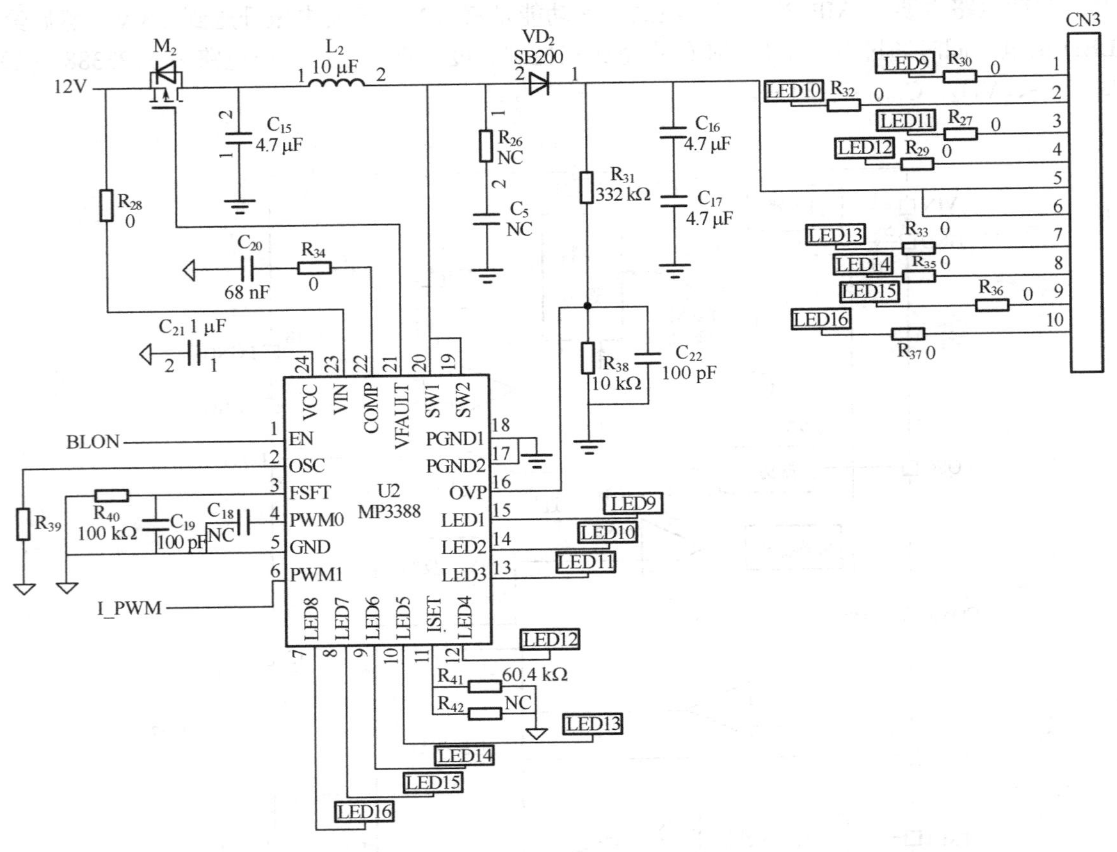

图 5-41　LED 背光模组驱动电路

任务实施 6　18 W LED 日光灯驱动电源制作

本任务是采用 PT4107 芯片设计一款 18 W LED 日光灯驱动电源。PT4107 是一款适用于极宽交流和直流电压输入范围的高效 LED 驱动芯片。PT4107 针对高功率 LED 照明，输入电压既可为传统的 110 V/220 V 交流电压，又可为 18 V 以上到数百伏直流电压的 PWM 恒流控制器。它以独特的电路结构，采用峰值电流检测为大功率 LED 提供恒定的供电电流。另外，PT4107 还为使用者提供良好的调光措施，并为系统提供了安全可靠的过流过温保护，提高了整个系统的可靠性。整体供电效率可达 80%以上，每个 PT4107 可以驱动 30 串并联的 LED 组合，达到了高效低成本的驱动要求。

1. 任务准备

（1）电子产品原理图一份，如图 5-42 所示。
（2）如图 5-42 所示的元件，实验板（应包括任务要求所需的元件）。
（3）每组配备示波器和数字式万用表各一只。
（4）元件手册。

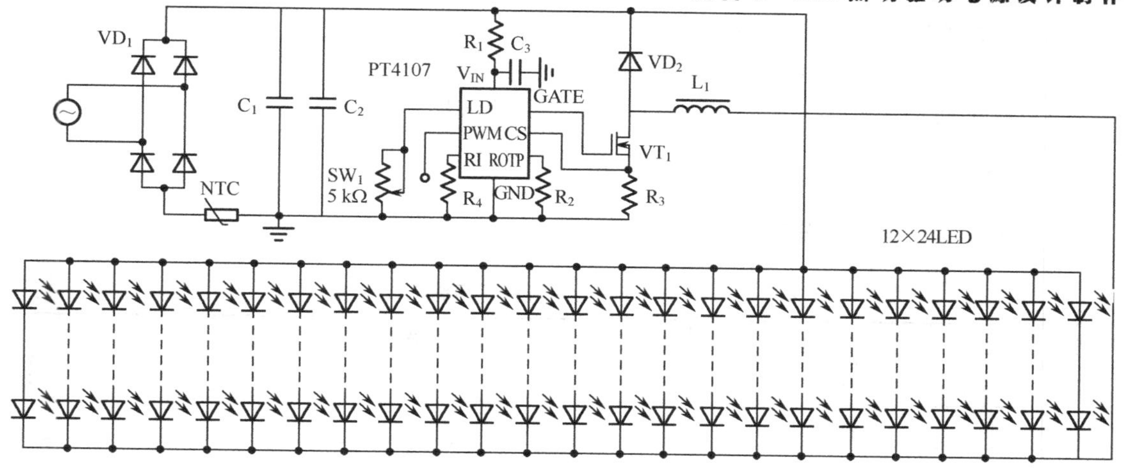

图 5-42 18 W LED 日光灯驱动电路

2. 元件测试

根据原理图查阅资料，通过万用表电阻挡分别对元件进行测试。

（1）测试二极管 VD_1、VD_2 的质量。

（2）测试功率管 VT_1、LED 驱动芯片 PTO107 的质量。

（3）测试各电阻、电容的质量。

（4）测试各发光二极管 LED 的特性。

3. 元件装配

在印制线路板上进行 18 W LED 日光灯驱动电路装配，18 W LED 日光灯实物图如图 5-43 所示。

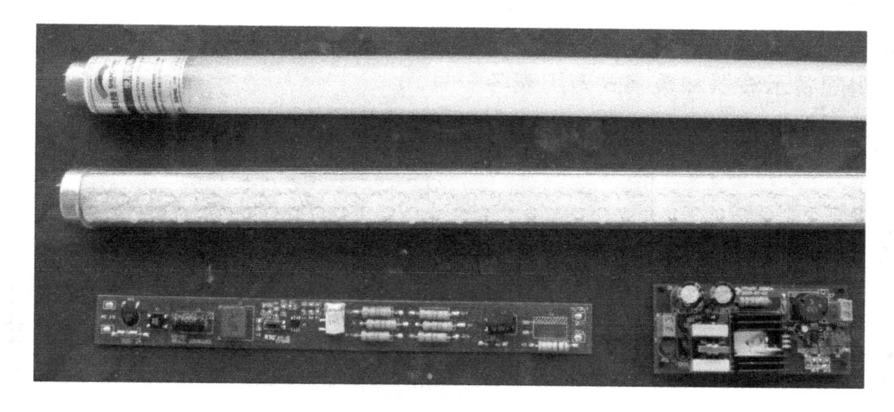

图 5-43 18 W LED 日光灯实物图

4. 日光灯测试

（1）测试桥式整流后的直流电压。

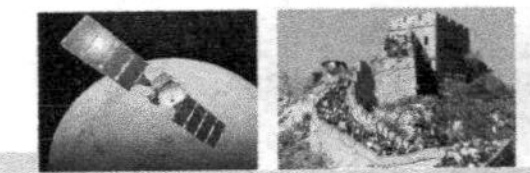

（2）测试 PT4107 芯片各引脚电压。

（3）测试 LED 驱动电压。

（4）测试功率管 VT_1 各引脚平均直流电压、交流波形。

5．评分

按照表 5-2 中各个评分项目，对 18 W LED 日光灯制作与测试进行评分。

表 5-2　18 W LED 日光灯制作与测试评分表

序　号	项 目 内 容	结果（或描述）	得　分
1	布局规划		
2	安装工艺		
3	布线合理性		
4	桥式整流输出电压		
5	PT4107 测试		
6	功率管 VT_1 测试		
7	LED 日光灯通电使用		

任务实施 7　22 W LED 吸顶灯驱动电源制作

本任务是采用 PT4107 芯片设计一款 22 W LED 吸顶灯驱动电源。通过制作与调试，进一步掌握 LED 照明驱动电源的特点，掌握 LED 照明驱动电源结构与工作原理，掌握常用 LED 照明驱动芯片及其应用。

1．任务准备

（1）电子产品原理图一份，如图 5-44 所示。

（2）如图 5-44 所示的元件，实验板（应包括任务要求所需的元件）。

（3）每组配备示波器和数字式万用表各一只。

（4）元件手册。

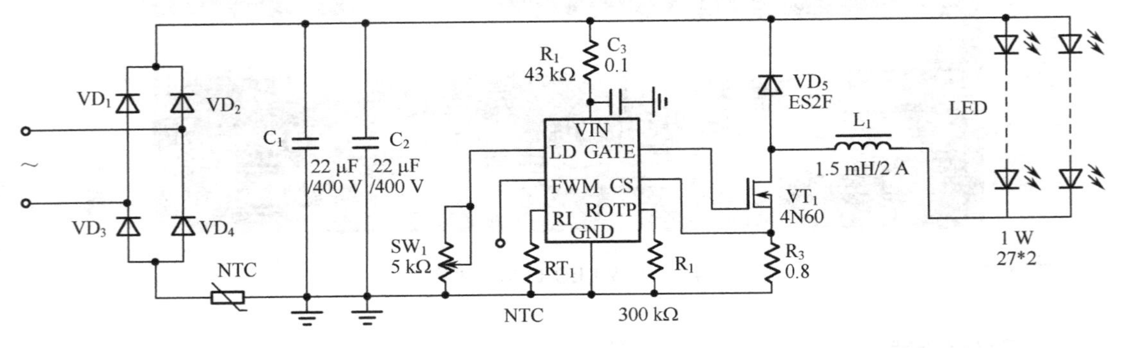

图 5-44　22 W LED 吸顶灯驱动电路

2. 元件测试

根据原理图查阅资料，通过万用表电阻挡分别对元件进行测试。
（1）测试二极管 VD_1～VD_5 的质量。
（2）测试功率管 VT_1、LED 驱动芯片 PT4107 的质量。
（3）测试各电阻、电容的质量。
（4）测试各发光二极管 LED 的特性。

3. 元件装配

在印制线路板上进行 22 W LED 吸顶灯驱动电路装配，22 W LED 吸顶灯驱动电路实物图如图 5-45 所示。

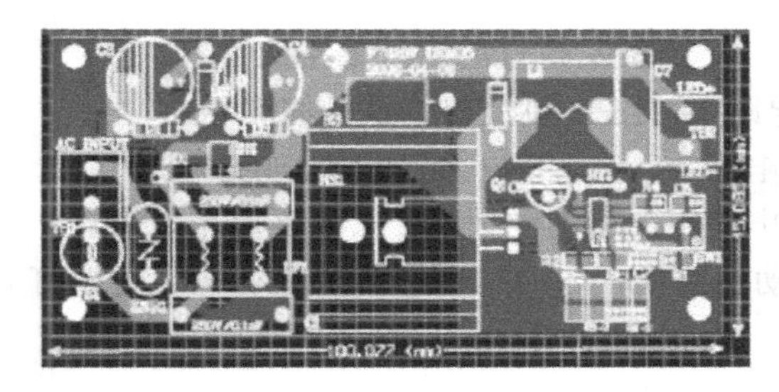

图 5-45　22 W LED 吸顶灯驱动电路实物图

4. 吸顶灯测试

（1）测试桥式整流后的直流电压。
（2）测试 PT4107 芯片各引脚电压。
（3）测试 LED 驱动电压。
（4）测试功率管 VT_1 各引脚平均直流电压、交流波形。

5. 评分

按照表 5-3 中各个评分项目，对 20 W LED 吸顶灯制作与测试进行评分。

表 5-3　20 W LED 吸顶灯制作与测试评分表

序　号	项 目 内 容	结果（或描述）	得　分
1	布局规划		
2	安装工艺		
3	布线合理性		
4	桥式整流输出电压		
5	PT4107 测试		
6	功率管 VT_1 测试		
7	LED 吸顶灯通电使用		

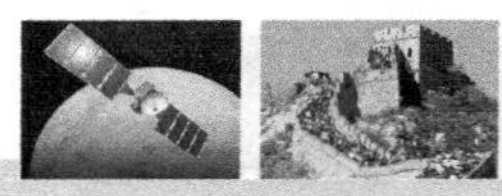

思考与练习 5

1．LED 照明是今后照明灯具的发展方向，为什么？

2．照明 LED 与普通 LED 在参数方面有什么区别？

3．对 LED 照明驱动有哪些要求？

4．在 LED 照明使用中，LED 的排列方式有几种？分别有什么特点？

5．是否可以直接用一个稳压电源驱动 LED 照明灯？为什么？

6．LED 照明的交流驱动有何特点？

7．本项目介绍了 LED 驱动芯片 PT4115、PAM2861、AMC7150、CAT4201、M3402/3404，请总结一下这些芯片内部结构有何共同点？

8．PT4115 LED 驱动电源有什么特点？画出一个 3 W 射灯的驱动电路。

9．在如图 5-32 所示的 LED 日光灯驱动电路中，LED 过流保护是如何实现的？

10．在如图 5-32 所示的 LED 日光灯驱动电路中，无源 PFC 是如何实现的？

11．在如图 5-32 所示的 LED 日光灯驱动电路中，反馈控制为什么要采用光电耦合？

12．在如图 5-32 所示的 LED 日光灯驱动电路中，C_7 两端的 LED 驱动电压是如何形成的？

13．什么是恒流二极管，它的伏安特性有何特点？

14．采用恒流二极管驱动 LED 照明，有何优点？

15．在如图 5-41 所示的 LED 背光模组驱动电路中，12 V 电压是如何被升高到 33 V 的？

16．若对如图 5-41 所示的 LED 背光灯驱动电路进行调光控制，如何实现？

项目6

电池充电器设计制作

通过对手机万能充电器、电动车电池充电器的设计与制作，掌握电池充电的特点及过程，能够初步掌握各类充电器的电路结构、工作原理、制作与调试方法。

【知识要求】

（1）掌握电池充电的特点及过程。

（2）了解充电电池的类型与充电器类型。

（3）了解充电电池及充电器的一些专用名词。

（4）掌握数码相机充电器电路特点、结构与工作原理。

（5）掌握手机充电器电路特点、结构与工作原理。

（6）掌握电动车充电器电路特点、结构与工作原理。

【能力要求】

（1）能正确选用电池充电器。

（2）能正确使用电池充电器。

（3）能设计、制作简易电池充电器。

（4）能调试、测试电池充电器电路。

6.1 充电电池的特点及充电方法

充电电池，是充电次数有限的可充电电池，配合充电器使用。市场上一般有 5 号、7 号充电电池，但是也有 1 号充电电池。充电电池的好处是经济、环保、电量足、适合大功率、长时间使用的电器（如随身听、电动玩具等）。充电电池的电压值比型号相同的一次性电池低，AA 电池（5 号充电）是 1.2 V，9 V 充电电池实际上是 8.4 V。充电电池一般充电次数在 1 000 次左右。

6.1.1 充电电池的类型与特点

1. 充电电池类型

充电电池目前只有五种：镍镉、镍氢、锂离子、锂聚合物、铅酸电池。

1）镍镉（Ni-Cd）

电压，1.2 V；使用寿命，500 次；放电温度，-20°～60°；充电温度，0～45°。

2）镍氢（Ni-MH）

电压，1.2 V；使用寿命，1 000 次；放电温度，-10°～45°；充电温度，10°～45°。备注：目前国产 5 号电池最高容量是 3 000 mA · h 左右。

3）锂离子（Li-lon）

电压，3.6 V；使用寿命，500 次；放电温度，-20°～60°；充电温度，0～45°。备注：质量比镍氢电池轻 30%～40%，容量高出镍氢电池 60%以上。但是不耐过充，如果过充会造成温度过高而破坏结构（爆炸）。

4）锂聚合物

电压，3.7 V；使用寿命，500 次；放电温度，-20°～60°；充电温度，0～45°。备注：锂电池的改良型，没有电池液，而改用聚合物电解质，可以做成各种形状，比锂电池稳定。

5）铅酸电池

电压，2 V；使用寿命，200～300 次；放电温度，0～45°；充电温度，0～45°。备注：就是一般车用电瓶（它是以 6 个 2 V 串联成 12 V 的），免加水的电池使用寿命长达 10 年，但体积和容量是最大的。

2. 充电电池的特点

（1）镍镉：有记忆效应，容量小。
（2）镍氢：记忆效应小，容量大。

（3）锂离子：无记忆效应，身薄，容量大，因电极材料不同，电动势为3.6 V、3.7 V两种。锂电池的性能是现有各类电池中最好的一种，体积小、质量轻、容量大。广泛用于数码相机、笔记本电脑、手机等电子产品中。

（4）锂聚合物：电力更足，更安全，也更轻，是未来电动车的主要发展方向。

（5）铅酸电池：电动势约为 2 V，铅酸电池可以反复充电使用，电解液是硫酸溶液，内阻很小，广泛用于汽车、摩托车中。

注：一般同种类型的充电电池，容量越大，体积越大，质量也越大。

6.1.2 电池充电的专用名词

电池充电的专用名词如下。

（1）电池容量。用单位 A · h（安时）、mA · h（毫安时）表示。由电流单位和时间单位的乘积构成，代表电池在恒定电流下持续放电时间的乘积。在小型电池中常使用更小的单位 mA · h（毫安时）表示。例如，一节理想充满电的电池用 60 mA 电流放电可以持续10 h，将放电电流与时间相乘就知道这节电池的容量是 600 mA · h，理论上如果将它用在600 mA 放电的场合可以使用 1 h（用电池容量除以放电电流）。

（2）充电率（C-rate）。C 是 Capacity 的第一个字母，用来表示电池充放电时电流的大小数值。例如，充电电池的额定容量为 1 000 mA · h 时，即表示以 1 000 mA（1C）放电，时间可持续 1 h；如以 200 mA（0.2C）放电，时间可持续 5 h，充电也可按此对照计算。

（3）终止电压。指电池放电时，电压下降到电池不宜再继续放电的最低工作电压值。根据不同的电池类型及不同的放电条件，电池放电的终止电压也不相同。规定终止电压一般都要随放电电流的增大而减少。以 1.2 V、800 mA · h 镍氢电池为例，若采取 40 mA（20小时率）的放电电流，它的放电终止电压一般设定在 1.15 V；若采取 80 mA（10 小时率）的放电电流，则它的放电终止电压就要设定在 1.10 V 了。

（4）开路电压。电池不放电时，电池两极之间的电位差被称为开路电压。电池的开路电压会依电池正、负极与电解液的材料而异，如果电池正、负极的材料完全一样，那么不管电池的体积有多大，几何结构如何变化，其开路电压都是一样的。

（5）放电深度。在电池使用过程中，电池放出的容量占其额定容量的百分比，称为放电深度。放电深度的高低和二次电池的充电寿命有很大的关系，当二次电池的放电深度越深，其充电寿命就越短，因此在使用时应尽量避免深度放电。

（6）过度放电。电池若是在放电过程中超过电池放电的终止电压值，还继续放电时就可能会造成电池内压升高，正、负极活性物质的可逆性遭到损坏，使电池的容量产生明显减少。

（7）过度充电。在充电过程中电池的电压会随着储存电量的增加而逐渐上升，当电池储存的电量达到饱和电极材料无法继续充电时，若继续充电则电解液会起电解，并且在阳极产生氧气，在阴极产生氢气，如此会在密封的电池内部造成内部压力上升，会对电池内部结构造成破坏，这种现象称为过度充电。

（8）能量密度。电池的平均单位体积或质量所释放出的电能。一般在相同体积下，锂离子电池的能量密度是镍镉电池的 2.5 倍，是镍氢电池的 1.8 倍，因此在电池容量相等的情

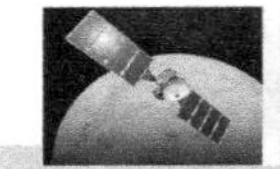

况下，锂离子电池就会比镍镉、镍氢电池的体积更小，质量更轻。

（9）自我放电。指电池不管在有无被使用的状态下，由于各种原因，都会引起其电量损失的现象。若是以一个月为单位来计算，锂离子电池自我放电约是1%～2%，镍氢电池自我放电约3%～5%。

（10）循环寿命。充电电池在反复充放电使用下，电池容量会逐渐下降到初期容量的60%～80%。

6.1.3 电池充电的正确方法

充电电池的充电问题一直是人们关心的焦点，正确良好的充电方法可以确保电池的寿命。充电电池推荐的充电方法多种多样，不同的充电方法对充电器的线路有不同的要求，自然也影响到成本。

（1）记忆效应。记忆效应是充电电池的一大天敌，一般认为是长期不正确的充电导致的，它可以使电池早衰。记忆效应可使电池无法有效充电，出现一充就满，一用就完的现象。防止电池出现记忆效应的方法是确保电池“充足放光”的原则，也就是说在充电前最好将电池内残余电量放光，充电时要一次充足。通常镍镉电池容易出现记忆效应，因此充电时要特别注意，镍氢电池理论上没有记忆效应，但最好也遵循“充足放光”的原则，这也就是很多充电器提供放电附加功能的原因。对于由于记忆效应作怪出现容量下降的电池，可以通过一次性充足再一次性放光的方法反复数次，大部分电池都可以得到修复。对于一些搁置时间久远，失去活性的电池可以尝试用大电流冲击的方法试图击活。

（2）电池充电时间。电池容量除以充电电流可得到充电时间。考虑充电过程中的损耗，因此将计算得到的充电时间再乘以1.2这个常数。

（3）慢充。对于镍镉和镍氢电池最常用的简单充电方法是利用10%C恒流充电，又被称为“慢充”，即按照电流容量数值的10%确定充电电流，如一节标称容量500 mA · h的电池，建议的充电电流为50 mA；又如一节标称容量1 300mA · h的电池，建议的充电电流为130 mA。在此电流下连续充电12～15 h就可以视为充满。虽然建议使用恒流充电但要求并不严格，电流允许有较大波动，因此按照此方法制作的充电器结构非常简单，一般只需要一个将220 V市电转换成适当低压的变压器、用于整流的二极管、用于限流的电阻及一些发光二机管等装置，成本非常低，市面上绝大部分独立常规充电器都采用这种方式，只不过外形不同罢了。“慢充”虽然比较简单，但是充一次电要等待十多个小时，时间较长。

（4）快充。电池厂商也允许用户在急需时用30%C的电流给电池充电4～5 h，称为“快充”，不过不建议常用，理论上快充对电池有轻微的损害。因此，大部分常规充电器都有“快充”和“慢充”两挡，并建议用户使用“慢充”。在很多情况下用户需要对电池进行快速、有效、安全的充电，而快速充电需要使用较大的电流。电池在大电流充电过程中会出现极化效应，使电池发热，而且当大电流充电电池充满后，如果不及时停止，电池会迅速发热，严重时可导致电池烧毁和爆炸。因此要求快速充电器具备充满自停的功能，同时也要解决极化效应，使充电高效安全。早期的快速充电器采用简单的定时充电，不过此类

充电器针对性强，充电效果也不令人满意。现代的充电器采用专用的充电控制 IC，以高频脉动电流给电池充电以解决极化效应，通过检测电池$-\Delta V$准确判断电池是否充满，并提供温度保护等保护措施和放电等附加功能。不过这种充电器结构比较复杂，成本也比较高，一般多用于手机、对讲机等高档通信设备及电器。

6.2　常用简单充电器电路

随着使用电池供电的各种便携式电子产品的大量涌现，电池充电电路的应用也越来越普遍。早期的电池充电电路比较简单，只需变压器配合二极管整流即可满足要求。现代数字电子产品和微电脑应用产品大量出现后，对电池充电电路也提出了微型化、自动化和智能化等多方面的要求。

6.2.1　简易电池充电器

1. 最简单的电池充电电路

最简单的电池充电电路如图 6-1 所示。220 V 交流电经变压器降压、二极管桥式整流、电容 C 滤波后，产生电池充电所需的直流电压。电阻 R 起限制充电电流大小的作用，稳压管 VD_Z 保证电池两端的电压不超过最大规定电压。

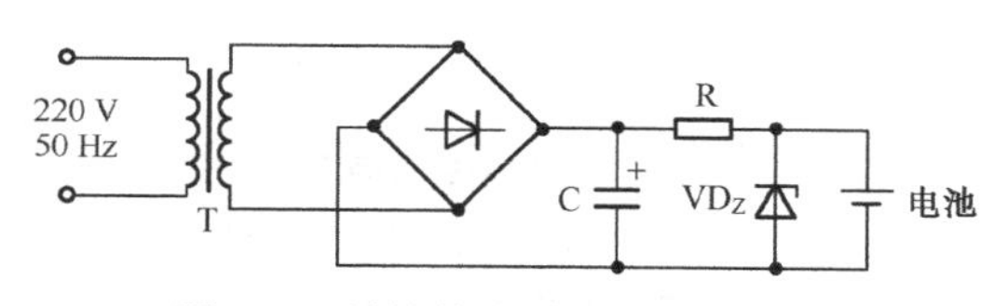

图 6-1　最简单的电池充电电路

2. 具有限压功能的充电电路

具有限压功能的充电电路如图 6-2 所示。VT_2 为充电电流源。发光二极管 VD_1 和 VD_2 将 VT_2 的基极电压稳定在 3 V，同时作为充电指示。当电池上的总电压接近于 R_1 两端的电压值时，VT_1 开始起限压作用，即 VT_1 电流开始减小，并引起 VT_2 电流开始减小。按图中元件数值，开始充电时电流为 260 mA；当电池电压达到 5 V 时，充电电流降到 200 mA；当电池电压达到 6.5 V 时，充电电流几乎为零。

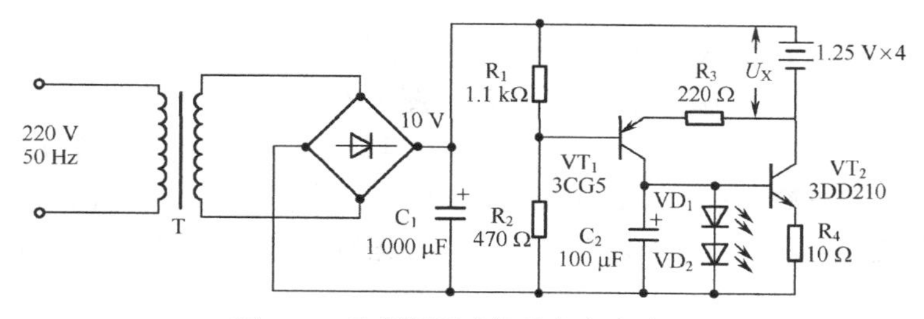

图 6-2　具有限压功能的充电电路

6.2.2 纽扣电池、剃须刀、USB 充电器

1. 纽扣电池充器

纽扣电池（Button Cell）也称扣式电池，是指外形尺寸像一颗小纽扣的电池。纽扣电池因体形较小，故在各种微型电子产品中得到了广泛的应用。纽扣电池虽然价格便宜，但用过一次后是可以充电的。一般石英表的电池型号是 AG1，直径 6.8 mm，厚 2.15 mm，容量为 15 mA · h。液晶电子表的电池型号是 AG3，直径 7.9 mm，厚 3.6 mm，容量为 40 mA · h。一般说来，石英表和液晶电子表的使用电流为 2～3 μA，因此充一次电，可以用半年左右。

给纽扣电池充电，可按电池容量的十分之一计算，则 AG1 和 AG3 的充电电流分别为 1.5 mA 和 4.0 mA。实践证明，纽扣电池的充电电压应控制在 1.8 V 左右。为此，设计一个纽扣电池充电电路如图 6-3 所示。

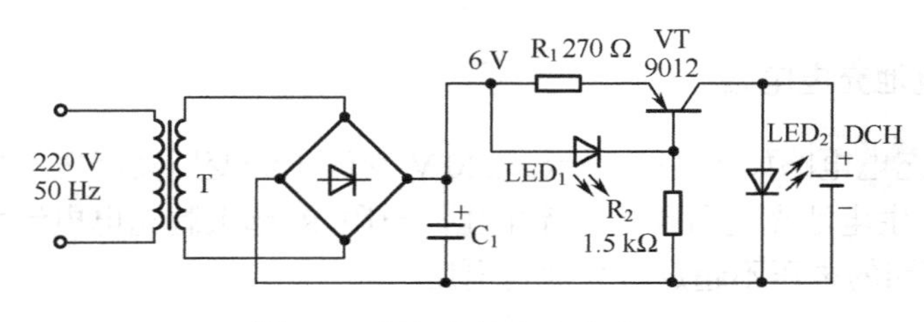

图 6-3　纽扣电池充电电路

VT、LED_1 及 R_1 组成恒流源电路，使充电电流值与电池电压值几乎无关，它取决于 LED_1 的稳压值和电阻 R_1 的阻值，约为（U_Z-U_{BE}）/R_1。该恒流充电电路适用于不同电压值的纽扣电池，电路中三极管的β 值以大于 50 为佳。LED_2 为充电电压限制元件，充电时因电池电压低于 LED_2 的导通电压，所以 LED_2 不发光；当电池电压达到 LED_2 的初始导通电压后，LED_2 开始发光，随着电池电压的增加，LED_2 的亮度也逐渐增加。因为是恒流充电，这时充电支路的电流逐渐减小，LED_2 支路的电流逐渐增加。当电池电压达到 1.8 V 左右时，电流全部通过 LED_2。

LED_2 的选择：在最大充电电流（如 4 mA 的 AG3 充电）状态下，LED_2 的两端电压应小于或等于 1.8 V。

2. 剃须刀充电器

剃须刀要求充电器体积小，便于安装在剃须刀内部，常用的方法是采用电容器降压式的充电电路。剃须刀充电器电路如图 6-4 所示，图中 C_1 是降压电容，在 50 Hz 交流电下 C_1 的容抗约为 14.5 kHz，相当于一只 14.5 kHz 的电阻串联在桥式整流器 VD_1～VD_4 与市电之间。因此，即使整流器输出端短路，电路最大电流也仅为 15 mA，整流电路的输出电流远不能满足对一节镍镉电池充电的要求。利用电容器降压没有损耗，且基本上不发热的特点，对功耗较小的变换器作为降压使用是极为方便的。

由 VT_1 和开关变压器 T 组成直流变换电路，以降低输出直流电压，同时达到提高次级

充电电流的目的。在开关管 VT_1 导通前，整流电路是空载，整流后电压为 220×0.9 V。接通电源瞬间，整流后直流电压经 L_1 加到 VT_1 集电极，并经 R_2 给 VT_1 基极提供启动电流，使 VT_1 导通。正反馈绕组 L_2 使 VT_1 工作在饱和、截止、再饱和、再截止不断循环的开关工作状态。于是在 L_3 绕组产生感应脉冲，经 VD_5 整流产生 1.6 V 直流电压给 1.2 V 镍镉电池充电。由于 C_1 容抗的限制作用，所以使其有恒流充电效果。R_3 可以调节 VT_1 的最大导通电流，使 VT_1 的平均电流为 10 mA。

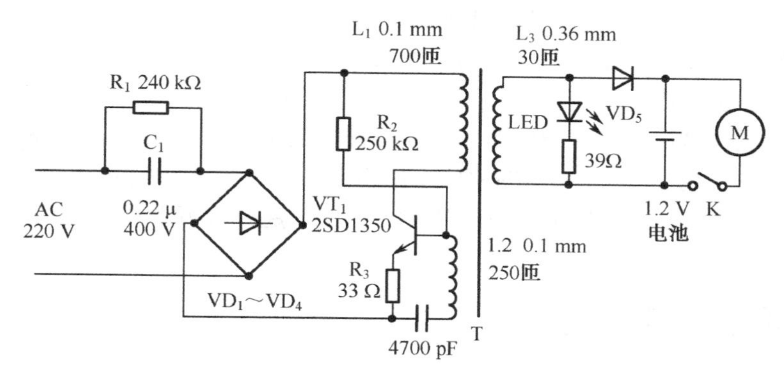

图 6-4　剃须刀充电器电路

如果 VT_1 集电极平均电流为 10 mA，则加到 VT_1 集电极的整流电压为 38 V 左右，开关管 VT_1 最大可输出约 0.38 W 的功率向开关变压器存储磁场能量，经过开关变压器降压为 1.6 V，则次级最大电流可达 230 mA 左右，足以满足充电的要求。

3．USB 充电器

对于 MP3、MP4 一类的数码产品，这些数码产品内置了锂电池，因此只需要给设备充电就可以反复使用。计算机的 USB 接口上提供了+5 V 的电压输出，于是许多 MP3、MP4 都会配一条 USB 线，通过与计算机的 USB 接口连接，便可完成其内置电池的充电。如图 6-5 所示是 USB 充电器电路原理图。

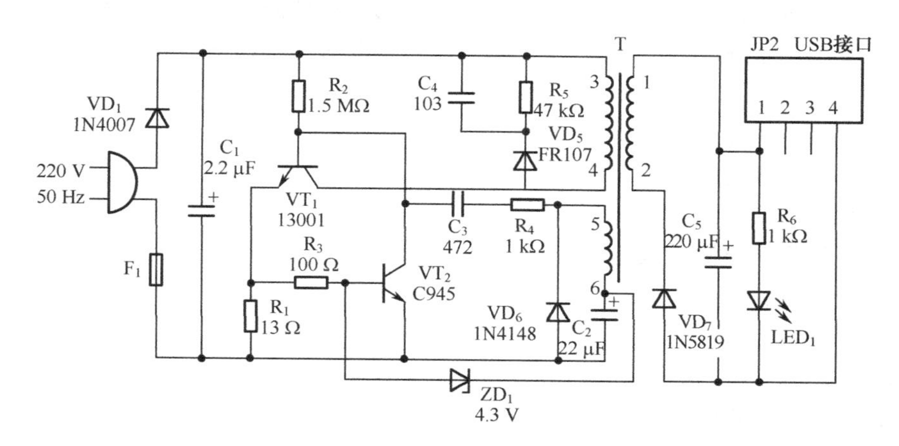

图 6-5　USB 充电器电路原理图

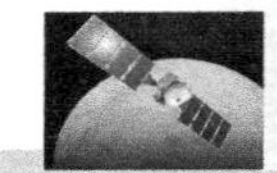

220 V 的交流电通过二极管 VD_1 和电容 C_1 的整流滤波后，在 C_1 会有 300 V 左右的直流电压产生。经电阻 R_2 后给开关管 VT_1 的基极提供启动电流，VT_1 导通后，其集电极在变压器 T_1 的初级线圈 3～4 绕组产生电流，从而 T_1 的次级线圈 5～6 绕组会产生感应电压，T_1 的另一个次级线圈 1～2 绕组也产生感应电压。这两个次级是两个互相独立但匝数相同的线圈。其中线圈 1～2 绕组的输出由二极管 VD_7 和电容 C_5 进行整流和滤波，最后通过 USB 插座 JP2 给负载充电。T_1 的线圈 5～6 绕组与电容 C_3、电阻 R_4 组成开关管 VT_1 的正反馈电路，让 VT_1 处于高频振荡，以便不停地使线圈 3～4 绕组产生脉冲电流。

若负载阻抗发生变化使输出电压升高，经线圈 5～6 绕组、稳压二极管 ZD_1 取样比较，使三极管 VT_2 导通，则 VT_1 基极电流减小，集电极电流也减小，从而使电路负载能力变小，降低输出电压，这样起到了稳压的作用。另外，电容 C_4、电阻 R_5、二极管 VD_5 组成了击穿保护电路，防止线圈 3～4 绕组的感应电压将 VT_1 击穿。当 VT_1 电流过大时，R_1 上的电压降增大，会使 VT_2 导通，VT_1 基极电流被 VT_2 分流，起到过流保护作用。

6.3 数码相机充电器电路

6.3.1 索尼 F707 型数码相机充电器

索尼 F707 型 500 万像素数码相机，机内只能用容量为 1 180 mA · h 的 FM50 锂电池，理论上可拍摄时间约为 2.5 h。下面介绍与数码相机 F707 配套的交流适配器，交流适配器的特性是：输入交流电压 AC 100～240 V、23 W；输出电压 8.4 V，输出电流 1.5 A。

1. KA7552 的内部电路框图

充电器是典型的开关电源电路，使用了新型集成电路 KA7552。KA7552 的内部电路框图如图 6-6 所示，集成电路 KA7552 内部包括脉冲电流限幅保护、开关控制外触发、软启动和过流过压保护电路，具有低保持电流（90 μA）、宽工作频率范围（5～600 kHz）。当⑦脚外接电容为 360 pF 时，典型工作频率为 135 kHz。KA7552 的最大占空比是 70%，最大工作电压可达 30 V，输出电流峰值为±1.5 A，可直接驱动 MOS 功率场效应管，总功耗 800 mW。

KA7552 各引脚功能如下。

① 脚：外接振荡定时电阻。

② 脚：稳压反馈控制。

③ 脚：过流保护检测输入。

④ 脚：接地脚。

⑤ 脚：开关脉冲输出。

⑥ 脚：供电脚。

⑦ 脚：外接振荡定时电容。

⑧ 脚：外接滤波电容。

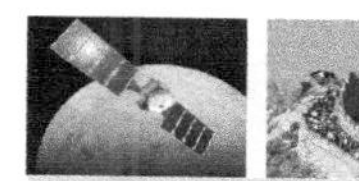

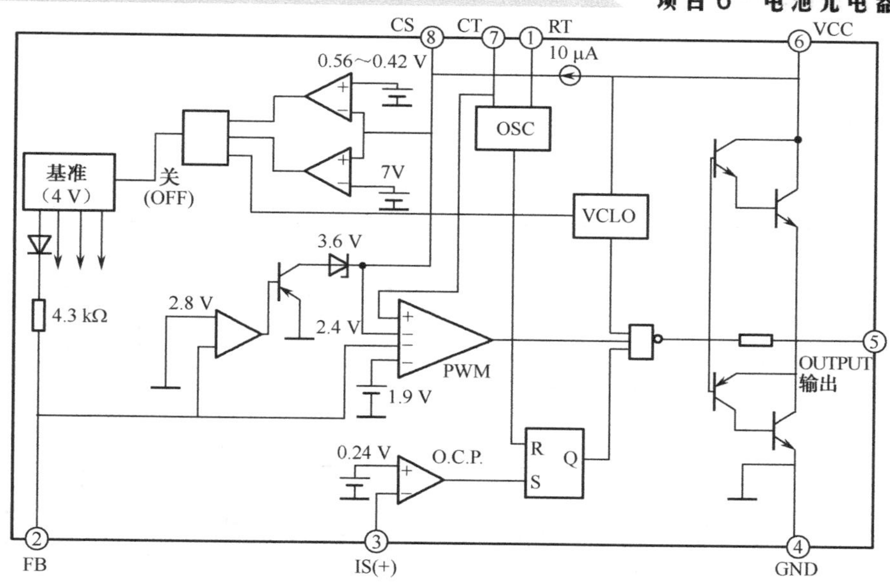

图 6-6　KA7552 的内部电路框图

2. 充电器电路

由 KA7552 芯片组成的索尼 F707 型数码相机充电器电路如图 6-7 所示。

电路的工作过程如下：当输入交流电源为 100～240 V 时，交流整流得到 150～300 V 高压在 C_{107} 上。在电路未开始工作前，由 R_{102} 和 R_{103} 提供 IC_1（KA7552）的启动电流在⑥脚上，一旦电路启动后，IC_1 的工作电源由开关变压器 T 的绕组 L_3 通过 VD_{107} 整流，C_{108} 滤波，提供电源以维持电路的正常工作。

KA7552 启动工作后，由⑤脚输出开关脉冲，经 R_{108}、R_{127}、L_{103} 驱动 VT_1 工作在开关状态。VT_1 脉冲电流流过开关变压器 T 的绕组 L_1，产生感应电压耦合到 T 的绕组 L_2、L_3。绕组 L_2 中的感应电压经 VD_{201} 整流、C_{201}、L_{201}、C_{203} 滤波，产生 8.4 V 充电电压。另外由 VD_{202}、C_{205} 滤波产生的直流电压给控制集成电路 IC_2 和稳压集成电路 IC202 供电，IC202 使用精密基准稳压源 TL431，它将 K 极和 R 极相连成 2.5 V 稳压源，通过 R_{224} 和 R_{204} 为 IC_{2-2} 和 IC_{2-1} 提供基准比较电压。

输出电压的稳定过程如下：R_{230}、R_{231}、VR_{201} 组成对充电电压的取样电路，取样电压加到 IC_{2-2} 的⑥脚。当输出电压因输出电流增加等原因下降时，IC_{2-2} 的⑥脚电压也下降，而 IC_{2-2}⑤脚电压却稳定在 2.5 V 基准电压上，输出端⑦脚为高电平，这样一来，流过光电耦合器 PC101 发光管的电流减少，通过 IC_1 的②脚控制，使内部振荡波形的占空比增加，使输出电压增加。当输出电压增加时，则上述过程相反。当输出电压过高时，VD_{204} 将击穿，IC_{2-1} 的③脚电压升高，①脚为高电平，使 VT_{201} 导通，流过光电耦合器 PC101 的电流增加，通过 IC_1 的②脚控制，使内部振荡波形的占空比减小，使输出电压下降，起到过压保护作用。

输出稳定电压的调节是通过微调 VR_{201} 来实现的。R_{201} 是过流取样电阻，它的作用是当输出电流增加较多时，在 R_{201} 上的电压是左负右正，此电压加在 IC_{2-1} 的②、③脚之间，也使①脚为高电平，并使 VT_{201} 导通，通过 PC101 和 IC_1 使输出电压下降，以减小输出电流。

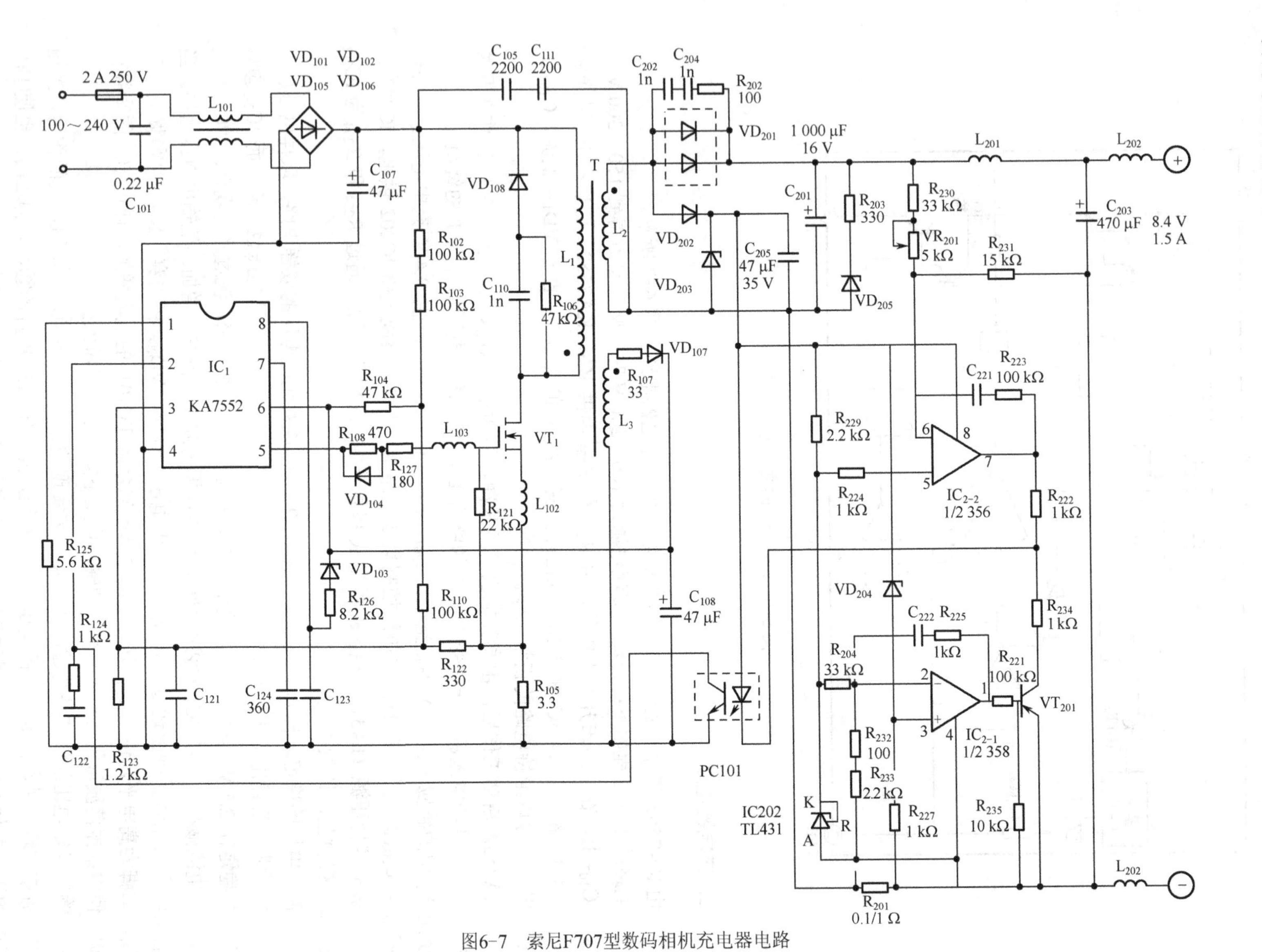

图6-7 索尼F707型数码相机充电器电路

3. 外接电池电源

外接电池电源的电路如图 6-8 所示，可在交流适配器的适当位置安装一个两芯插座，并在电源输出端打“×”处切断铜箔板，按如图 6-8 所示的电路接好。为防止电池反接，在电路中串联一只二极管 VD，宜选用电流为 1.5～3 A 的二极管，由于索尼 F707 数码相机的锂离子电池额定电压是 7.2 V，所以外接电池宜采用 8.4～9.6 V 的可充电池，如用 9.6 V 的可充电池，串联二极管可用两只。由于数码相机属贵重物品，所以在外接电池电源时应格外小心仔细，安装前后要反复查看无误，才能通电测试，最好在电路中串联一只 500 mA 左右的直流电流表，以便及时观察充电电流的大小。

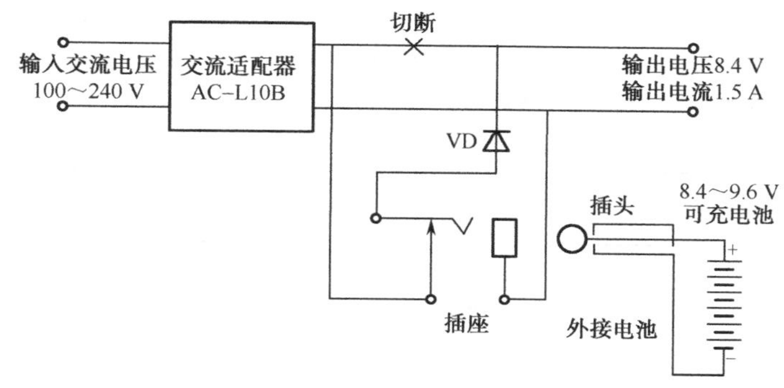

图 6-8 外接电池电源的电路

外接电池在电量充足时，给数码相机机内电池充电的电流可达 500 mA，待外接电池电量减少后，充电电流会逐渐减小，因此这种充电方式是一种应急措施，不宜长期使用。

当机内电池因电压过低而强迫关机时，插上外接电池电源就可以马上进行拍摄，拍摄结束关机后就继续充电，这将是非常方便的，外接电池和交流适配器放在挎包里，仅将充电电线露在外面，与某些摄录像机的做法类似。

6.3.2 尼康 MH-61 数码相机充电器

尼康 MH-61 型充电器专为 EN-EL5 型锂电池充电使用，适用于尼康 COOLPIXS10/P5000、P3/P4/7900/5900/5200/4200/3700 等数码相机。其输入参数是 AC 100～200 V、50/60 Hz，0.12～0.08 A。输出参数是 4.2 V/0.95 A。

1. VIPER12A 的内部电路框图

尼康 MH-61 型充电器主要由 VIPer12A 开关电源专用芯片组成。VIPer12A 芯片内部电路框图如图 6-9 所示。

VIPer12A 是一个单封装的产品，在同一颗芯片上整合了一个专用电流式 PWM 控制器和一个高压功率场效应 MOS 晶体管。这种方法可以减少组件数量，降低系统成本，简化电路板设计。

VIPer12A 产品有以下特性。

（1）自动热关断。

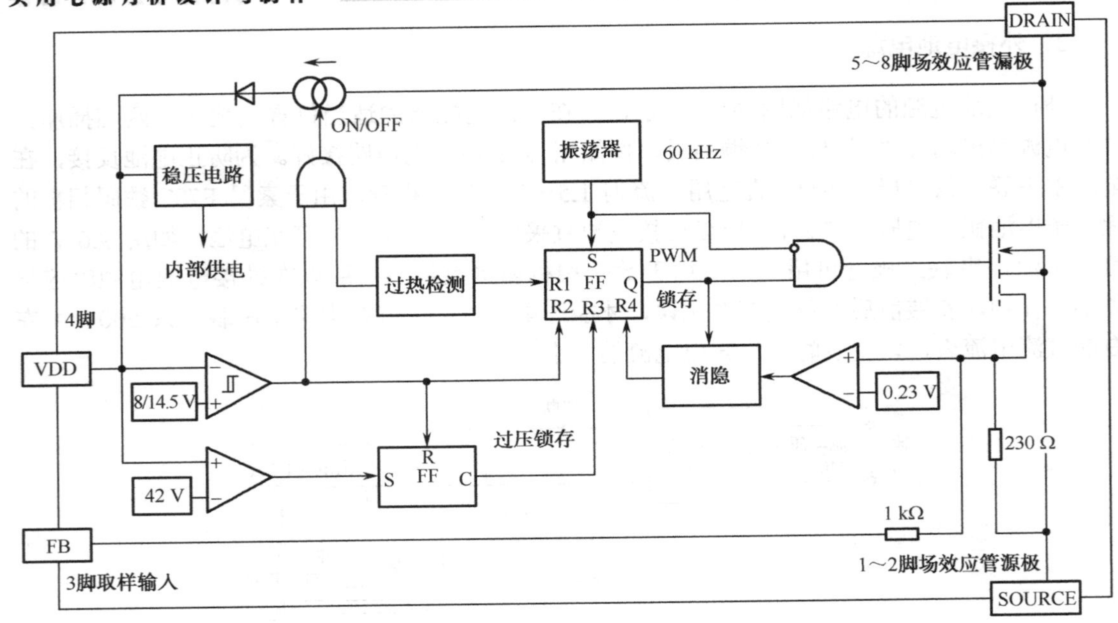

图 6-9　VIPer12A 内部电路框图

（2）高压启动电流源。

（3）输入交流电压范围：AC 85～265 V。

（4）输出 112 V。

（5）输出 25 V/400 mA。

（6）纹波电流小于 50 mA 连续电流。

（7）输出电流（12 V 和 5 V）600 mA 峰值电流，小于 5 min。

（8）待机功耗小于 1 W。

2. 充电器 AC/DC 变换电路

尼康 MH-61 型充电器电路如图 6-10 所示。充电器电路由两部分组成，第一部分是 AC/DC 转换电路，此电路主要由 IC0l、IC03、IC04、T_1、VD_3 等元件构成，功能是将输入的市电转换成相对稳定的直流输出电压，供充电使用，同时为充电监测控制部分提供工作电源。第二部分是充电监测及控制部分。该部分电路主要由 IC02、IC05、VT_4、VR_1 及充电指示 LED 构成。其功能是监视被充电电池是否充满及充电电流切换控制。

充电器接入交流电源后，市电经过保险电阻 R_2 限流，然后再经整流桥 BD 整流、C_2 滤波后得到约+300 V 的直流电压，并通过开关变压器 T_1 的 N_1 绕组直接送到 IC01 的⑤～⑧脚，IC01 内部供电电路及振荡电路开始工作。

IC01（VIPer12A）是新型智能电源集成电路，该集成电路内置了场效应开关管、60 kHz 脉宽调制器、智能调整电路及过流、过热、过压保护电路，而且外围电路简洁，并且不需要设置启动电路，具有输入电压范围宽、输出电压稳定的优点。

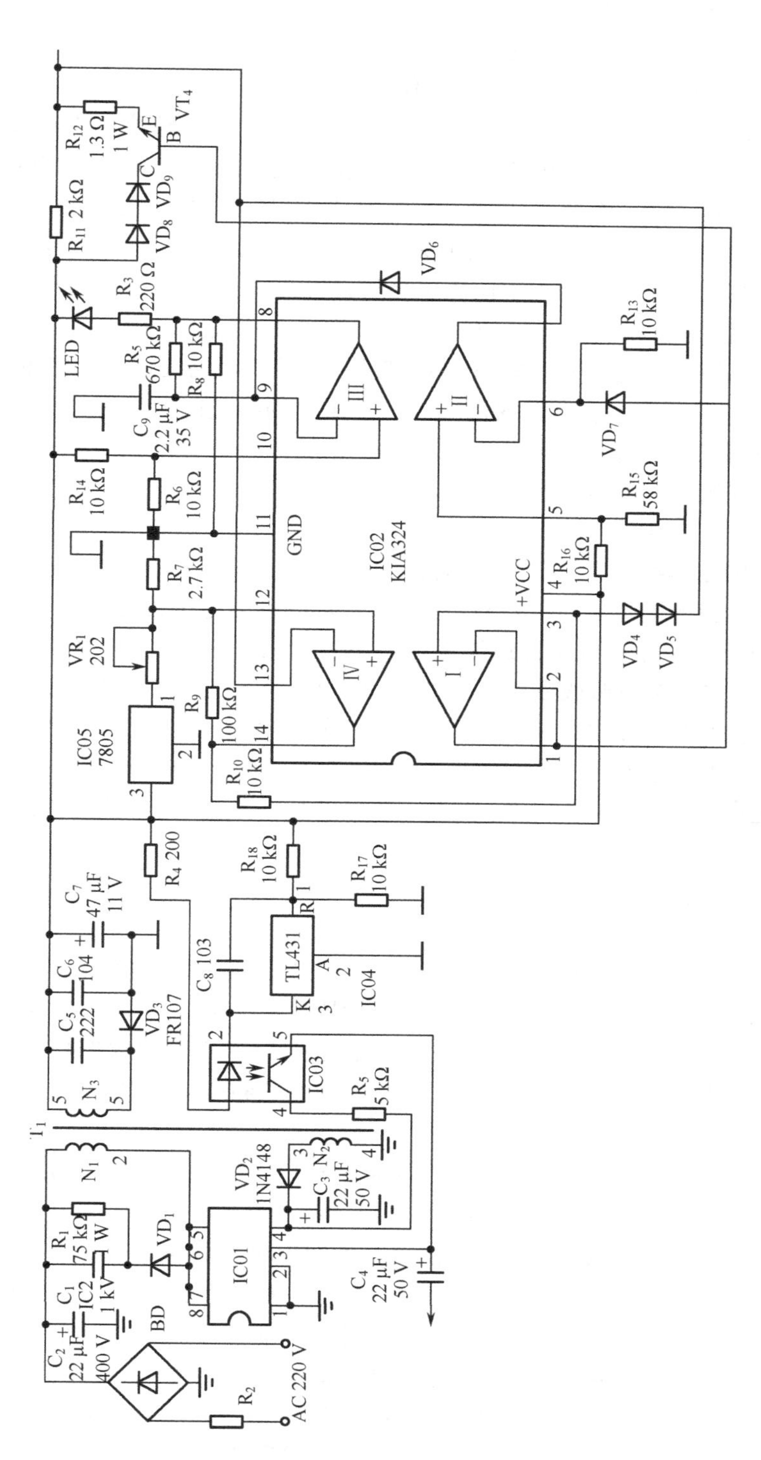

图6-10 尼康MH-61型充电器电路

IC01 工作后，内部场效应管进入开关状态，开关变压器的 N_1 绕组中便有高频脉冲电流流过，开关变压器的 N_2 绕组 3、4 端也会产生一个高频感应电压。该感应电压经过 VD_2 整流、C_3 滤波后，得到+24 V 左右的直流电压并送到 IC01 的④脚，为 IC01 内部电路提供正常工作所需的电源电压，使开关电路能稳定地工作。

开关变压器 N_3 绕组 5、6 两端感应的高频感应电压，经 VD_3 整流，C_5、C_6、C_7 滤波，产生充电所需的约+6.88 V 的直流电压。该电压的稳压电路主要由 IC04（TL431）、光耦 IC03（NEC2403）、R_{17}、R_{18} 及 R_4 等元件构成。其中输出电压经过 R_4 为 IC03 内的发光二极管提供能量。控制过程如下：当由于某种原因引起输出电压升高时，取样电阻 R_{18}、R_{17} 之间的分压随之升高，即 IC04 的①脚电压也会随之升高，从而使 IC04③脚的电压下降，IC03 内部发光二极管的亮度增强。其内部光电三极管 C-E 极之间的内阻变小，IC01③脚电压随之升高。该变化的电压值经过 IC01③脚内部的稳压控制电路处理后，使 IC01 内部振荡器输出的振荡脉冲宽度变窄，从而使内部场效应开关管的导通时间缩短。开关变压器次级输出的电压随之下降，起到稳压的作用。如果输出电压因为某种原因而降低，则稳压控制过程与上述原理正好相反，不再赘述。

保护电路主要由以下几部分组成：一是集成在 IC01 内部的过流、过热、过压等保护电路。当 IC01④脚 VDD 端电压大于 45 V 时，过压保护动作。过流保护是由 IC01 内部的 230 Ω 电阻决定的。当该电阻上的压降与内部 0.23 V 的基准电压相比较并满足相应的条件后，关断内部场效应管的输出以执行过流保护。而当检测到温度大于 170 ℃（典型值）时执行过热关断功能。二是尖峰吸收回路。主要由 R_1、C_1 和 VD_1 构成，目的是消除开关管从饱和状态转为截止状态时，在绕组 N_1 下端产生的瞬间反峰电压，避免该电压叠加在直流电压上，将 IC01 内部的场效应开关管损坏。三是由保险电阻 R_2 独立完成的整机过流保护。当某种意外原因使充电器整体过流时，R_2 烧断，以保护充电器电路不被过度损坏，该部分的输出电路比较简单。

3．充电监测及控制电路

该部分是以 IC02（KIA324）为核心构成的，充分运用了运算放大器的特性。其中 IC02 内部运放Ⅰ接成电压跟随器；运放Ⅱ作为比较器使用；运放Ⅲ作为矩形波产生电路使用，其振荡频率由 R_5 对 C_9 的充电速率决定；而运放Ⅳ起比较放大的作用，其中 IC05（7805）、VR_1 及 R_7 共同为运放Ⅳ的同相输入端⑫脚提供 4.01 V 的基准电压。下面分三种情况予以简述。

（1）空载：即充电器接入市电而充电座上未插上充电电池时。此时 IC02 内部运放Ⅳ的反相输入端⑬脚由于直接接在了电源输出端，所以该脚是高电平，即 $V_{13}>V_{12}$，则运放Ⅳ的输出端⑭脚为低电平。由于运放Ⅰ（电压跟随器）的同相输入端③脚通过 R_{10} 与⑭脚相连，所以电压跟随器输出①脚也是低电平，则 VT_4 截止，其 C-E 极间不通。运放Ⅱ的反相输入端⑥脚因 VD_7 截止而通过 R_{13} 接地。其同相输入端⑤脚通过 R_{16}、R_{15} 对输出电压的分压得到固定电压，故 $V_5>V_6$，则运放Ⅱ的输出端⑦脚输出高电平，约为 5.75 V。此电压通过 VD_6 加至运放Ⅲ的反相输入端⑨脚，使该脚恒定为 5.25 V，不受 C_9 充电影响，而同相输入端⑩脚也是由 R_{14}、R_6 对输出电压分压后的固定电压，约为 2.78 V，则 $V_9>V_{10}$，故运放Ⅲ的输出端⑧脚为恒定的低电平，LED（橙色）持续发光（恒光）。这也表明充电器电路正常，可以

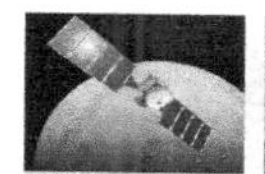

投入充电使用。

（2）充电时：此时已把充电电池接入（经实际测量标称 3.7 V 锂电池在数码相机中使用到电压降至 3.5 V 时便警告电池耗尽，需要充电）。当接入电池后，由于起始充电电流较大，压降也较大，所以 IC02 内部运放Ⅳ的反相输入端⑬脚的电压远低于其同相输入端⑫脚的 4.01 V 的基准电压，则此时运放Ⅳ的输出端⑭脚为高电平，约为 5.5 V。此电压通过 R_{10} 加至运放Ⅰ（电压跟随器）的同相输入端③脚，使③脚也为高电平，实测为 4.32 V。那么电压跟随器输出①脚为高电平 4.55 V，VT_4 基极为高电位饱和导通，充电器将以大电流向电池充电。同时，①脚的高电平通过 VD_7 加至运放Ⅱ的反相输入端⑥脚。使⑥脚电位高于同相端⑤脚电位，输出端⑦脚为低电平，VD_6 截止，⑨脚电压不受⑦脚影响。此时运放Ⅲ及外围元件就组成了矩形波振荡产生电路，其振荡频率则由 R_5 对 C_9 充电速率决定。那么此时⑨脚电压就在 2.77～3.92 V 之间波动，从而使运放Ⅲ的输出端⑧脚输出电压也在 1.35～5.46 V 变化。与此同时，充电指示灯 LED（橙色）开始闪烁，直至充电结束为止。

（3）充满：这时充电电池大电流充电已经结束。电压通过 R_{11} 限流后给充电电池进行涓流充电。随着充电的进行，电池两端的电压不断升高。即 IC02 内部运放Ⅳ的反相输入端⑬脚的电压也在逐渐升高。当升高至大于其同相输入端⑫脚的 4.01 V 的基准电压时，运放Ⅳ的输出端⑩又转变为低电平，运放Ⅰ（电压跟随器）的输出①脚再次变成低电平，VT_4 又截止，同样运放Ⅱ的输出端⑦脚也输出约为 5.51 V（和空载时略有不同）的高电平，运放Ⅲ的反相输入端⑨脚也再次恒定为 5.25 V，不再受 C_9 充、放电影响，也就是矩形波振荡产生电路不再起控制作用。运放Ⅲ的输出端⑧脚转为恒定的低电平，LED（橙色）持续发光（恒光），这表明充电电池基本充满。但此时运放Ⅳ的反相输入端⑬脚的电压并不是空载时的 6.86 V，而是略大于 4.01 V，并且⑬脚一直监测电池两端电压，一旦当监测到电压下降至小于 4.01 V 时，马上又转为充电过程，不断循环，直至稳定。

6.4　手机充电器电路

手机电池一般用的是锂电池和镍氢电池。“mA · h”是电池容量的单位，中文名称是毫安时。手机电池由三部分组成：电芯、保护电路和外壳。当前手机电池一律为锂离子电池（不规范的场合下常简称锂电池），正极材料为钴酸锂。标准放电电压 3.7 V，充电截止电压 4.2 V，放电截止电压 2.75 V。电量的单位是 W · h（瓦时），因为手机电池标准放电电压统一为 3.7 V，所以也可以用 mA · h（毫安时）来替代。这两类单位在手机电池上的换算关系是：瓦时=安时×3.7。

6.4.1　分立元件手机万能充电器

1．电路组成

如图 6-11 所示为跑马灯指示型手机万能充电器电路原理图，如图 6-12 所示为实物图。从图 6-11 可知，该万能充电器实质上就是一个小型开关电源电路，整个电路大致可分

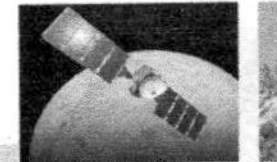  

为以下几个部分：输入整流滤波电路、开关振荡电路、过压保护电路、次级整流滤波电路、稳压输出电路、自动识别极性及充电电路、跑马灯充电指示电路等。

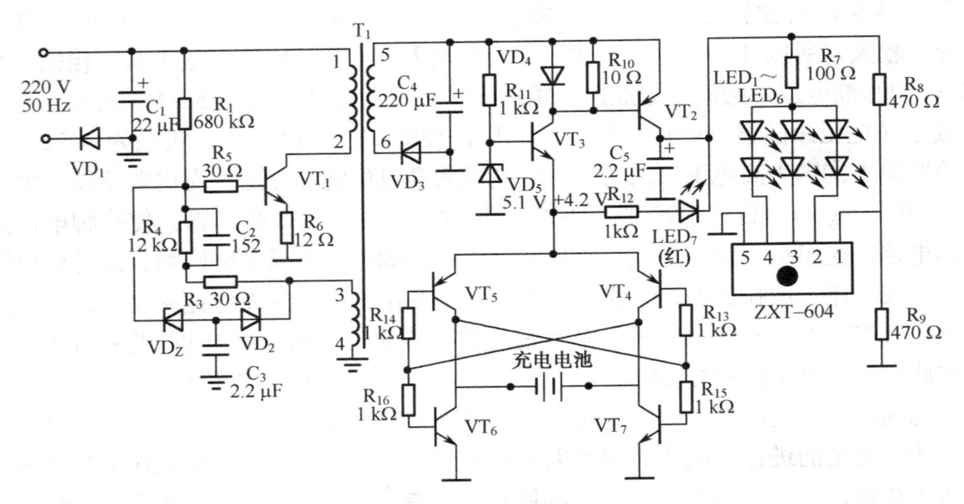

图 6-11　手机万能充电器电路

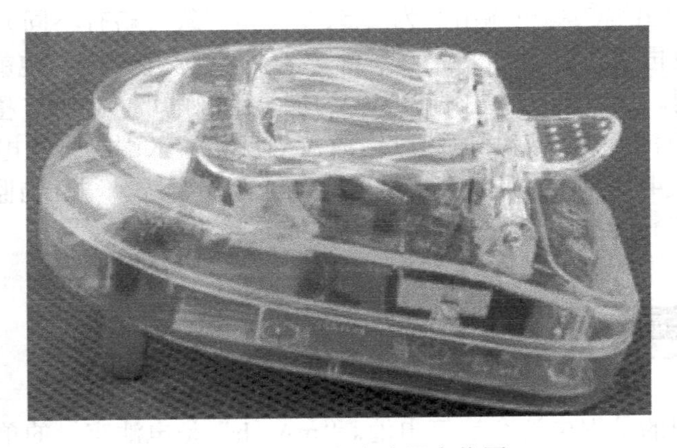

图 6-12　手机万能充电器实物图

2. 开关电源工作原理

当充电器插到交流电源上以后，220 V 交流电压经 VD_1 半波整流、C_1 滤波，得到约 300 V 的直流电压。由 VT_1、T_1、R_1、R_3、R_4、R_5、C_2 等元件组成的开关振荡电路将直流转换为高频交流，振荡过程如下。

通电瞬间，+300 V 电压通过启动电阻 R_1 为开关管 VT_1 提供从无到有增大的基极电流 I_B，VT_1 集电极也随之产生从无到有增大的集电极电流 I_C。该电流流经开关变压器 T1 的 1-2 绕组，产生“上正下负”的自感应电动势，同时在 T_1 的正反馈绕组 3-4 中也感应出“上正下负”的互感电动势。该电动势经 R_3、C_2 等反馈到 VT_1 的基极，使 I_B 进一步增大，这是一个强烈的正反馈过程。$I_B\uparrow \rightarrow I_C\uparrow \rightarrow T_1$（1-2、3-4 绕组）感应电动势极性$\rightarrow I_B\uparrow$。在这个正反馈的作用下，$VT_1$ 迅速进入饱和状态，变压器 T_1 储存磁场能量。此后正反馈绕组不断地

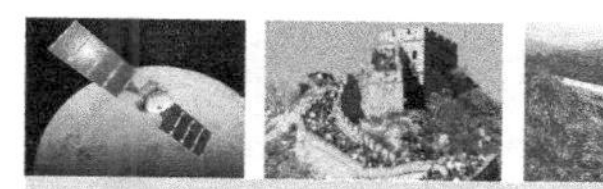

对电容 C_2 充电，极性为上负下正，从而使 VT_1 基极电压不断下降，最后使 VT_1 退出饱和状态，T_1 的 1-2 绕组的电流呈减小趋势，T_1 各绕组的感应电动势全部翻转，此时 T_1 的 3-4 绕组的感应电动势极性为“上负下正”，该电动势反馈到 VT_1 的基极后，使 I_B 进一步减小，如此循环，进入另一个强烈正反馈过程，使 VT_1 迅速截止。随后 C_2 在自身放电及+300 V 对它的反向充电的作用下，又使 VT_1 基极电压回升，进入下一轮循环，从而产生周期性的振荡，使 VT_1 工作在不断的开、关状态下。

在 VT_1 截止期间，T_1 次级绕组（5-6 绕组）感应电动势的极性为“上正下负”，此时 VD_3 导通，该电动势对电容 C_4 充电，在 C_4 上得到约 10 V（带负载时约 7.6 V）的直流电压，向负载供电。在 T_1 正反馈绕组外还设有由 VD_2、C_3、VD_z 组成的过压保护电路，当 220 V 电源电压异常升高导致输出电压也升高时，过压保护电路中的稳压二极管 VD_z 将反向击穿导通，使开关管停振，输出端无电压，起到保护作用。VT_3 的基极在 5.1 V 稳压二极管的作用下，电压稳定在 5 V 左右，VT_3 发射极电压约为 4.2 V。

3．电池极性自动切换

VT_4～VT_7 组成能自动切换极性的充电回路。被充电的手机电池接到 V_1 与 V_2 之间时，当电池极性为如图 6-11 所示左负右正的时候，位于对角线上的 VT_4 与 VT_6 将导通，VT_5 与 VT_7 截止，电池中的充电电流方向从右到左；当电池反接时，VT_5 与 VT_7 导通，VT_4 与 VT_6 截止，充电电流方向与刚才相反。即无论电池极性如何，该电路均能保证按正确的极性为电池充电。

4．跑马灯充电指示

LED_7 为电源指示灯，充电器插上 220 V 交流电时，该灯即发光，在充电过程中熄灭，直至电池充满后再次发光。LED_1～LED_6 两两串联组成三组跑马灯指示电路，在跑马灯控制芯片 ZXT-604 的控制下，三组发光二极管将轮流发光，由于这六只发光二极管在电路板上交叉布局安装，所以在充电过程中，形成跑马灯（旋转）的充电指示效果。

由于在未插上充电电池时 VT_2 处于微导通状态，所以其 C 极电压仅为 1.2 V，此时只有电源指示灯 LED_7 处于正偏状态发光，而跑马灯电路因达不到工作电压不工作，LED_1～LED_6 不发光。而插上电池后的充电过程中，由于 VT_3 导通增强，所以使 VT_2 处于饱和导通状态，其 C 极电压达到约 7.6 V，此时电源指示灯 LED_7 因反偏而熄灭，而跑马灯电路得电工作，LED_1～LED_6 轮流发光以作为充电指示。

6.4.2 基于 CT3582 的手机万能充电器

1．CT3582 芯片功能及充电模式

目前手机充电电池规格趋向统一，基本都使用标称电压 3.7 V 的锂电池。CT3582 是一种集成化单芯片充电控制电路，非常适用于设计手机万能充电器电路。CT3582 采用双列 DIP8 封装，恒流输出 200 mA，充电终止电压为 4.25 V，可以在小范围内设定终止电压，适应各种锂电池材料不同导致的终止电压微小的差异。CT3582 芯片各引脚功能说明如下。

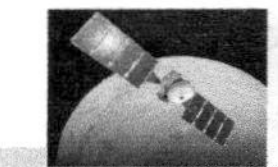

① 脚：充电输出负极。

② 脚：指示灯控制 3。

③ 脚：指示灯控制 2。

④ 脚：指示灯控制 1。

⑤ 脚：充电指示模式选择，接地为七彩模式，接正电源充电指示为三灯模式。

⑥ 脚：供电电源地端。

⑦ 脚：充电输出正极。

⑧ 脚：供电电源正端。

CT3582 有七彩灯、三灯两种充电指示模式，如图 6-13 所示。输出端充电接口采用双线形式，具有电池极性自动识别的能力，接入电池时可以不考虑电池的极性，使用非常方便。CT3582 内部设有短路保护，功能比较全面。

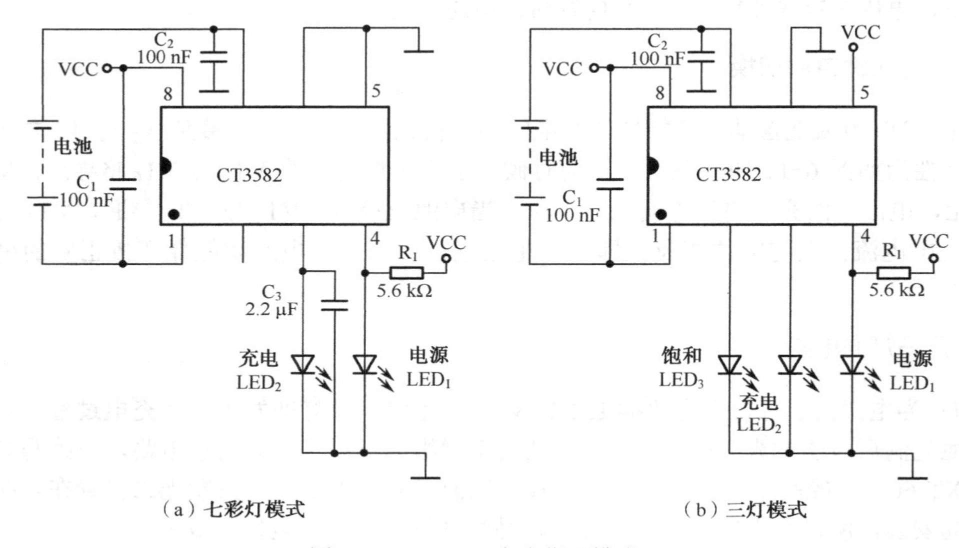

图 6-13　CT3582 充电指示模式

在七彩指示模式下，发光二极管 LED_2 作充电指示，它非普通发光二极管，内部已经集成了红、绿、蓝三只发光二极管和控制电路，在 LED_2 两端加 3～4 V 直流电压，将交替显示红、绿、蓝三种色彩，获得赏心悦目的效果。由于 CT3582③脚输出是脉冲电压，所以 C_3 用于平滑电压的变化，使 LED_2 稳定发光。

在三灯指示模式下，LED_2 用于充电指示，在充电过程中，LED_2 将以较低频率闪烁，直至电池完全充满。当电池电量充满将进入饱和状态时，LED_3 点亮。另外，充电器空载时，充电电流为零时，LED_3 也会点亮。

LED_1 用于两种模式下的电源指示。电池一旦接入，LED_1 也会点亮。LED_1 在导通初期正向压降大约为 1.8 V，随着正向电流增大，其正向压降增大到 2.0 V 左右。

2. 充电器电路

基于 CT3582 的手机万能充电器电路如图 6-14 所示。当充电器插到交流电源上后，

220 V 交流电压经 VD_1 半波整流，获得脉动直流电压。该电压经过启动电阻 R_4 为开关管 VT_1 提供从无到有增大的基极电流 I_B，VT_1 集电极也随之产生从无到有增大的集电极电流 I_C，该电流流经开关变压器 T_1 的初级绕组，产生上正下负的自感应电动势，同时在 T_1 下方的正反馈绕组也感应出上正下负的互感电动势，该电动势经 R_3、C_2 等反馈到 VT_1 的基极，使 I_B 进一步增大，这是一个强烈的正反馈过程。在这个正反馈的作用下，VT_1 迅速进入饱和状态，变压器 T_1 储存磁场能量。此后正反馈绕组不断对电容 C_2 充电，极性为左负右正，从而使 VT_1 基极电压不断下降，最后使 VT_1 退出饱和状态，T_1 的初级绕组的电流呈减小趋势，T_1 各绕组的感应电动势全部翻转，此时 T_1 的正反馈绕组的感应电动势极性为上负下正，该电动势反馈到 VT_1 的基极后，使 I_B 进一步减小，如此循环，进入另一个强烈正反馈过程，使 VT_1 迅速截止。随后 C_2 在自身放电及经 R_4 对它的反向充电的作用下，又使 VT_1 基极电压回升，进入下一轮循环，从而产生周期性的振荡，使 VT_1 工作在不断的开、关状态下。

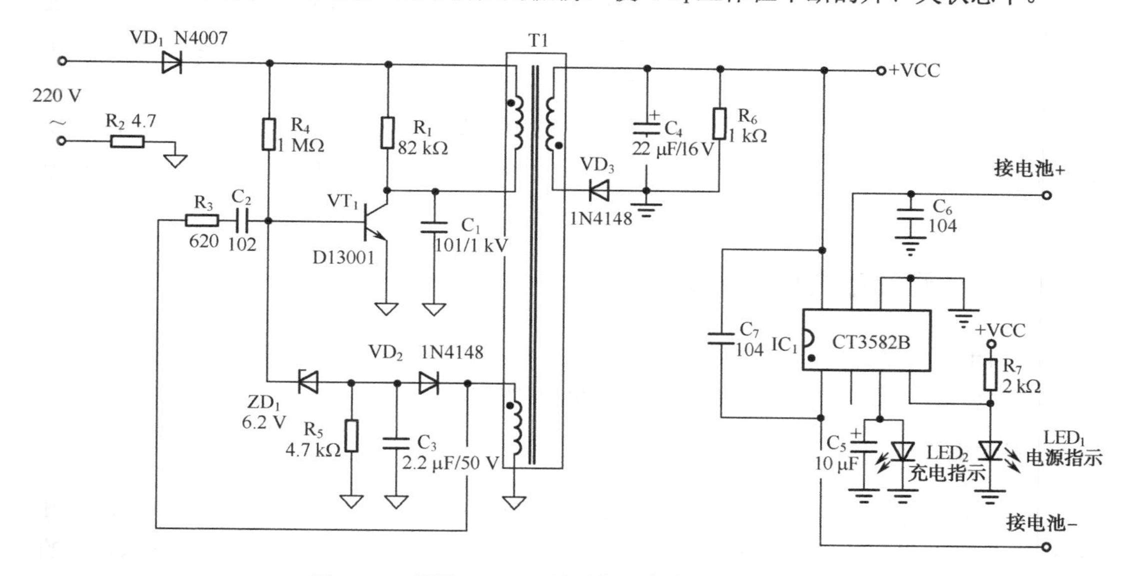

图6-14 基于 CT3582 的手机万能充电器电路

在 VT_1 截止期间，T_1 次级绕组感应电动势的极性为上正下负，此时 VD_3 导通，该电动势对电容 C_4 充电，在 C_4 上得到 5～6 V 的直流电压，给 CT3582⑧脚供电。在 T_1 正反馈绕组外还设有由 ZD_1 组成的过压保护电路，当 220 V 电源电压异常升高导致输出电压也升高时，过压保护电路中的稳压二极管 ZD_1 将反向击穿导通，使开关管停振，输出端无电压，起到保护作用。

在 CT3582 内部，设充电终止电压可以随着 LED_1 端电压的增加而升高，而 LED_1 的端电压是随电流变化的，这样可以通过调节电阻 R_7 的阻值，改变 LED_1 的导通电流，间接完成对充电终止电压的调节。

目前采用的锂电池因电极材料不同有 3.6 V、3.7 V 两种不同的标称电压，因此它们的终止电压也分别为 4.1 V、4.2 V。过度充电会影响锂电池的安全与寿命，而 CT3582 具有终止电压微调功能，从而完成对不同类型锂电池的充电。

CT3582 的供电电压为 5～6 V，最大不能超过 8 V。供电电压超出 6 V 会使 LED_1 端电

压升高，导致充电终止电压升高而偏离正常范围，这可以通过增加电阻 R_7 的阻值进行校正。

6.5 电动车充电器电路

电动车充电器是专门为电动车的电瓶（铅酸蓄电池）配置的一个充电设备。为了适用电动车充电，充电器除体积不能太大以外，还必须具有较高的自动充电、自动保护功能，以便接入市电充电无须监视即能自动充满电，且充满电后自动停充，即使通电时间稍长，也不致使蓄电池受损。为了达到这些要求，采用开关电源属最佳方案，既能使控制系统较易实现自动控制充电电压和电流的目的，同时充电器的体积也不会过于笨重。

近几年，电动车普遍使用了所谓三段式充电器，第一个阶段叫恒流阶段，第二个阶段叫恒压阶段，第三个阶段叫涓流阶段。三段式充电器有三个关键参数，第一个重要参数是涓流阶段的低恒压值，第二个重要参数是第二阶段的高恒压值，第三个重要参数是转换电流。这三个重要参数与电池数目有关，与电池的容量（A · h）有关，与温度有关，与电池种类有关。如最常见的电动自行车（三块 12 V 串联的 10 A · h 电池）所用的三段式充电器，其涓流阶段的低恒压值为 42.5 V 左右，第二阶段的高恒压值为 44.5 V 左右，转换电流为 300 mA 左右。

6.5.1 单端反激式开关电源充电器

本电路采用的是计算机显示器电源电路上常用的芯片 AZ3842，属于单端反激式开关电源，附加由运放组成的充电指示电路，如图 6-15 所示。

1. 开关管工作过程

220 V/50 Hz 交流电经 VD_1～VD_4 整流，C_{14} 滤波，变成 300 V 左右的直流电压，经开关变压器 T 为开关管 VT_1 的 D 极供电；另一路经启动电阻 R_{28} 降压后为 IC_1（AZ3842）的⑦脚供电。AZ3842①、②脚的内外电路将产生自激振荡，由 AZ3842⑥脚输出开关脉冲，经 R_{31} 驱动开关管 VT_1 的 G 极，使 VT_1 工作在开关状态。在 VT_1 导通期间，T 的次级绕组上产生感应电压，经 VD_{11} 整流、C_{13} 滤波后，为 AZ3842 的⑦脚供电，以代替启动电阻 R_{28} 供电。VT_1 源极上串联的电阻 R_{33} 为电流取样用，若 VT_1 电流过大，则把此信号传送到 AZ3842 的过流检测③脚，使内部电路关闭⑥脚的脉冲输出，保护开关管。在 VT_1 截止期间，T 的次级产生感应电压，经 VD_{10} 整流、C_{12} 滤波，为蓄电池充电。次级另一组感应电压经 VD_5 整流、C_{15} 滤波后得到 20 V 左右的电压，为四运放 LM324 的④脚供电，同时经 R_{11} 限流后为电源指示灯 LED-R1 供电。在充电输出的一端又串联一只二极管 VD_8，可以防止电池极性插反烧毁充电器元件。

VD_{10} 整流后获得的 42 V 电压经 R_{19}、R_{18}、R_{16}、R_{17} 分压，加到误差比较器 VT_2（AZ431，同 TL431）的输入端，控制光电耦合器 IC_3（PC817）中发光二极管的发光强度，再经内部光电转换后，控制 AZ3842②脚的电压，经负反馈环路保证开关电源输出电压的稳定。

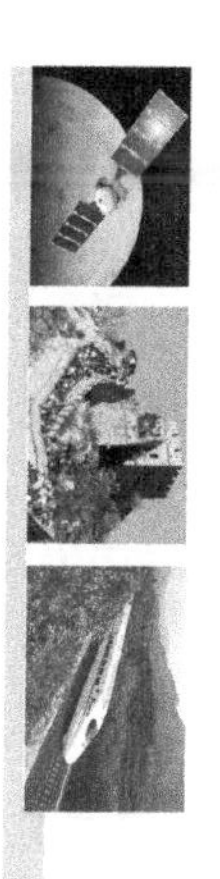

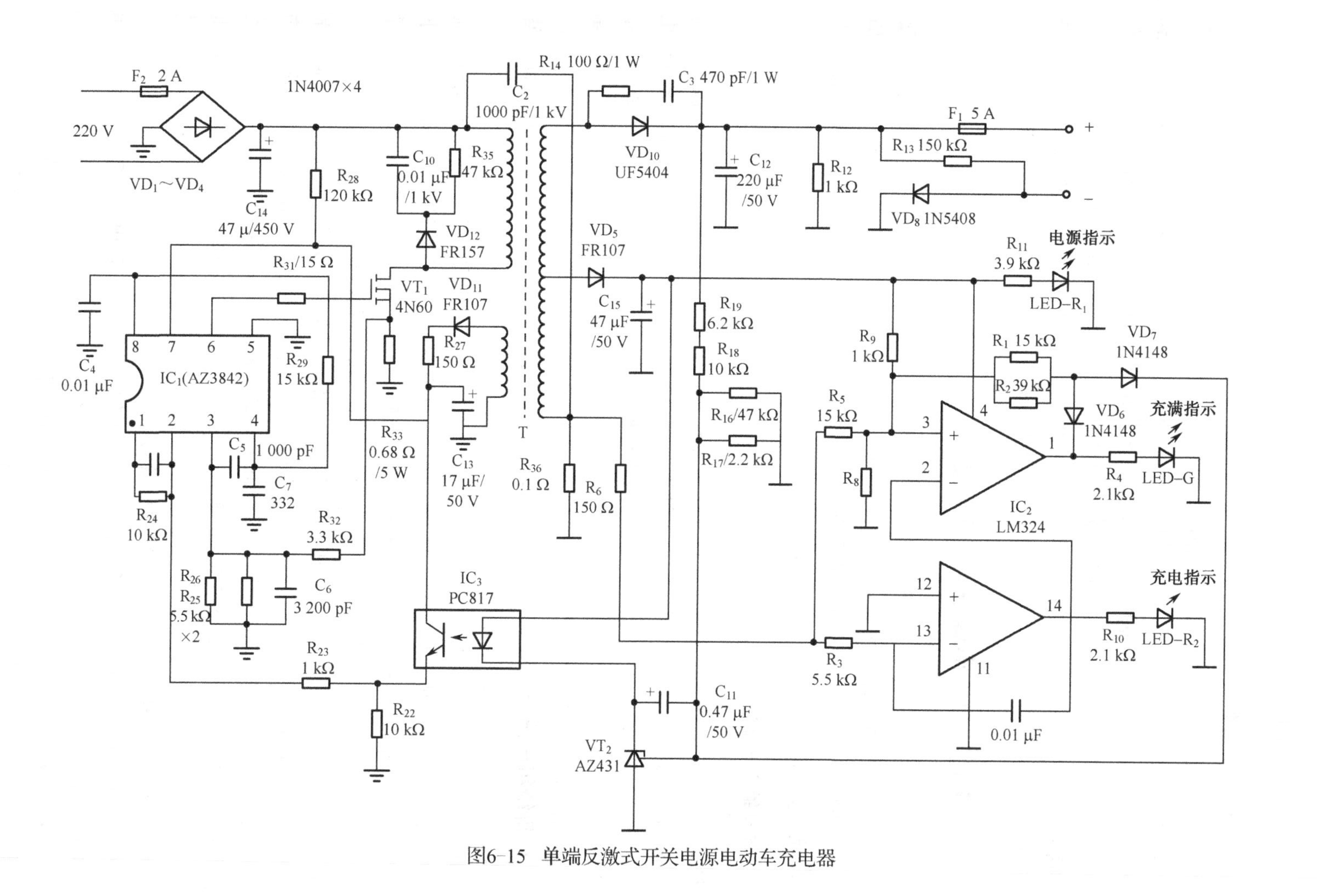

图6-15　单端反激式开关电源电动车充电器

2．充电指示控制

LM324 内部有四个运算放大器，本机只用了两个，用作充电指示控制。在充电时，充电电流流过取样电阻 R_{36}，结果使 R_{36} 上端电压低于地端（为负电压），充电电流越大，此负电压就越大，这个负电压经 R_6、R_3 加到 LM324 运放的反相输入端⑬脚，而运放的同相输入端⑫脚为 0 V（地），结果使输出端⑭脚输出高电平，使充电指示 LED-R2 发光。⑭脚的高电平再加到另一个运放的反相输入端②脚，使输出端①脚为低电平，充满指示灯 LED-G 不发光。反之，当蓄电池充满电后，蓄电池端电压上升，流过 R_{36} 的电流消失，这时 R_{36} 上端的负电压消失，这两个运放状态翻转，结果是充电指示 LED-R2（红）熄灭，充满指示 LED-G（绿）发光。

6.5.2 半桥式开关电源电动车充电器

目前，国内市场上电动车品种极多，拥有量极大，这些电动车几乎全部采用铅酸蓄电池，只有个别车型配用镍氢可充电电池。不同厂家所配售的充电器，尽管外形不同，但内电路，甚至印制电路板的结构几乎都相同。其中应用最多的是一种半桥式开关电源组成的铅酸蓄电池充电器，其电路如图 6-16 所示。

1．市电输入电路

市电输入部分由整流器和双向抗干扰滤波器组成。电容器 C_1、C_2 为常模滤波器，C_3、C_4、C_7 和 T_1 为共模滤波器，两组低通滤波器可将电网和充电器进行双向隔离，既可防止开关变换部分脉冲高次谐波污染电网，也可防止电网的高频干扰进入充电器而造成开关管或驱动控制电路产生误动作。由于目前国家对电器产品的 EMI（电磁兼容）指标要求较高。所以为达到规定值，两种滤波器一个也不能少。此外，为了使阻带特性有较宽的频谱，共模电感 T_1 每绕组电感量不小于 4 mH。同时，为了降低绕组分布参数，以避免高频抑制特性变差，T_1 每绕组均分成 2～3 段绕制。

市电整流器采用 4 只 IN5399 作为桥式整流，C_8 滤波。为了限制 C_8 的初始充电电流，电路中采用了负温度系数（NTC）热敏电阻 RT_1，这样不仅能开机限流，且利用其常温下电阻值减小的特点可以节能，同时还能使充电器内部温升不致过高。有的同类产品中未采用 NTC 电阻，而改用 6.8 Ω 水泥电阻，虽功能相同，但导致机箱内温升较高。

开关电源由市电直接整流供电，用于充电器，首先必须考虑的是安全性，充电器输出端、外壳必须与市电隔离。为了避免麻手，绝缘电阻应达到兆欧以上，同时输出端、外壳应有 AC 2 kV/min 的抗电强度。为了使输出端与市电隔离，输出端由开关变压器构成与电路的隔离。为了控制充电电流、限制充电电压，输出端的电流取样、电压取样必须送入驱动控制器 TL494。因此，TL494 的启动/工作电压都不能由市电整流电压供电。为了解决 TL494 的启动与市电隔离的矛盾，在半桥式开关电路中采取自激启动、他激工作的自动转换方式。

市电电压经 VD_1～VD_4 桥式整流后，经 C_8 滤波输出 300 V 直流电压。C_7 为无感薄膜电容器，用以补偿 C_8 高频滤波特性的感性阻抗。整流电压经 C_5、C_6 分压，向半桥式开关管 VT_1、VT_2 供电。C_5 和 C_6 为开关脉冲通路，必须采用分布电感小的无极性电容器，如铝箔式封装的聚丙烯电容器等。由于该电源的工作频率高达 50 kHz，所以电解电容器是不能胜任的。

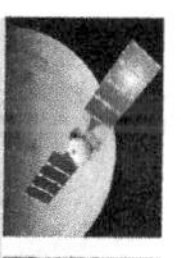

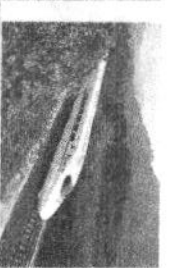

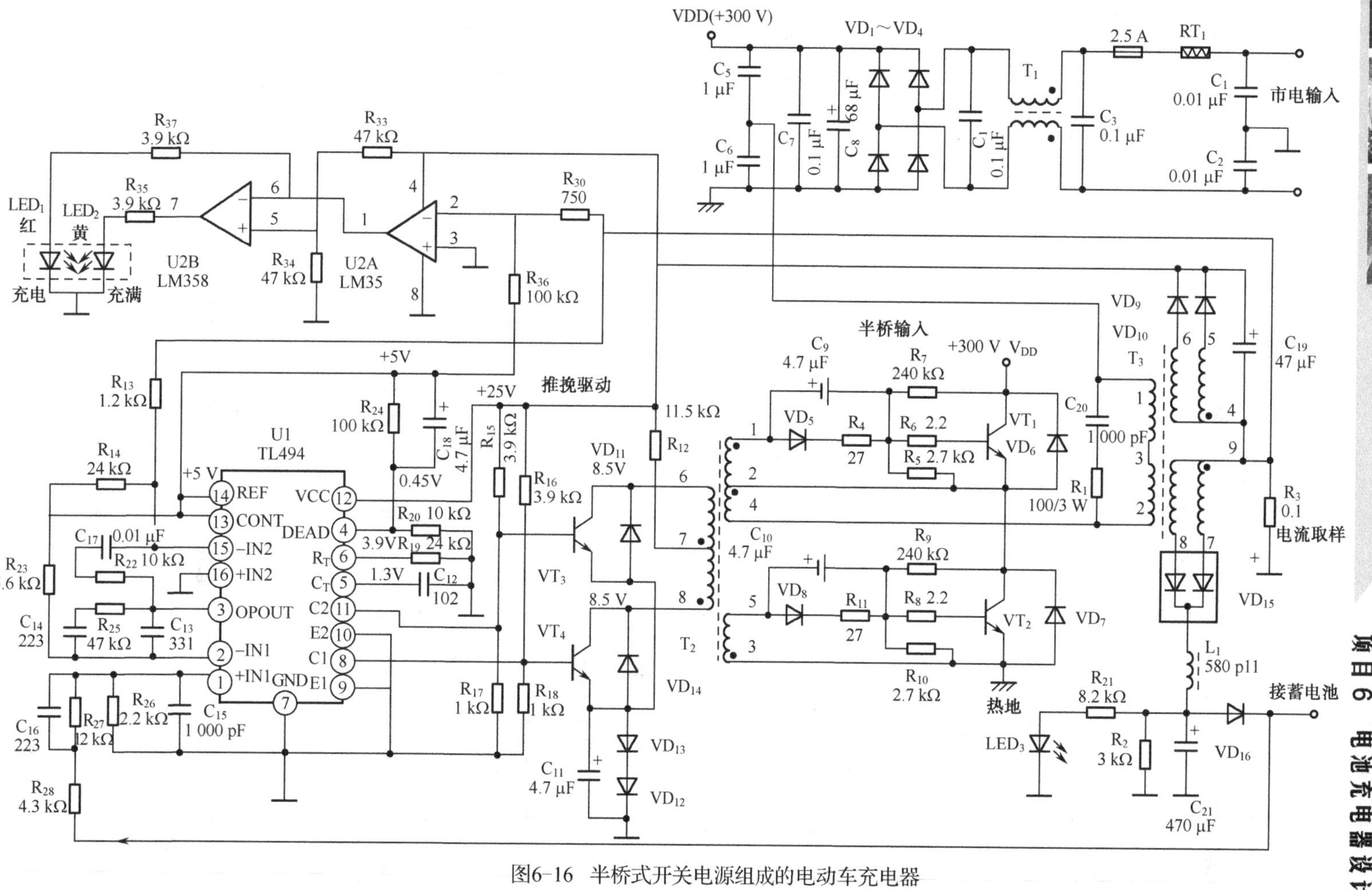

图6-16　半桥式开关电源组成的电动车充电器

2. 自激启动过程

VT_1 和 VT_2 组成有自激启动功能的半桥式变换电路，R_7 和 R_9 为 VT_1、VT_2 的启动偏置电阻。接通电源瞬间，由于电路的不平衡因素，所以在 VT_1 和 VT_2 开关管中，会有一只先导通，产生一个集电极电流脉冲。启动脉冲经驱动脉冲变压器 T_2 的反馈绕组 2-4，使先导通的开关管产生正反馈，使之趋向饱和，同时产生的感应脉冲使另一只开关管保持截止。先趋近饱和的开关管电流，经脉冲输出变压器 T_3 绕组 2-1 耦合到 T_3 次级绕组 4-5-6，经 VD_9、VD_{10} 整流及 C_{19} 滤波，产生+25 V 直流电压，给前面推动级和 TL494 提供启动电压，前级电路输出驱动脉冲，使 VT_1 和 VT_2 交替导通完成 DC/AC 变换。至此，自激启动过程完成，电路转入他激半桥式开关状态。

由 T_2 绕组的相位关系可以看出，在他激状态，T_2 反馈绕组 4-2 的正反馈作用与 T_2 次级输出驱动脉冲反向，自激振荡状态不能建立。在他激振荡状态下，驱动脉冲加在 VT_1 和 VT_2 的基-射极，使 VT_1、VT_2 产生反偏电压，以抵消 R_7、R_9 的启动偏置。开关管基极回路串联的 R_4、VD_5、C_9 为加速电路, 以减小开关管的导通/截止损耗。

正向驱动脉冲持续期开始时，一路脉冲通过 VD_5、R_4 进入 VT_1 基极，使 VT_1 导通，同时 C_9 的充电电流使 VT_1 更快地进入饱和区。此时 C_9 起到减小开关管导通时间的作用。当驱动脉冲截止时，C_9 通过 T_2 次级绕组 1-2 对 VT_1 的基-射极放电，放电电流使 VT_1 反偏而快速截止。与开关管并联的 VD_6、VD_7 为阻尼管，R_1、C_{20} 为尖峰脉冲吸收电路，吸收开关管截止瞬间由 T_3 初级绕组 1-2 产生的脉冲尖峰。由于半桥式开关部分工作在与市电不隔离的“热”地状态下，所以与电路其他部分的“冷”地用 T_2 和 T_3 隔离。

3. 他激驱动器 TL494

他激驱动器 Ul 采用 TL494，应用于双端图腾柱式输出状态，因而其⑬脚接入 5 V 基准电压。由 T_3 输出的 25 V 电压，向 U1 的⑫脚 VCC 提供启动工作电压。U1 的④脚通过 R_{24}、R_{20} 分压得到约 0.45 V 电压，以设定两路输出脉冲的死区时间。C_{18} 为软启动电容器。开机瞬间，U1④脚的 5 V 电压随 C_{18} 的充电过程缓慢降低为 0.45 V，使输出脉冲占空比随着充电电流的减小缓慢增大到受控的额定值。R_{19} 和 C_{12} 为 U1 内部振荡器定时元件，使振荡器的脉冲频率为 50 kHz。

U1 的⑧、⑪脚为负极性驱动脉冲输出端。当无驱动脉冲时，外部驱动级 VT_3 和 VT_4 由 R_{15}、R_{16} 提供偏置而导通，VT_3、VT_4 工作在导通状态。为了避免 VT_3、VT_4 的集电极电流超过额定值，由 VD_{12}、VD_{13} 提供 1.2 V 的电流负反馈，以稳定其导通电流。当驱动脉冲加到 VT_3 和 VT_4 基极时，两管轮流截止，T_2 初级绕组 6-8 得到被放大的约 25 Vp-p 的正向驱动脉冲。VD_{11} 和 VD_{14} 为 VT_3、VT_4 的阻尼管。

该电源因用于恒流充电，所以 U1 的②脚为取样放大器的反相输入端，通过限流电阻 R_{23} 得到 5 V 基准电压。其①脚的正相输入端通过分压器 R_{26}、R_{27} 和 R_{28} 对输出充电电压取样，误差放大器输出高电平使脉冲占空比减小，使①脚电压降低为 5 V，以避免输出电压超压。由于该充电器专用于对 36 V（2.0 V×18）铅酸蓄电池充电，所以在蓄电池单元电压达到 2.4 V 必须停止充电。无论在充电过程中还是充满电以后，充电电压绝对不可能超过 4 V。因此，第一组误差放大器组成输出电压限压电路。

U1 的⑯脚为误差放大器Ⅱ的同相输入端，接地电位。其反相输入端通过取样电阻 R_3 得到充电电流取样的负电压。很明显，这种接法只要 R_3 有负电压，误差放大器立即输出高电平限制充电电流的上升。为了避免误差放大器Ⅱ在额定充电电流范围内输出高电平，通过 R_{14} 引入+5 V 基准电压。当充电电流在 1.8 A 以下时，R_3 的负电压降不足以使正电压完全抵消，因而使反相输入端为正值，误差放大器输出低电平，直到充电电流达到 1.8 A，R_3 负压降增大，与 R_{14} 引入的正电压抵消，⑮脚电压近似 0 V。一旦充电电流超过 1.8 A，U_1 的⑮脚电压即进入负值，其内部误差放大器输出高电平通过比较器使输出脉冲宽度减小，充电电压下降，迫使充电电流减小，以保持不大于 1.8 A。

4. 限压和恒流控制

误差放大器Ⅰ的限压作用只发生在蓄电池电压接近充满之后，理论上说蓄电池充满电后充电电流应为零，如果充电电压不进行限压供电，随着充电电流减小，充电电压随之升高，充电电流会继续上升，形成过充电，最终损坏蓄电池。为此，误差放大器Ⅰ的目的是将充电电压最高值限定在蓄电池充满电后的端电压值。对铅酸蓄电池而言，单组电池单元电压应该为 2.36～2.38 V，极限值为 2.4 V。为了避免蓄电池过充，导致温升过分升高，36 V 蓄电池端电压值设定为 42.48 V，冬季气温低于 10℃，设定为 42.84 V 是比较可靠的。当蓄电池充满电时，蓄电池端电压和恒压输出电压相等，理论上无充电电流。此时，误差放大器Ⅱ由于 R_3 负压为 0 V，所以 U1 的⑮脚电压升高近似为 5 V，误差放大器输出低电平，对输出电压无控制作用。开关变换器输出电压完全取决于 U1 的①脚取样电压值。

此充电器的充电方式中的限压、恒流充电是指充电器的充电电流控制系统具有恒流输出功能。如果输出端接入变动的负载，该控制系统可以通过电流取样控制输出电压，使负载中通过的电流保持不变。恒流供电的最终控制过程是通过改变输出电压实现的，因此就不能称为恒压。实际上该充电器的电压调整系统不是稳定电压输出，而是限定输出电压，其奥妙在于电压控制取样点设在蓄电池，而不是对充电电压直接取样，充电电压和蓄电池电压两者之间接有隔离二极管 VD_{16}，似乎两者压差只有二极管饱和压降。其实不然，蓄电池的电压特性恰似容量极小的电容器，对持续时间较短的（实际可认为几十秒）充电电压变动并不敏感。因此，此取样方式并非稳定瞬时输出电压。根据铅酸蓄电池特性，在充电开始时，蓄电池端电压升高速度较快，约占整个充电时间的 1/4，即已达到蓄电池的额定电压，但并不意味着蓄电池已充满电。之所以说其未充满电，有两个特征：其一，此时电压不能保持，一旦停充会自行回落；其二，充电电流仍为恒流值，无明显下降，说明充电的化学反应仍正常进行。在此状态下继续保持恒流充电值，占整个充电时间的 1/2，电池端电压只缓慢升高，直到最后 1/4 的时间段，电池端电压升高到接近单节铅酸蓄电池的极限值约 2.38 V。如果此时将充电电压限定在此极限值，不再升高，充电电流将急剧降低，甚至为零。

从上述过程可见，除去充电开始的 1/4 时间段以外，蓄电池端电压变化范围仅在每电池单元 1.9～2.38 V。在此过程中为了实现恒流充电，电流取样控制系统对输出电压进行调控，使充电电流为恒定值。当充电电压恒定不变时，蓄电池充电电流必然随电池端电压升高而逐渐减小，恒流充电则通过调整充电电压使其升高的方式，补偿充电电流的减小。如果这种补偿无限制，则必将使蓄电池过充，其端电压将超过单元电压 2.4 V，从而损坏蓄电

池。因此，恒流必须限压。为此，电压控制误差放大器从蓄电池两端取样，限定充电电压不超过该类蓄电池的极限值。

5．充电指示电路

在充电器电路中，由 U2（LM358）接成两级电压比较器作为充电指示 LED 的驱动器。当充电电流取样电阻 R_3 上端有负压降时，比较器 U2A②脚反向输入端为负值，①脚输出端输出高电平，经 R_{37} 限流，点亮红色发光管 LED_1，表示正常充电。此时，U2B⑦脚为低电平，黄色发光管 LED_2 不亮。当充满电以后，取样电阻 R_3 压降近似为零，LED_1 不亮，LED_2 点亮，表示蓄电池已充满电。

6．充电调整

若将此充电器用于端电压或电池容量不同的电池组充电，可以调整 R_{26} 的阻值改变充电电压。R_{26} 阻值减小，则充电电压升高。但是，在不改变脉冲输出变压器次级匝数的情况下，输出电压不宜超过 50 V，否则开关管 VT_1、VT_2 导通占空比将超过 48%的极限值，造成其功耗增大、温升过高而击穿。

若欲改变充电电流的阈值，可适当增大 R_{13} 的阻值，或减小 R_3 的阻值，但是不能偏离设计值过大，否则必须更换大电流的开关管和改变脉冲输出变压器的参数。就该电路而言，通过上述元件的更换，可以使输出功率达到 300 W 以上。

任务实施 8　手机万能充电器制作

通过对 J820 型手机万能充电器的制作与调试、测试，达到下列要求：能看懂手机万能充电器的原理图；能测量各个电子元件；能正确对电路进行焊接装配；能对手机万能充电器电路进行调试与测试。

1．原理图与工作过程

1）电路结构及特点

J820 型手机万能充电器原理图如图 6-17 所示，适合充容量为 250～3 000 mA 锂离子、镍氢电池。充电时，七彩灯闪烁，指示灯的颜色依次变化，发出绚丽多彩的七彩光芒，饱和后熄灭；内设自动识别线路，可自动识别电池极性；输出电压为标准 4.2 V，能自动调整输出电流，使电池达到最佳充电状态，可保护电池，延长电池的使用寿命，是移动电话的理想伴侣。本电路采用分立元件的开关电源电路，具有电路可靠、体积小、质量轻、效率高等优点。充电器主要技术参数是输入 AC 220 V/50 Hz；卡针处输出 DC 4～4.2 V，200±80 mA；USB 接口处输出 DC 5 V，180±80 mA。

2）开关电源工作过程

本电路利用间歇振荡电路组成的开关电源，也是目前广泛使用的基本电源之一。当接入电源后，通过整流二极管 VD_1、R_1 给开关管 VT_1 提供启动电流，使 VT_1 开始导通，其集电极电流 I_C 在 L_1 中线性增长，在 L_2 中感应出使 VT_1 基极为正、发射极为负的正反馈电

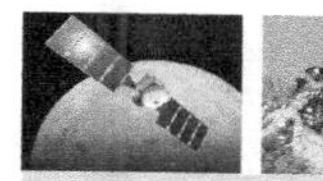

压，使 VT_1 很快饱和。与此同时，感应电压给 C_1 充电，随着 C_1 充电电压的增高，VT_1 基极电位逐渐变低，致使 VT_1 退出饱和区，I_C 开始减小，在 L_2 中感应出使 VT_1 基极为负、发射极为正的电压，使 VT_1 迅速截止，这时二极管 VD_1 导通，高频变压器 T 初级绕组中的储能释放给负载。在 VT_1 截止时，L_2 中没有感应电压，直流供电输入电压又经 R_1 给 C_1 反向充电，逐渐提高 VT_1 基极电位，使其重新导通，再次翻转达到饱和状态，电路就这样重复振荡下去。这里就像单端反激式开关电源那样，由变压器 T 的次级绕组向负载输出所需要的电压，在 C_4 的两端获得 9 V 的直流电，9 V 电压经 VT_3、ZD_2 稳压成 5 V 电压，供手机电池充电。

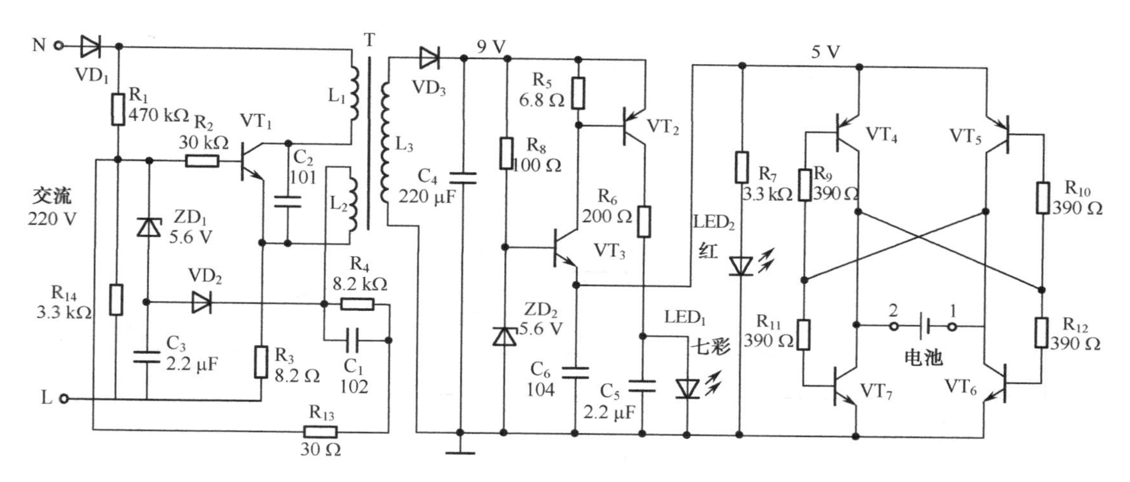

图 6-17　手机万能充电器原理图

3）电池极性自动识别

VT_4、VT_5、VT_6、VT_7 组成自动识别电池极性的电路。当充电端 1 接电池的正极，端 2 接电池的负极时，此时 VT_5 和 VT_7 饱和导通，VT_4 和 VT_6 截止，充电电流回路是：5 V 电源正极→VT_5 发射极→VT_5 集电极→被充电池正极→被充电池负极→VT_7 集电极→VT_7 发射极→5 V 电源负极。当充电端 2 接电池的正极，端 1 接电池的负极时，此时 VT_4 和 VT_6 饱和导通，VT_5 和 VT_7 截止，充电电流回路是：5 V 电源正极→VT_4 发射极→VT_4 集电极→被充电池正式极→被充电池负极→VT_6 集电极→VT_6 发射极→5 V 电源负极。由此可见，它可完成电池自动极性的识别，保证充电回路自动工作。

4）充电指示

VT_2 与 R_5、LED_1（七彩发光二极管）组成充电指示电路，当有手机充电电流流过 R_5 时，R_5 上的压降使 VT_2 导通，CH 发光。R_7 与 LED_2（红色二极管）组成电池好坏检测及电源通电指示电路。

2．元件清单

拿到套件袋后，轻轻打开，里面有前后盖、电路板、元件袋、透明面壳。电路板实物如图 6-18 所示，元件清单如表 6-1 所示。

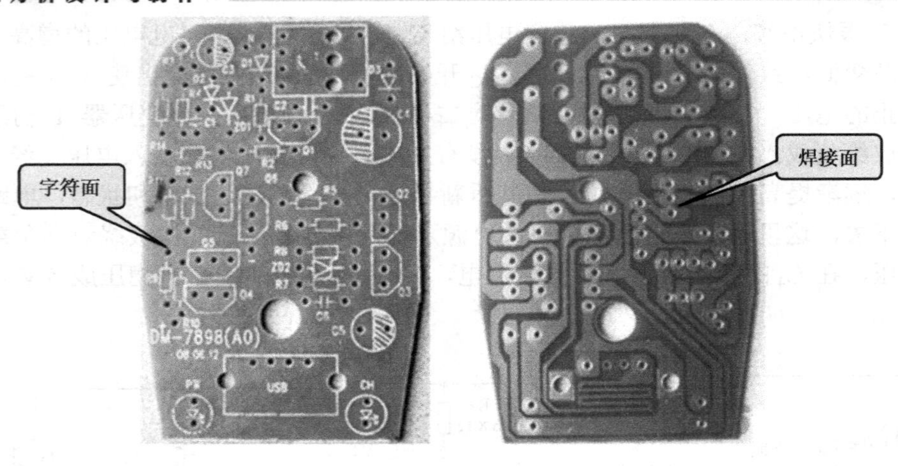

图 6-18　万能手机充电器的电路板实物图

表 6-1　元件清单

序　号	名　称	规　格	用　量	元 件 位 置	备　注
1	电阻	8.2 Ω4/1 W	1	R_3	
2		6.8 Ω8/1 W	1	R_5	
3		30 Ω8/1 W	2	R_2、R_{13}	
4		200 Ω8/1 W	1	R_6	
5		100 Ω8/1 W	1	R_8	
6		3.3 kΩ8/1 W	2	R_{14}、R_7	
7		8.2 kΩ8/1 W	1	R_4	
8		470 kΩ8/1 W	1	R_1	
9		390 Ω8/1 W	4	R_9、R_{10}、R_{11}、R_{12}	
10	二极管	1N4148	1	VD_2	
11		1N4007	1	VD_1	
12		1N5819	1	VD_3	
13	稳压二极管	5.6 V	1	ZD_1	
14		5.6 V	1	ZD_2	
15	三极管	13001	1	VT_1	
16		8050	3	VT_3、VT_6、VT_7	
17		8550	3	VT_2、VT_4、VT_5	
18	瓷片电容	101/1 kV	1	C_2	
19		102	1	C_1	
20		104	1	C_6	
21	电解电容	2.2 μF/50 V	2	C_3、C_5	
22		220 μF/16 V	1	C_4	

续表

序　号	名　称	规　格	用　量	元件位置	备　注
23	LED 灯	白发红 F3	1	PW	
24		七彩 F3	1	CH	
25	PCB	松香板	1	58×37×1.2	
26	USB 插座	六角	1	13×14×7	
27	高频变压器		1	T	
28	电源线		4	1×35、0.8×55	
29	五金外壳		套		

3. 装配注意事项

（1）按照元件清单认真清查元件及配件的数量，特别是电阻、稳压二极管、三极管等要认真识别其参数和型号。最好能用一个小容器，如纸盒来放所有的配件，这样可以防止丢失。

（2）根据元件的孔距来确定安装方式，孔距短的采用立式安装，孔距长的采用卧式安装。电容、三极管、发光二极管采用立式安装。安装发光二极管时，注意区分红色和七彩的，CH 处焊接七彩色二极管，PW 处焊接红色二极管，套件中有 2 个塑料柱用来控制其高度，将它们套在塑料柱后插到 PCB 上即可焊接。

（3）套件中的金属结构件有 2 个 220 V 插头片、2 个卡针片（活动触片）、2 个连接片、2 个弹簧（左、右之分）、1 个轴。先将 220 V 插头片一端上锡，然后适当用劲插到后盖相应处，插到位后焊上 2 根红色的导线，另外一端接到电路板的 N、L 处。

将 2 个连接片的一端上锡，并从白色的面壳（透明的）中穿进，插到前盖 2 个方孔中，将 2 个卡针片的卡针端放进面壳指示度的槽中，另外一端与连接片的一端放在一起，用 2 颗一样的自攻螺钉通过塑料把手（透明塑料）固定在一起，并能调整卡针之间的角度。

弹簧的短线端插到塑料孔中并放置好，然后用轴穿过弹簧、白色面壳、前壳的塑料孔中，保证能夹好充电电池。

黑色导线一端焊接在电路板的“+”、“-”处，另外一端焊接在上了锡的连接片上。

（4）黑色胶垫粘贴在前盖的弧形槽中，上好后盖螺丝后再将标签贴好。

（5）安装完成后，认真检查有无错误，然后通上 220 V 交流电，TEST 检测 LED 红色亮，即可使用。

4. 装配步骤

元件装配图如图 6-19 所示，整体效果图如图 6-20 所示。装配步骤如下。

（1）焊接电阻（共 14 只）：R_1——470 kΩ；R_2——30 Ω；R_3——8.2 Ω；R_4——8.2 kΩ；R_5——6.8 Ω；R_6——200 Ω；R_7——3.3 kΩ；R_8——100 Ω；R_9——390 Ω；R_{10}——390 Ω；R_{11}——390 Ω；R_{12}——390 Ω；R_{13}——30 Ω；R_{14}——3.3 kΩ。

（2）焊接瓷片电容（共 3 只）：C_1——102 F；C_2——101F；C_6——104 F。

（3）焊接电解电容（共 3 只）：C_3——2.2 μF；C_4——220 μF；C_5——2.2 μF。

（4）焊接二极管（7 只）：普通二极管 VD_1——1N4007；VD_2——1N4148；VD_3——1N5819。稳压二极管 ZD_1——5.6 V；ZD_2——5.6 V。发光二极管 LED_1——七彩 F3；LED_2——红色 F3。

（5）焊接发光三极管（7 只）：VT_1——13002；VT_2——8550；VT_3——8050；VT_4——8550；VT_5——8550；VT_6——8050；VT_7——8050。

（6）焊接开关变压器、USB 接口、充电线。

（7）焊接连接片、电极片等。

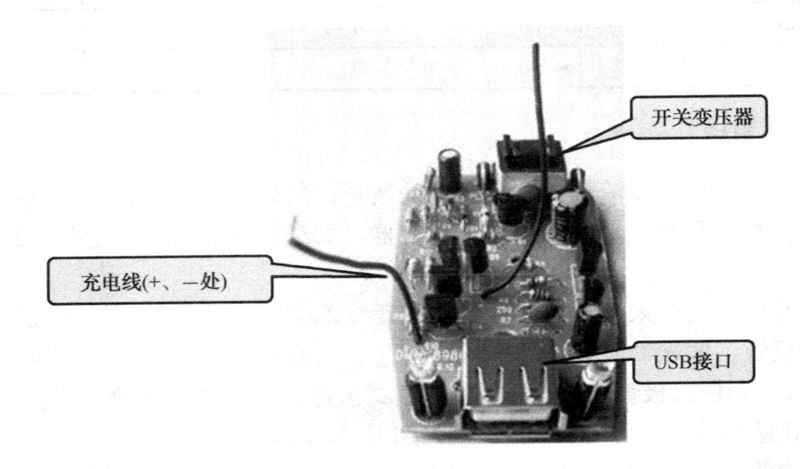

图 6-19　元件装配图

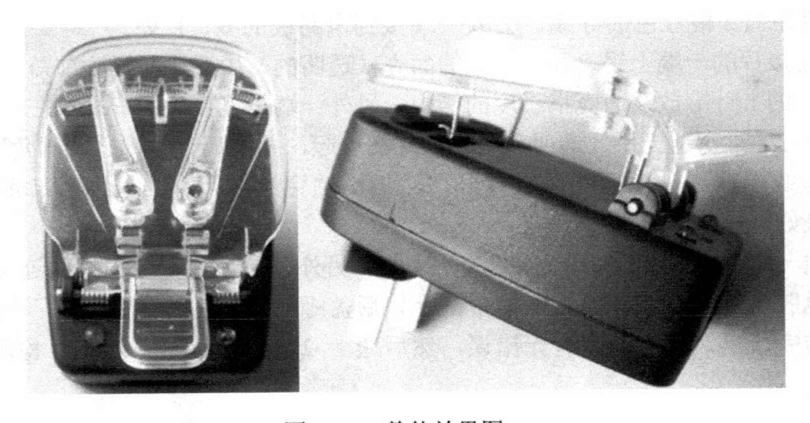

图 6-20　整体效果图

5. 测试与评分

1）电池充电测试

打开充电器上盖，将电池装入并拨动金属触片，对准电池正、负极触片，此时检测（TEST）灯亮表明可以进行充电，然后将充电器插入市电，七彩灯闪烁，表明正在充电状态。充满电后，七彩灯熄灭。本套件做好后可具有自动识别正、负极功能。

2）USB 端口充电测试

将手机、MP3、MP4 等配有充电功能的数据线插入充电器 USB 端口，然后将充电器插入市电即可对其充电。

3）评分

按表 6-2，对手机万能充电器进行测试评分。

表 6-2 手机万能充电器制作与调试的评分表

序 号	项 目 内 容	结果（或描述）	得 分
1	布局规划		
2	焊接质量、安装工艺		
3	布线合理性		
4	电池充电测试		
5	USB 端口充电测试		

任务实施 9 36 V 电动车充电器制作

采用 MC3842 芯片，制作一个 36 V 电动车充电器，通过制作与调试、测试，达到下列要求：能看懂电动车充电器的原理图；能测试电子元件的质量；能正确对电动车充电器电路进行焊接装配；能对电动车充电器电路进行调试与测试。

1. 原理图及充电电路

1）MC3842 的结构与特点

MC3842 为双列 8 脚单端输出的他激式开关电源驱动集成电路，其内部功能包括：基准电压稳压器、误差放大器、脉冲宽度比较器、锁存器、振荡器、脉宽调制器（PWM）、脉冲输出驱动级等。MC3842 的同类产品较多，其中可互换的有 UC3842、IR3842N、SG3842、CM3842（国产）、LM3842 等。MC3842 内部方框图如图 6-21 所示，其特点如下。

（1）当单端 PWM 脉冲输出时，MC3842 的输出驱动电流为 200 mA，峰值电流可达 1 A。

（2）启动电压大于 16 V，启动电流仅 1 mA 即可进入工作状态。进入工作状态后，工作电压为 10～34 V，负载电流为 15 mA。超过正常工作电压后，开关电源进入欠电压或过电压保护状态，此时集成电路无驱动脉冲输出。

（3）内设 5 V/50 mA 基准电压源，经 2 : 1 分压作为取样基准电压。

（4）输出的驱动脉冲既可驱动双极型晶体管，也可驱动 MOS 场效应管。若驱动双极型晶体管，宜在开关管的基极接入 RC 截止加速电路，同时将振荡器的频率限制在 40 kHz 以下。若驱动 MOS 场效应管，振荡频率由外接 RC 电路设定，工作频率最高可达 500 kHz。

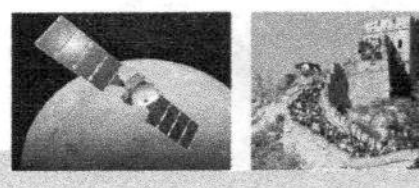

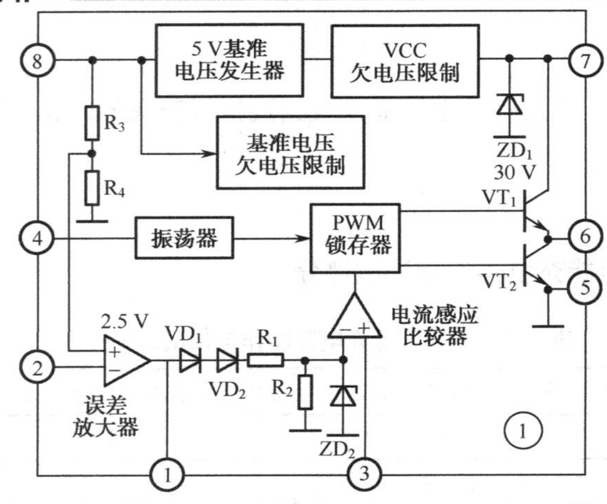

图 6-21　MC3842 内部方框图

（5）③脚为过流保护输入，②脚为误差放大输入。误差放大器输入端构成主脉宽调制（PWM）控制系统，过流检测输入可对脉冲进行逐个控制，直接控制每个周期的脉宽，使输出电压调整率达到 0.01%/V。如果③脚电压大于 1 V 或①脚电压小于 1 V，脉宽调制比较器输出高电平使锁存器复位，直到下一个脉冲到来时才重新置位。如果利用①、③脚的电平关系，在外电路控制锁存器的开/闭，使锁存器每个周期只输出一次触发脉冲，无疑使电路的抗干扰性增强，开关管不会误触发，可靠性将得以提高。

（6）内部振荡器的频率由④、⑧脚外接电阻和电容器设定。同时，内部基准电压通过④脚引入外同步。④、⑧脚外接电阻、电容器构成定时电路，电容器的充、放电过程构成一个振荡周期。当电阻的设定值大于 5 kΩ时，电容器的充电时间远大于放电时间，其振荡频率可根据公式近似得出：$f=1/T=1/0.55RC=1.8RC$。

2）铅酸蓄电池充电器电路

由 MC3842 组成的输出功率可达 120 W 的铅酸蓄电池充电器电路如图 6-22 所示。该充电器中只有开关频率部分为热地，MC3842 组成的驱动控制系统和开关电源输出充电部分均为冷地，两种接地电路由输入、输出变压器进行隔离，变压器不仅结构简单，而且很容易实现初、次级交流 2 000 V 的抗电强度。该充电器输出端电压设定为 43 V/1.8 A，如有需要可将电流调定为 3 A，用于对容量较大的铅酸蓄电池充电（如用于对容量为 30 A · h 的蓄电池充电）。

市电输入经桥式整流后，形成约 300 V 直流电压，因而对此整流滤波电路的要求与通常有所不同。对蓄电池充电器来说，桥式整流的 100 Hz 脉动电流没必要滤除干净，严格说 100 Hz 的脉动电流对蓄电池充电不仅无害，反而有利，在一定程度上可起到脉冲充电的效果，使充电过程中蓄电池的化学反应有缓冲的机会，防止连续大电流充电形成的极板硫化现象。虽然 1.8 A 的初始充电电流大于蓄电池额定容量的 1/10，间歇的大电流也使蓄电池的温升得以缓解。因此，该滤波电路的 C_1 选用 47 μF/400 V 的电解电容，其作用不足以使整流器 120 W 的负载中纹波滤除干净，而只降低整流电源的输出阻抗，以减小开关电路脉冲在供电电路中的损耗。C_1 的容量减小，使该整流器在满负载时输出电压降低为 280 V 左右。

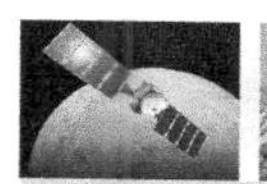

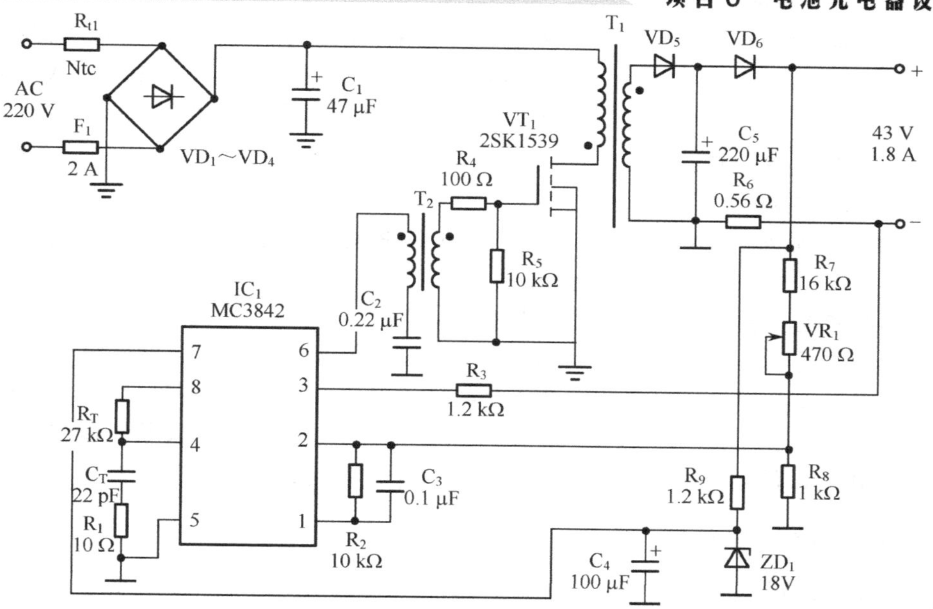

图 6-22 电动车铅酸蓄电池充电器电路

IC_1 按 MC3842 的典型应用电路作为单端输出驱动器，其各引脚作用及外围元件选择原则如下。

① 脚为内部误差放大器输出端。误差电压在 IC 内部经 VD_1、VD_2 电平移位，R_1、R_2 分压后，送入电流控制比较器的反向输入端，控制 PWM 锁存器。当①脚为低电平时，锁存器复位，关闭驱动脉冲输出，直到下一个振荡周期开始才重新置位，恢复脉冲输出。外电路接入 R_2、C_3，用以校正放大器频率和相位特性。

② 脚为内部误差放大器反相输入端。充电器正常充电时，最高输出电压为 43 V。外电路由 R_7、VR_1、R_8 分压后，得到 2.5 V 的取样电压，与误差放大器同相输入端的 2.5 V 基准电压比较，检出差值，通过输出脉冲占空比的控制使输出电压限定在 43 V。在调整此电压时，可使充电器空载。调整 VR_1 可使正、负输出端电压为 43 V。

③ 脚为充电电流控制端。在②脚设定的输出电压范围内，通过 R_6 对充电电流进行控制，③脚的动作阈值为 1 V，在 R_6 压降 1 V 以内，通过内部比较器控制输出电压变化，实现恒流充电。恒流值为 1.8 A，R_6 选用 0.56 Ω/3 W。在充电电压被限定为 43 V 时，可通过输出电压调整充电电流为恒定的 1.75～1.8 A。蓄电池充满电，端电压大于 43 V，隔离二极管 VD_6 截止，R_6 中无电流，③脚电压为 0 V，恒流控制无效，由②脚取样电压控制充电电压不超过 43 V。此时若充满电，在未断电的情况下，将形成 43 V 电压的涓流充电，使蓄电池电压保持在 43 V。为了防止过充电，36 V 铅酸蓄电池的此电压上限不宜使电池单元电压超过 2.38 V。该电路虽为蓄电池取样，实际上也限制了输出电压，若输出电压超过蓄电池电压 0.6 V，蓄电池电压将随之升高，送入电压取样电路使之降低。

④ 脚外接振荡器定时元件 C_T、R_T。该例中考虑到高频磁芯购买困难，将频率设定为 30 kHz 左右。R_1 用于外同步，在该电路中可不用。

⑤ 脚为共地端。

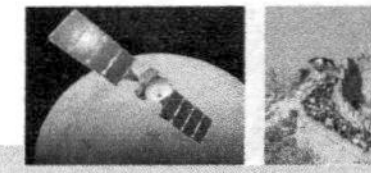

⑥ 脚为驱动脉冲输出端。为了实现与市电隔离，由 T_2 驱动开关管 VT_1。R_4 为 100 Ω，R_5 为 10 kΩ。如果 VT_1 内部栅源极无保护二极管，则可在外电路并入一只 10～15 V 稳压管。

⑦ 脚为供电端。为了省去独立供电电路，该电路中由蓄电池端电压降压供电，供电电压为 18 V。当待充蓄电池接入时，最低电压在 32.4～35 V，接入稳压管 ZD_1 均可得到 18 V 的稳定电压，C_4 为滤波电容。

⑧ 脚为 5 V 基准电压输出端，同时在 IC 内部经 R_3、R_4 分压为 2.5 V，作为误差检测基准电压。

该充电器的控制驱动系统和次级充电系统均与市电隔离，且 MC3842 由待充蓄电池电压供电，无产生超压、过流的可能。而 T_1 次级仅有的几只元件，只要选择合格，击穿的可能性也几乎为零，因此其可靠性极高。此部分的二极管 VD_5 可选择共阴或共阳极，将肖特基二极管并联应用。VD_6 可选用额定电流 5 A 的普通二极管。次级整流电路滤波电容器 C_5 选用 220 μF，以使初始充电电流较大时具有一定的纹波，而起到脉冲充电的作用。

3）充电器的安全性能

该充电器电路极为简单，然而可靠性却较高，其原因是：MC3842 属于逐周控制振荡器，在开关管的每个导通周期进行电压和电流的控制，一旦负载过流，VD_5 漏电击穿；若蓄电池端子短路，③脚电压必将高于 1 V，驱动脉冲将立即停止输出；若②脚取样电压由于输出电压升高超过 2.5 V，则使①脚电压低于 1 V，驱动脉冲也将被关断。多年来，MC3842 被广泛用于计算机显示器开关电源驱动器，无论任何情况下（其本身损坏或外围元件故障），都不会引起输出电压升高，只是无输出或输出电压降低，此特点使开关电源的负载电路极其安全。在该充电器中 MC3842 及其外电路都与市电输入部分无关，加之用蓄电池电压经降压、稳压后对其供电，因此使其故障率几乎为零。

该充电器中唯一与市电输入有关的电路是 T_1 初级和 T_2 次级之间的开关电路，常见开关管损坏的原因无非两方面：一是采用双极型开关管时，由于温度升高导致热击穿。这点对 VT_1 的负温度系数特性来说是不存在的，场效应管的漏源极导通的电阻特性本身具有平衡其导通电流的能力。此外，由于开关管的反压过高，所以当开关管截止时，反向脉冲的尖峰极易击穿开关管。为此，该电路中通过减小 C_1 的容量，以在开关管导通的大电流状态下适当降低整流电压。二是采用中心柱为圆形的铁氧体磁芯，其漏感相对小于矩形截面磁芯，而且气隙预留于中心柱，而不在两侧旁柱上，进一步减小了漏感。在此条件下选用 V_{DS} 较高的开关管是比较安全的。图 6-22 中的 VT_1 为 2SK1539，其 V_{DS} 为 900 V，I_{DS} 为 10 A，功率为 150 W。也可以用规格近似的其他型号 MOSFET 代用。如果担心尖峰脉冲击穿开关管，可以在 T_1 的初级接入通常的 C、VD、R 吸收回路。由于该充电器的初始充电电流、最高充电电压设计均在较低值，且充满电后涓流充电电流极小，所以基本可以认为是定时充电。如一只 12 A · h 时的铅酸蓄电池，7 h 即可充满电，且充满电后，是否断电对蓄电池和充电器的影响均极小。

2. 元件清单

元件清单如表 6-3 所示。

表6-3 元件清单

序号	名称	规格	用量	元件位置
1	热敏电阻	NTC	1	Rt_1
2	电阻	10 Ω	1	R_1
3	电阻	10 kΩ	2	R_2、R_5
4	电阻	1.2 kΩ	2	R_3、R_9
5	电阻	100 Ω	1	R_4
6	电阻	0.56 Ω	1	R_6
7	电阻	16 kΩ	1	R_7
8	电阻	1 kΩ	1	R_8
9	可调电阻	470 Ω	1	VR_1
10	电阻	27 kΩ	1	RT
11	电解电容	47 μF	1	C_1
12	瓷片电容	0.22 μF	1	C_2
13	瓷片电容	0.01 μF	1	C_3
14	电解电容	100 μF	1	C_4
15	电解电容	220 μF	1	C_5
16	瓷片电容	220 pF	1	CT
17	二极管	1N4007	4	VD_1～VD_4
18	二极管	1N5819	1	VD_5
19	二极管	1N4148	1	VD_6
20	稳压二极管	18 V	1	ZD_1
21	三极管	2SK1539	1	VT_1
22	集成电路	MC3842	1	IC_1
23	开关变压器	自制	1	T_1
24	激励变压器	自制	1	T_2
25	熔断器	2 A	1	F_1

3．充电器的装配步骤

充电器电路的装配步骤如下。

（1）PCB 设计与制作：根据如图 6-22 所示的电原理图设计 PCB。

（2）开关变压器 T_1 制作：采用市售芯柱圆形、直径小于 12 mm 的磁芯（芯柱对接处已设有 1 mm 的气隙），初级绕组用 0.64 mm 高强度漆包线绕 82 匝，次级绕组用 0.64 mm 高强度漆包线双线并绕 50 匝，初、次级之间需垫入 3 层聚酯薄膜。

（3）激励变压器 T_2 制作：采用 5 mm×5 mm 磁芯，初、次级绕组各用 0.21 mm 漆包线绕 20 匝，绕组间用 2 mm×0.05 mm 聚酯薄膜绝缘。

（4）焊接电阻器（共 9 只）：R_1——10 Ω；R_2——10 kΩ；R_3——1.2 kΩ；R_4——100 Ω；R_5——10 kΩ；R_6——0.56 Ω；R_7——16 kΩ；R_8——1 kΩ；R_9——1.2 kΩ。

（5）焊接电容器（共 5 只）：C_1——47 μF；C_2——0.22 μF；C_3——0.01 μF；C_4——100 μF；C_5——220 μF。

（6）焊接二极管、三极管（8 只）：VD_1～VD_4——1N4007；VD_5——1N5819；VD_6——1N4148。稳压二极管 ZD_1——18 V；三极管 VT_1——2SK1539。

（7）焊接集成电路 MC3842、开关变压器 T_1、激励变压器 T_2、热敏电阻、熔断器等。

4. 充电器的测试与调整

可按下列步骤对充电器电路进行测试与调整。

（1）用示波器测试 T_2 初、次绕组上的电压波形，测试 T_1 初、次绕组上的电压波形。

（2）用万用表测试 IC_1（MC3842）各引脚对地直流电压。其中⑦脚应为 18 V，⑥脚电压应为⑦脚电压的一半，⑧脚电压为 5 V。

（3）充电电压调整。调整时使充电器空载。调整 VR_1 可使正、负输出端电压为 43 V。

（4）振荡频率调整：测 MC3842 的④脚波形频率为 30 kHz，若振荡频率有偏差，可通过更换 RT 阻值进行调整，如增大 RT 阻值可降低频率。

5. 测试与评分

1）电池充电测试

打开充电器上盖，将电池装入并拨动金属触片，对准电池正、负极触片，此时检测（TEST）灯亮表明可以进行充电，然后将充电器插入市电。

2）评分

按表 6-4，对 36 V 电动车充电器进行测试评分。

表 6-4　36 V 电动车充电器制作与调试的评分表

序　号	项 目 内 容	结果（或描述）	得　分
1	PCB 设计		
2	变压器 T_1、T_2 制作		
3	布局规划		
4	焊接质量、安装工艺		
5	布线合理性		
6	电池充电测试		

思考与练习 6

1．充电电池有哪些类型？手机通常采用何种充电电池？电动车通常采用何种充电电池？

2．什么是电池容量？如何表示电池容量的大小？

3．什么是充电电池的过度充电和过度放电？有什么危害？

4．什么是电池充电过程的记忆效应？如何防止出现记忆效应？

5．什么是“慢充”和“快充”？

6．USB 充电器电路有何特点?

7．某电动剃须刀充电电路如图 6-23 所示，请说明各元件的作用。

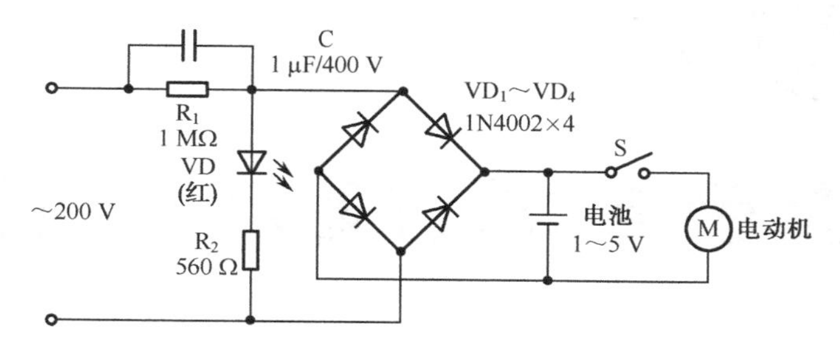

图 6-23　电动剃须刀充电电路

8．以尼康 MH-61 型充电器电路为例，说明充电器如何实现充满自停的？

9．什么是涓流充电？尼康 MH-61 型充电器是如何实现涓流充电的？

10．手机充电器中的 CT3852 专用芯片有何特点？

11．在电动车中使用的充电电池有何特点？

12．什么是电动车三段式充电器？

13．如图 6-15 所示的单端反激式开关电源电动车充电器是如何实现充电指示控制的？

14．对于如图 6-16 所示的半桥式开关电源电动车充电器，是如何实现限压与恒流控制的？

15．对蓄电池充电器来说，桥式整流的 100 Hz 脉动电流没必要滤除干净，为什么？

16．请对如图 6-22 所示的电动车铅酸蓄电池充电器电路进行改进：①增加电池极性自动识别功能；②增加充电指示功能。

项目 7

特色电源设计制作

本项目属于电源知识拓展项目，通过对特色电源电路的学习，熟悉倍压整流电路、可调稳压电源电路、功率因数校正电路、电视机开关电源电路的电路结构与工作原理。

【知识要求】

（1）掌握二倍压、多倍压整流的电路结构与原理。

（2）熟悉电源的分挡可调、步进可调的电路结构与原理。

（3）熟悉功率因数校正概念。

（4）熟悉有源功率因数校正的电路结构与原理。

（5）了解液晶电视机开关电源的特点、电路结构与原理。

（6）了解 CRT 电视机开关电源的特点、电路结构与原理。

【能力要求】

（1）能正确选用倍压整流电路。

（2）能正确选用电源的分挡可调、步进可调。

（3）能看懂有源功率因数校正电路原理图。

（4）能看懂电视机开关电源电路原理图。

7.1　倍压整流电路

如果想获得比输入交流电压高很多倍的输出直流电压，可以采用倍压整流电路。

7.1.1　半波二倍压整流电路

如图 7-1 所示为半波二倍压整流电路，它由整流二极管 VD_1、VD_2 及滤波电容 C_1、C_2 组成。设变压器次级的交流电压为 $u_2=\sqrt{2}\,U_2\sin\omega t$，电容初始电压为零。

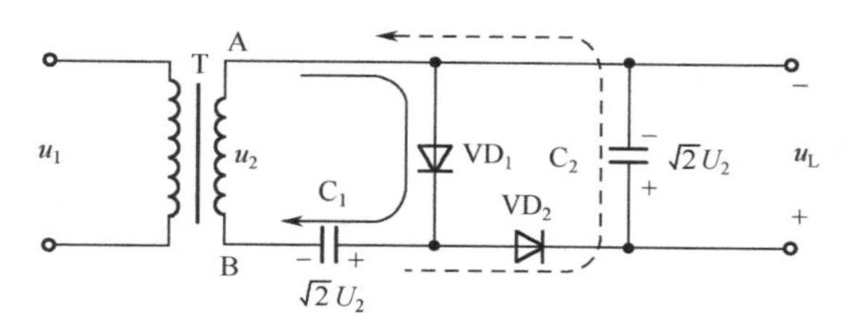

图 7-1　半波二倍压整流电路

当 u_2 为正半周时，即 A 端为正、B 端为负时，VD_1 正向导通，C_1 被充电，充电电流如图 7-1 中实线所示，C_1 两端的最大电压可达到 $\sqrt{2}U_2$。当 u_2 为负半周时，即 A 端为负、B 端为正时，C_1 两端电压与 u_2 相叠加，使二极管 VD_1 截止，VD_2 正向导通，C_2 被充电，充电电流如图 7-1 中虚线所示，C_2 两端的最大电压可达到 $2\sqrt{2}U_2$。若输出电压取自 C_2 的两端，则实现了二倍压整流。由此可见，二倍压整流主要是利用 C_1 对电荷的储存作用。由于只有在 u_2 的半个正弦波周期内 C_2 电容才被充电，所以称其为半波二倍压整流。

7.1.2　全波二倍压整流电路

如图 7-2 所示为全波二倍压整流电路，它仍然由整流二极管 VD_1、VD_2 及滤波电容 C_1、C_2 组成，但接法与半波二倍压整流电路不同。

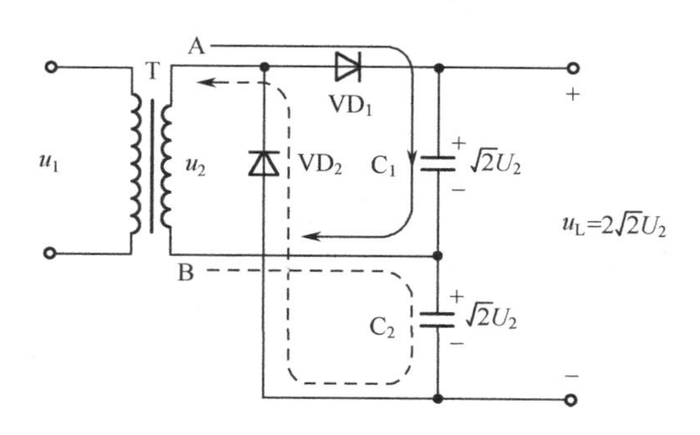

图 7-2　全波二倍压整流电路

当 u_2 为正半周时，即 A 端为正、B 端为负时，VD_1 导通，VD_2 截止，C_1 被充电，充电

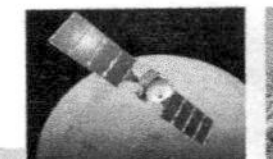

电流如图 7-2 中实线所示，C_1 两端的最大电压可达到 $\sqrt{2}U_2$。当 u_2 为负半周时，即 A 端为负、B 端为正时，VD_1 截止，VD_2 导通，C_2 被充电，充电电流如图 7-2 中虚线所示，C_2 两端的最大电压可达到 $\sqrt{2}U_2$。

输出直流电压为 C_1 两端电压与 C_2 两端电压的叠加，电压值为 $2\sqrt{2}U_2$，于是实现了二倍压整流。无论是 u_2 的正半周还是负半周，C_1 和 C_2 两个串联电容中总有一个被充电，故称为全波二倍压整流，其输出电压的平滑性应优于半波二倍压整流。

7.1.3 多倍压整流电路

多倍压整流电路如图 7-3 所示。在空载情况下，根据上述分析可得，C_1 两端的电压为 $\sqrt{2}U_2$，C_2～C_6 两端的电压均为 $2\sqrt{2}U_2$。因此，若以 C_1 两端为输出端，则输出电压值为 $\sqrt{2}U_2$；若以 C_2 两端为输出端，则输出电压为 $2\sqrt{2}U_2$；若 C_1 和 C_3 上的电压相加为输出端，则输出电压为 $3\sqrt{2}U_2$，…，以此类推，从不同位置输出，可获得 $\sqrt{2}U_2$ 的 4、5 及 6 倍的电压输出。

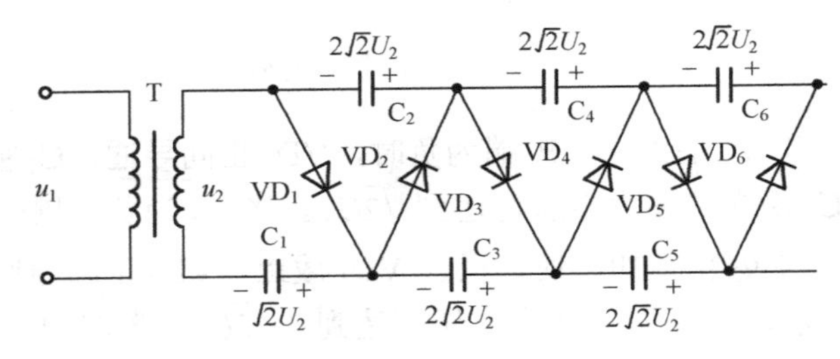

图 7-3　多倍压整流电路

应当指出，以上分析时，总是设电路为空载，且已处于稳态。当电路接上负载后，输出电压将不可能达到 u_2 峰值的倍数。倍压整流电路的主要缺点是其输出特性极差，仅适用于小电流负载场合。

7.2 功率因数校正与开关电源

7.2.1 功率因数校正的提出

在 20 世纪 50 年代，针对具有感性负载的交流用电器的电压和电流不同相（见图 7-4）问题，提出了功率因数校正 PFC（Power Factor Correction）技术。由于感性负载的电流滞后所加电压，电压和电流的相位不同使供电线路的负担加重，导致供电线路效率下降，所以这就要求在感性用电器具上并联一个电容器用以调整其该用电器的电压、电流相位特性。例如，当时要求所使用的 40W 日光灯必须并联一个 4.75 μF 的电容器。将电容器并联在感性负载上，利用电容器电流超前电压的特性，以补偿电感负载上电流滞后电压的特性，使总的特性接近于阻性，从而改善效率低下的方法叫功率因数校正（或补偿）。交流电的功率因数可以用电源电压与负载电流两者相位角的余弦函数值 $\cos\varphi$ 表示。

功率因数定义：实际负载所消耗的功率与在负载端所测量到的视在功率的比值。功率因素越高（趋近于1），代表电力利用率越高，电力在传输过程中即可减少无谓的损失。

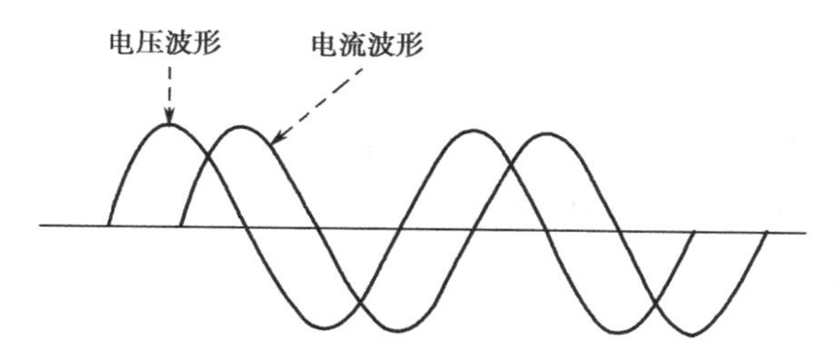

图 7-4 感性负载中电压和电流的波形

而从 20 世纪 80 年代起，用电器大量采用效率高的开关电源，由于开关电源都是在整流后用一个大容量的滤波电容，使该用电器的负载特性呈现容性，所以这就造成了交流 220 V 在对该用电器供电时，由于滤波电容的充、放电作用，所以电容两端的直流电压出现略呈锯齿波的纹波。滤波电容上电压的最小值不为零，与其最大值（纹波峰值）相差并不多。根据整流二极管的单向导电性，只有在 AC 线路电压瞬时值高于滤波电容上的电压时，整流二极管才会因正向偏置而导通，而当 AC 输入电压瞬时值低于滤波电容上的电压时，整流二极管因反向偏置而截止。也就是说，在 AC 线路电压的每个半周期内，只是在其峰值附近，二极管才会导通。虽然 AC 输入电压仍大体保持正弦波波形，但 AC 输入电流却呈高幅值的尖峰脉冲，如图 7-5 所示。这种严重失真的电流波形含有大量的谐波成分，引起线路功率因数严重下降。开关电源采用桥式整流电容滤波作为 AC/DC 变换器，由于滤波电容容量大，所以使得整流二极管的导通时间很短，二极管仅在交流电峰值电压附近才导通，电流呈脉冲型，电流波形的谐波含量非常丰富，线路功率因素很低，一般只有 0.6 左右。为了减少 AC/DC 变换谐波电流造成的噪声及对电网产生的谐波污染，同时提高功率因素，以达到有效利用电能的目的，必须将 AC/DC 变换的谐波电流限制在某范围内。

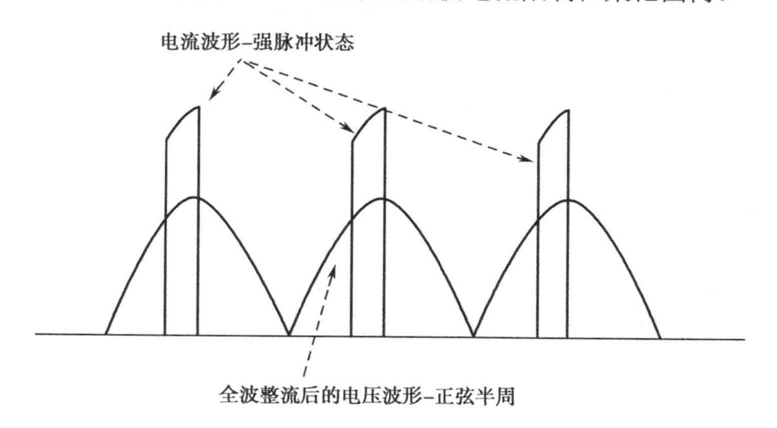

图 7-5 全波整流后的电压、电流波形

在正半个周期内（180°），整流二极管的导通角小于 180°，甚至只有 30°～70°，由于要保证负载功率的要求，在极窄的导通角期间会产生极大的导通电流，所以使供电电路中的供电电流呈脉冲状态，它不仅降低了供电的效率，更严重的是它在供电线路容量不

足，或电路负载较大时会产生严重的交流电压的波形畸变（见图 7-6），并产生多次谐波，从而干扰了其他用电器的正常工作。

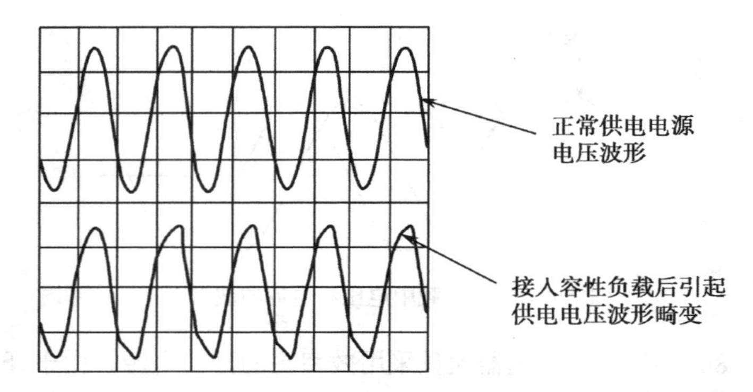

图 7-6　容性负载引起的供电电压波形畸变

自从用电器从过去的感性负载（早期的黑白电视机等的电源均采用电源变压器，属于感性器件）变成容性负载（开关电源，直接对交流电整流及电容滤波）后，其功率因素补偿的含义不仅是供电的电压和电流不同相位的问题，更严重的是要解决因供电电流呈强脉冲状态而引起的电磁干扰 EMI（Electromagnetic Interference）和电磁兼容 EMC（Electromagnetic Compatibility）问题。

功率因数校正是 20 世纪末发展起来的一项新技术，其背景源于开关电源的迅速发展和广泛应用，其主要目的是解决因容性负载导致电流波形严重畸变而产生的电磁干扰（EMI）和电磁兼容（EMC）问题。因此现代的 PFC 技术完全不同于过去的功率因数补偿技术，它是针对非正弦电流波形畸变而采取的，迫使交流线路电流追踪电压波形瞬时变化轨迹，并使电流和电压保持同相位，使系统负载呈纯电阻性，这就是功率因数校正。

由于以上原因，所以要求用电功率大于 85 W（有的资料显示大于 75 W）的容性负载用电器，必须增加校正其负载特性的校正电路，使其负载特性接近于阻性（电压和电流波形同相且波形相近），这就是现代的功率因数校正（PFC）电路。

自 2001 年 1 月 1 日起，欧盟正式对电子设备谐波有详细规范，我国自 2002 年 5 月起，也将功率因数视为电子配备的标准功能。

7.2.2　无源功率因数校正

目前电视机均采用高效的开关电源，而开关电源内部电源输入部分无一例外地采用了二极管桥式整流和电容滤波电路，如图 7-7 所示。

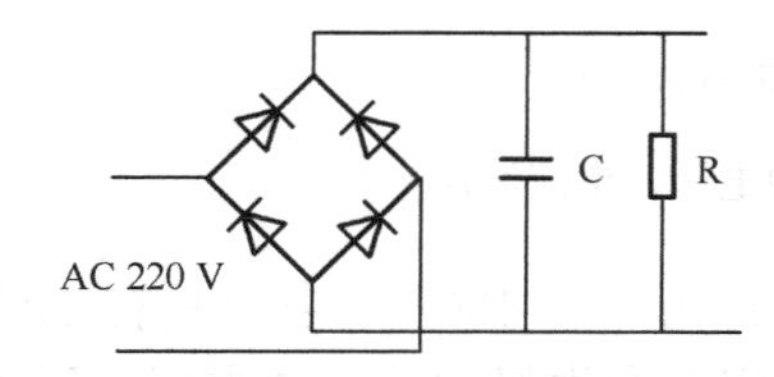

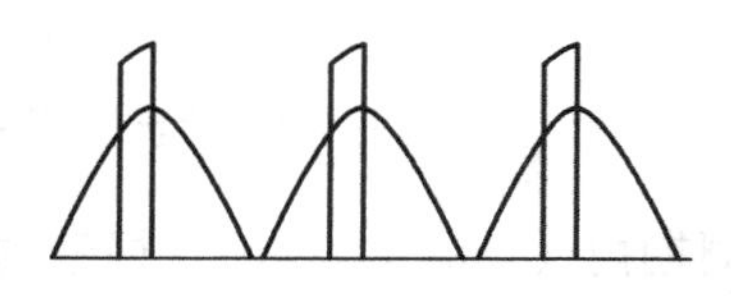

图 7-7　桥式整流和电容滤波电路及其波形

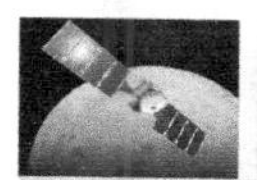

为了抑制电流波形的畸变并提高功率因数，现代的功率较大（大于 85 W）且具有开关电源（容性负载）的用电器必须采用 PFC 措施。PFC 又分为有源 PFC 和无源 PFC 两种方式。

1. 增加电感来改善功率因数

目前部分 CRT 厂家对部分电视机进行改进，不使用晶体管等有源器件组成的校正电路，一般由二极管、电阻、电容和电感等无源器件组成。目前国内的电视机生产厂对过去设计的功率较大的电视机，在整流桥堆和滤波电容之间加一只电感（适当选取电感量），如图 7-8 所示。利用电感上电流不能突变的特性来平滑电容充电强脉冲的波动，改善供电线路电流波形的畸变，并且利用电感上电压超前电流的特性补偿滤波电容电流超前电压的特性，使功率因数、电磁兼容和电磁干扰得以改善。

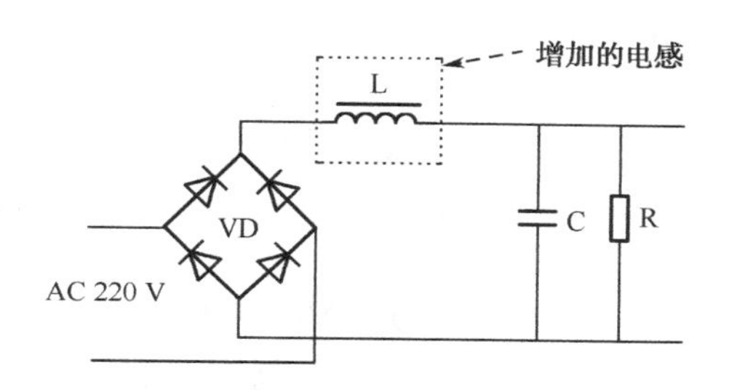

图 7-8 增加电感来改善功率因数

此电路虽然简单，但是这种无源 PFC 输出纹波较大，滤波电容两端的直流电压也较低，电流畸变的校正及功率因数补偿的能力都很差，而且 L 的绕制及铁芯的质量控制不好会对图像及伴音产生严重的干扰，因此其只能是对于前期无 PFC 设备使之能进入市场的临时措施。

2. 平衡半桥无源功率因数校正

如图 7-9 所示是一种由电容、二极管组成的平衡半桥无源功率因数校正电路，其中 L_1、L_2、C_1、C_2 组成复式滤波电路，VD_1～VD_4 为桥式整流电路，VD_5～VD_7、C_3、C_4 组成功率因数校正电路。输入交流电压时间段划分如图 7-10 所示，功率因数校正原理分析如下。

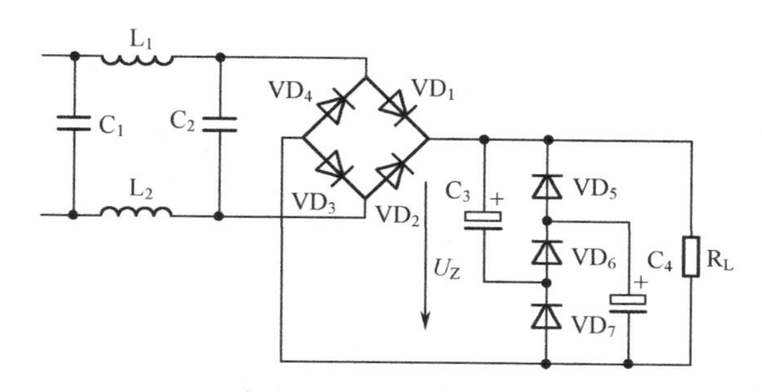

图 7-9 平衡半桥无源功率因数校正电路

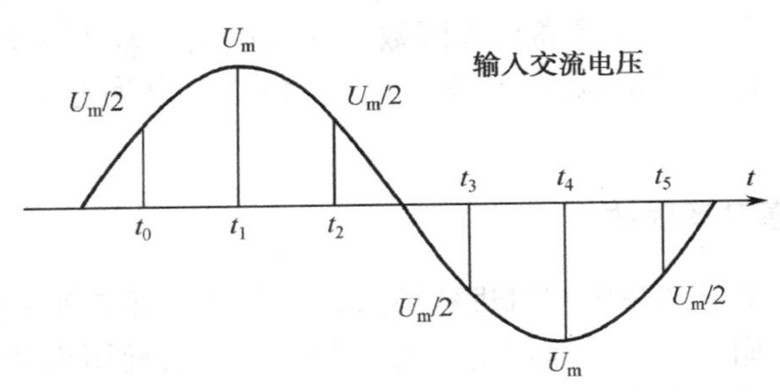

图 7-10　输入交流电压时间段划分

在 t_0～t_1 时间内，整流二极管 VD_1、VD_3 导通，桥式整流输出电压 U_Z 通过 C_3、VD_6、C_4 对 C_3、C_4 充电，同时为负载 R_L 供电。由于充电时间常数很小，所以 C_3、C_4 充电速度很快，当 U_Z 达到峰值 U_m 时，C_3、C_4 上的电压 $U_{C3}=U_{C4}=U_m/2$。

在 t_1～t_2 时间内，$U_m/2<U_Z<U_{C3}+U_{C4}$，VD_5 和 VD_7 均反偏截止，C_3、C_4 无放电回路，负载 R_L 仍由整流电压 U_Z 供电，VD_1、VD_3 仍然处于导通状态。

在 t_2～t_3 时间内，$U_Z<U_m/2$，VD_1、VD_3 截止，电容 C_3 通过 VD_7 对负载 R_L 放电，电容 C_4 通过 VD_5 也对 R_L 放电。

在 t_3～t_4 时间内，$U_Z>U_{C3}$、$U_Z>U_{C4}$，VD_2、VD_4 开始导通，为 R_L 供电，当 $U_Z>U_{C3}+U_{C4}$ 时，U_Z 通过 C_3、C_4、VD_6 对 C_3、C_4 充电。在 t_4 时刻 $U_{C3}=U_{C4}=U_m/2$。

在 t_4～t_5 时间内，$U_m/2<U_Z<U_{C3}+U_{C4}$，VD_5 和 VD_7 均反偏截止，C_3、C_4 仍无放电回路，负载 R_L 仍由 U_z 供电，VD_2、VD_4 仍然处于导通状态。

在 t_5～t_6 时间内，$U_Z<U_m/2$，VD_2、VD_4 截止，C_3 通过 VD_7、C_4 通过 VD_5 又对 R_L 开始放电，以后将循环上述过程。

由上述分析不难看出，当电路达稳态后，VD_1、VD_3 在 t_1～t_2 时间段内均导通，VD_2、VD_4 在 t_3～t_5 时间段内均导通，整流二极管的导通时间明显增大，其输入电流波形得到较大的改善（接近正弦波）。实验表明，采用此电路可使输入电流总谐波含量降低到 30%以下，功率因数可提高到 0.90 以上。此方案的优点是原理、结构相对简单，成本稍低，功率因数高。

7.2.3　有源功率因数校正

有源 PFC 有很好的效果，基本上可以完全消除电流波形的畸变，而且电压和电流的相位可以控制保持一致，它基本上可以完全解决功率因数、电磁兼容、电磁干扰的问题，但是电路非常复杂。其基本思路是将 220 V 整流桥堆后面的滤波电容去除，以消除因电容的充电造成的电流波形畸变及相位的变化。去掉滤波电容后，由一个“斩波”电路把脉动的直流变成高频（约 100 kHz）交流电。高频交流电再经过整流滤波，获得的直流电压再向常规的开关稳压电源供电，其过程是：

$$AC \to DC \to AC \to DC$$

有源 PFC 的基本原理是在开关电源的整流电路和滤波电容之间增加一个 DC-DC 的斩波电路，如图 7-11 所示（附加开关电源）。对于供电电路来说，该整流电路输出没有直接接

滤波电容，因此其对于供电电路来说呈现的是纯阻性的负载，其电压和电流波形同相，相位相同，斩波电路的工作也类似于一个开关电源。因此，有源 PFC 开关电源就是一个双开关电源的开关电源电路，它是由斩波器（“PFC 开关电源”）和稳压开关电源（“PWM 开关电源”）组成的。

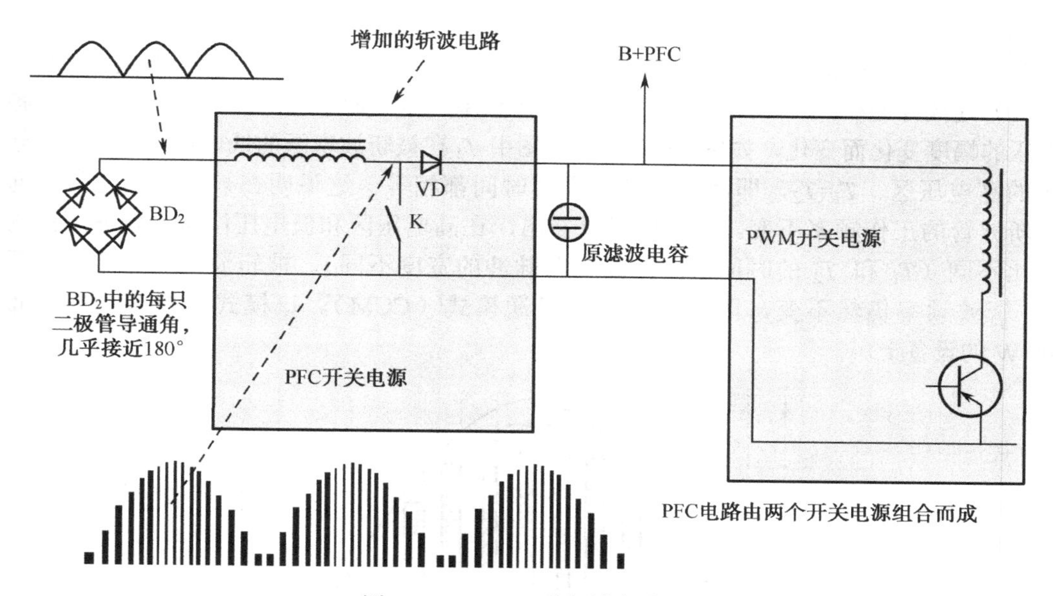

图 7-11　DC-DC 的斩波电路

1. 斩波器部分（PFC 开关电源）

整流二极管整流以后不加滤波电容器，把未经滤波的脉动正半周电压作为斩波器的供电源。由于斩波器一连串的做“开关”工作，所以脉动的正电压被“斩”成如图 7-12 所示的电流波形（实线为电压波形，虚线为电流包络波形），其波形的特点是：①电流波形是断续的，其包络线和电压波形相同，并且包络线和电压波形相位同相。②由于斩波的作用，所以半波脉动的直流电变成高频（由斩波频率决定，约 100 kHz）“交流”电，该高频“交流”电要再次经过整流才能被后级 PWM 开关稳压电源使用。③从外供电总的来看，该用电系统做到了交流电压和交流电流同相，并且电压波形和电流波形均符合正弦波形，既解决了功率因素补偿问题，也解决了电磁兼容和电磁干扰问题。

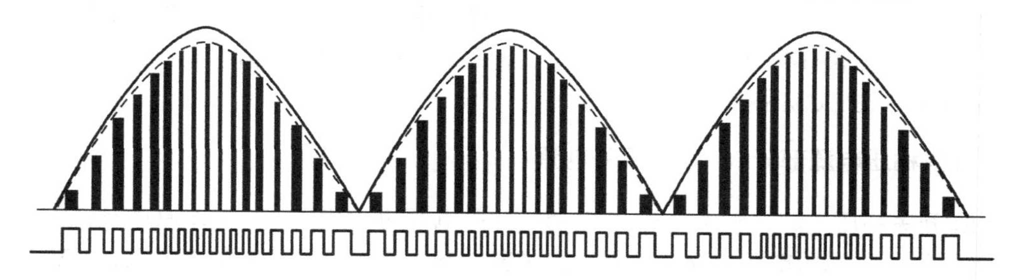

图 7-12　斩波器电流波形

该高频“交流”电经过整流二极管整流，并经过滤波变成直流电压（电源）向后级的PWM 开关电源供电。该直流电压在某些资料上把它称为 B+PFC（TPW-4211 即是如此）。在斩波器输出的 B+PFC 电压一般高于原 220 V 交流整流滤波后的+300 V，其原因是选用高电压，其电感的线径小、线路压降小、滤波电容容量小，且滤波效果好，对后级 PWM 开关管要求低等诸多好处。

对于 PFC 开关电源部分，起到开关作用的斩波管（K）有以下两种工作方式。

（1）连续导通模式（CCM）。开关管的工作频率一定，而导通的占空比（系数）随被斩波电压的幅度变化而变化，如图 7-13 所示。图中 T_1 在被斩波电压的低电压区，T_2 在被斩波电压的高电压区，T_1=T_2，即所有的开关周期时间都相等，这说明在被斩波电压的任何幅度，斩波管的工作频率不变。从图中可以看出，在高电压区和低电压区每个斩波周期内的占空比不同（T_1 和 T_2 的时间相同，而上升脉冲的宽度不同）。被斩波电压为零时（无电压），斩波频率仍然不变，因此称为连续导通模式（CCM）。该模式一般应用在 250～2 000 W 的设备上。

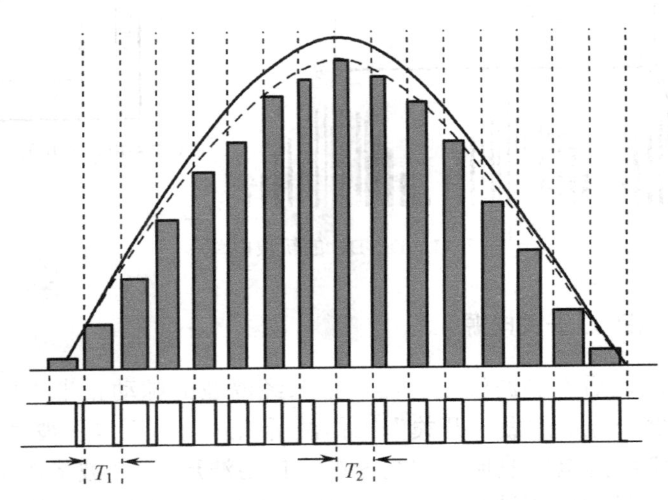

图 7-13　斩波管连续导通模式

（2）不连续导通模式（DCM）。斩波开关管的工作频率随被斩波电压的大小发生变化，每一个开关周期内“开”、“关”时间相等，如图 7-14 所示。T_1 和 T_2 时间不同，随着电压幅度的变化，其斩波频率也相应变化。被斩波电压为“零”时开关停止（振荡停止），因此称为不连续导通模式（DCM），即有输入电压斩波管工作，无输入电压斩波管不工作。它一般应用在 250 W 以下的小功率设备上。例如，海信 TLM-3277 液晶电视接收机开关电源的 PFC 部分即工作在 DCM 模式。

2. 开关稳压电源部分（PWM 开关电源）

PWM 开关稳压电源是整个具有 PFC 功能开关电源的一部分，其工作原理及稳压性能和普通的电视机开关稳压电源一样，所不同的是普通开关稳压电源供电是由交流 220 V 整流供电，而此开关电源供电是由 B+PFC 供电，B+PFC 选取+380 V。

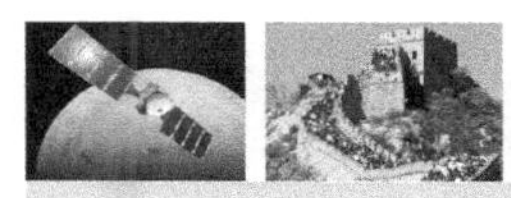

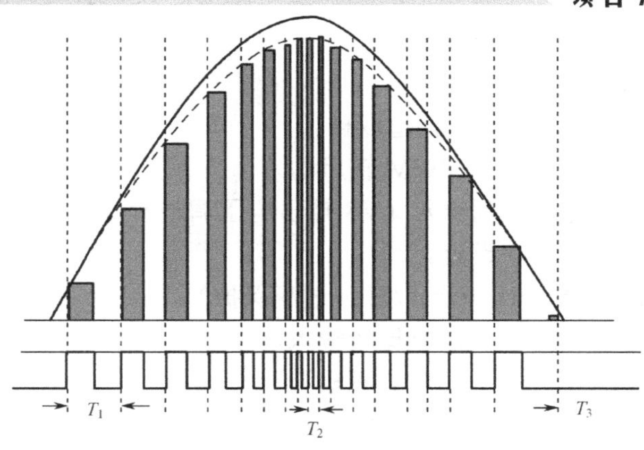

图 7-14　斩波管不连续导通模式

7.2.4　具有 PFC 的开关电源

在目前具有功率因数校正的开关电源中，其 PFC 开关电源和 PWM 开关电源的激励部分均由一块集成电路完成，即 PFC/PWM 组合 IC 芯片，如 ML4824、SMA-E1017 芯片等。

1. 由 ML4824 芯片组成的含 PFC 的开关电源

ML4824 是飞兆公司（Fairchild）的 PFC / PWM 复合芯片，只需要一个时钟信号，一套控制电路，就能控制两级开关电源（PFC 和 PWM）电路，简化了设计。除了具有功率因数校正功能和 PWM 开关电源功能外，ML4824 还有很多保护功能，如软启动、过压保护、峰值电流限制、欠压锁定、占空比限制等。ML4824 内部电路框图如图 7-15 所示。

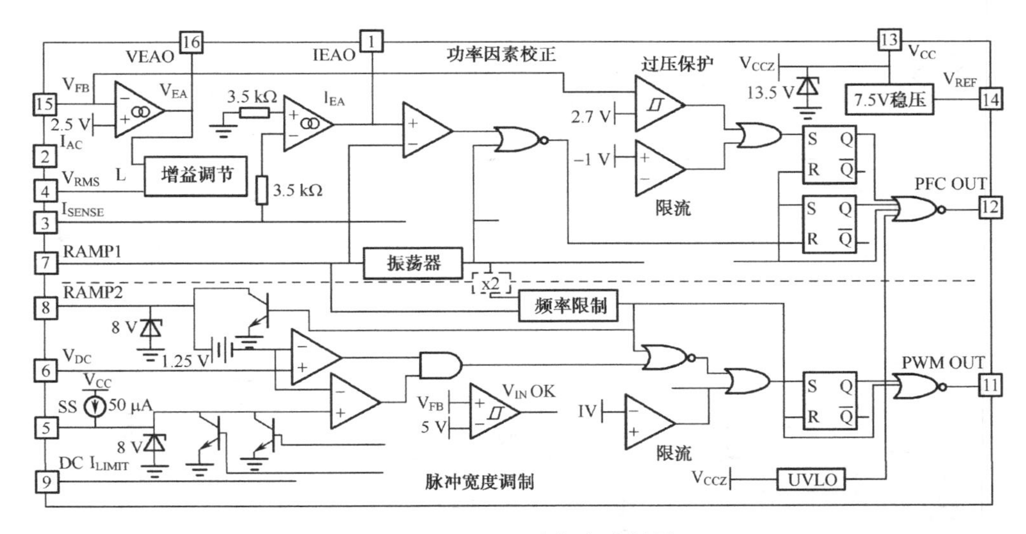

图 7-15　ML4824 内部电路框图

ML4824 集成电路各引脚符号、功能说明如下。

① 脚（IEAO）：内部 PFC 控制电路时间常数设置端。

② 脚（I_{AC}）：PFC 级输入电压波形取样。

③ 脚（I_{SENSE}）：PFC 过流取样输入。

④ 脚（V_{RMS}）：PFC 级输入电压幅值取样。

⑤ 脚（SS）：PWM 启动控制（PWM 软启动）。

⑥ 脚（V_{DC}）：PWM 稳压控制输入（VS 输出电压调整）。

⑦ 脚（RAMP1）：振荡频率设定。

⑧ 脚（RAMP2）：PWM 输出电流取样（过流保护）。

⑨ 脚（DC I_{LIMIT}）：PWM 电流限制比较输入。

⑩ 脚（GND）：接地（图 7-15 中没有画出）。

⑪ 脚（PWM　OUT）：脉宽调制激励信号输出。

⑫ 脚（PFC　OUT）：PFC 级斩波信号输出。

⑬ 脚（V_{CC}）：供电脚，接 VC-S-R（18 V）。

⑭ 脚（V_{REF}）：7.5 V 基准电压脚。

⑮ 脚（V_{FB}）：PFC 稳压控制输入（B+PFC 电压控制）。

⑯ 脚（VEAO）：PFC 控制电路时间常数设置端。

如图 7-16 所示是 ML8424 芯片在海信 TPW-4211 等离子电视机电源中的应用。图中有两个开关电源，一个是普通常见的 PWM 开关电源，而另一个是 PFC 开关电源。经过桥式整流的脉动直流电压不经过滤波，而是先加到 PFC 开关电源上，PFC 开关电源接成一个斩波器的形式，经过斩波变成 60～100 kHz 的高频交变电压，经过 PWM 开关电源再次整流、滤波后，产生 B+电压。PFC 开关电源的输出电压称为 B+PFC（380 V），以便和 B+供电相区别。

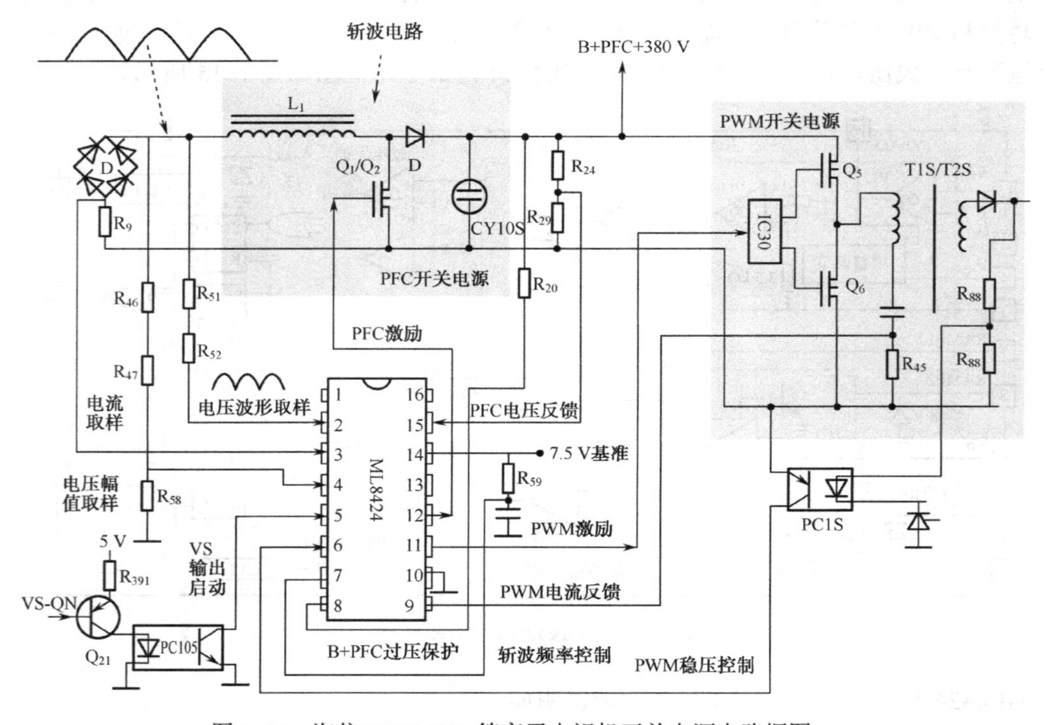

图 7-16　海信 TPW-4211 等离子电视机开关电源电路框图

2．由 SMA-E1017 芯片组成的含 PFC 的开关电源

SMA-E1017 是内含功率因数校正（PFC）的开关电源控制芯片，采用 15 脚封装，各引脚功能说明如表 7-1 所示。在海信 TLM3277 液晶电视机中的应用如图 7-17 所示。

表 7-1　SMA-E1017 引脚功能说明

引 脚 号	引 脚 名 称	功 能 说 明	电压值（V）
1	VCC	电源	23.3
2	DD output	PWM 开关管驱动脉冲输出	1.9
3	DFB	PWM 开关电源反馈输入	3.6
4	OCP	PWM 过流保护输入	0
5	BD	准谐振信号输入端	1.8
6	GND	地	0
7	Mult FP	乘法器输入	1,6
8	COMP	相位补偿端	2.2
9	PFB/OVP	PFC 反馈输入/过压保护输入	3.2
10	CS	PFC 开关管源极电流检测端	0
11	ZCD	PFC 过零检测脉冲输入	3.5
12	Start up	启动电源输入	3.7
13、14		未用	
15	PFC output	功率因数较正输出	2.6

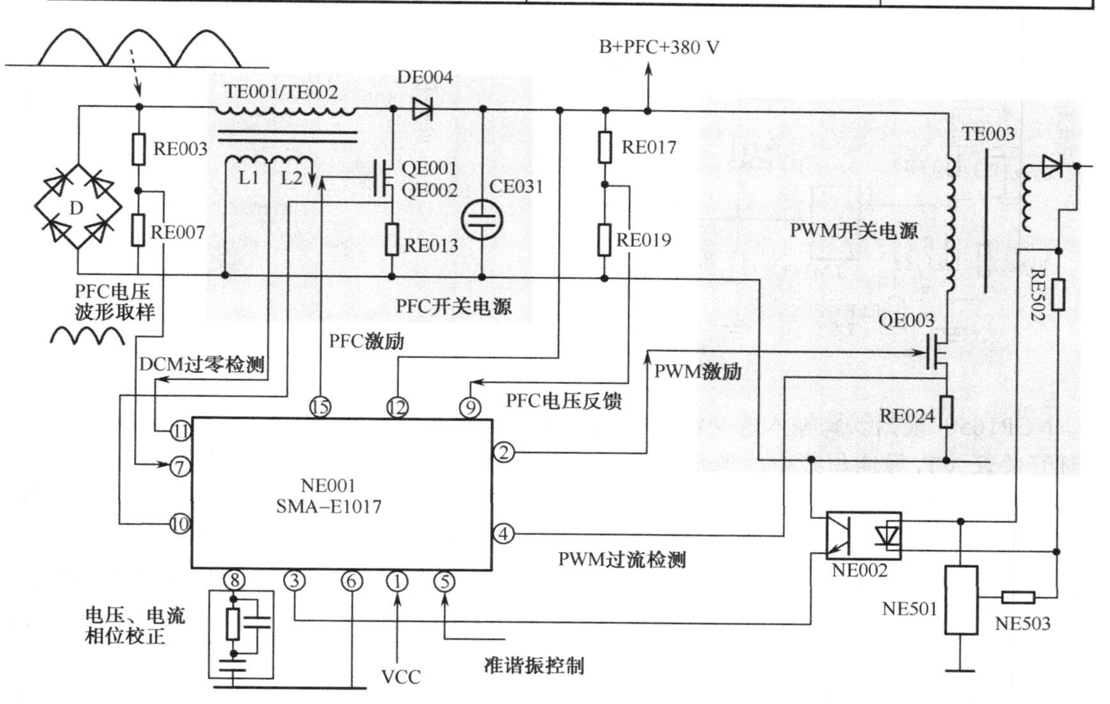

图 7-17　海信 TLM3277 液晶电视机开关电源电路框图

7.2.5 功率因数校正电路实例

1. 由 NCP1650 芯片组成的 PFC 电路

TCL 集团开发的 GC-32 机芯液晶电视机，在开关电源中采用了功率因数校正（PFC）技术。其功率因素校正电路如图 7-18 所示，它主要由 NCP1650 芯片及 L_2、VT_1、VD_1 组成，这是一个高频有源 PFC 电路。

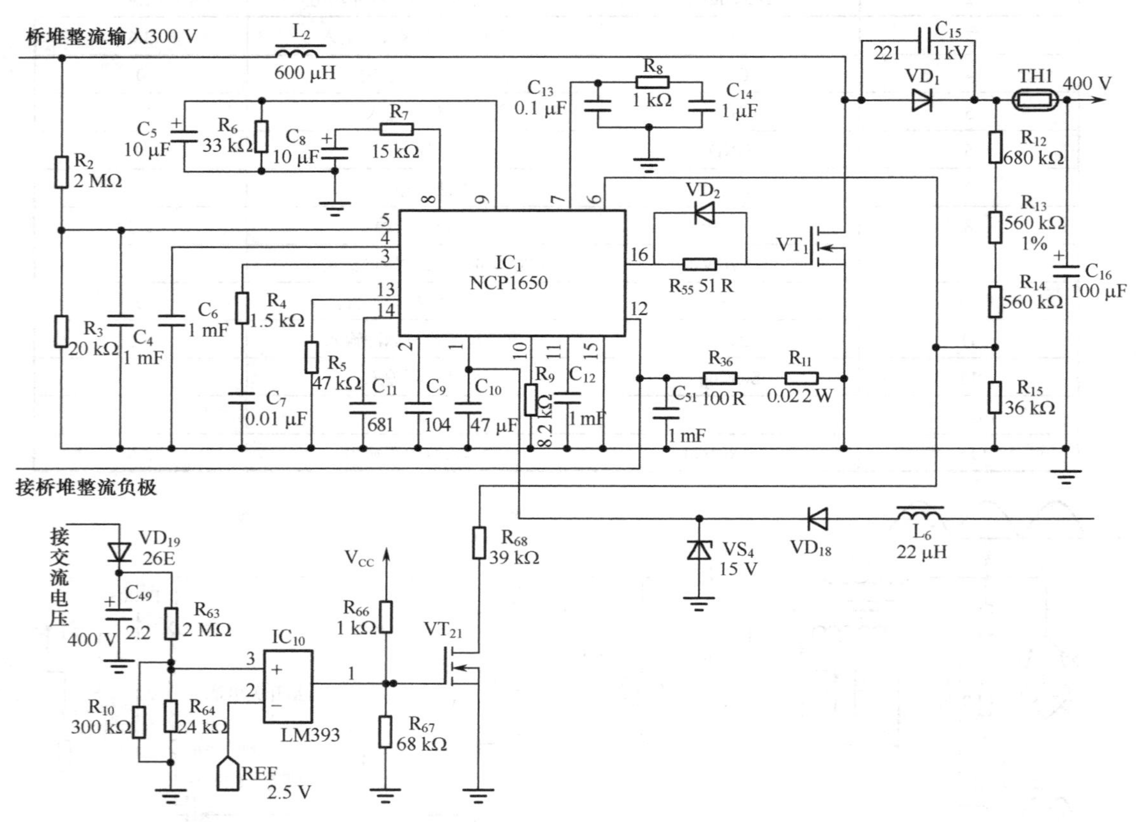

图 7-18 功率因数校正电路

NCP1650 根据⑤脚输入的交流采样电压和⑥脚输入的反馈电压产生 PWM 驱动信号，控制开关管 VT_1 导通与截止。当开关管 VT_1 导通时，二极管 VD_1 截止，电流流过 L_2，电能以磁能形式储存在 L_2 中，此时 C_{16} 向负载放电；当开关管 VT_1 截止时，二极管 VD_1 导通，桥堆整流后的直流电压与 L_2 两端电势叠加，经 VD_1 给 C_{16} 充电，C_{16} 上的电压达 400 V 左右，这是一种升压变换。在交流电压半个周期内，电感 L_2 的高频振荡电流频率是不断变化的，但峰值电流的包络曲线时刻跟踪交流电压的变化，L_2 的平均电流在开关周期很少时接近于正弦波，功率因素一般能提高到 0.99。

PFC 电路分为两段工作，90～132 V（交流）为低压输入段，PFC 输出电压为 260 V（直流）；180～264 V（交流）为高压输入段，PFC 输出电压为 390 V（直流）。切换段为

140～165 V（交流）。切换由比较器 IC_{10} 完成。当交流输入为低压输入段时，IC_{10}③脚电位低于②脚电位，VT_{21} 截止，R_{68} 不影响 NCP1650⑥脚的反馈。当交流输入为高压输入段时，IC_{10}③脚电位高于②脚电位，VT_{21} 导通，R_{68} 使 NCP1650⑥脚的反馈电压变低，使 PFC 的输出电压升至 390 V（直流）。

2. NCP1650 芯片结构与功能

NCP1650 芯片是一个宽电压输入范围的功率因数校正器，NCP1650 具有下列特点：固定频率工作方式，平均电流模式（PWM），连续与间断工作模式，快速在线/负载瞬间补偿，真正的功率限制电路，高精度乘法器，欠压锁定；超出输出范围保护，齿波补偿不影响振荡器的精度，工作频率为 25～250 Hz。NCP1605 内部电路框图如图 7-19 所示，各引脚功能说明如表 7-2 所示。

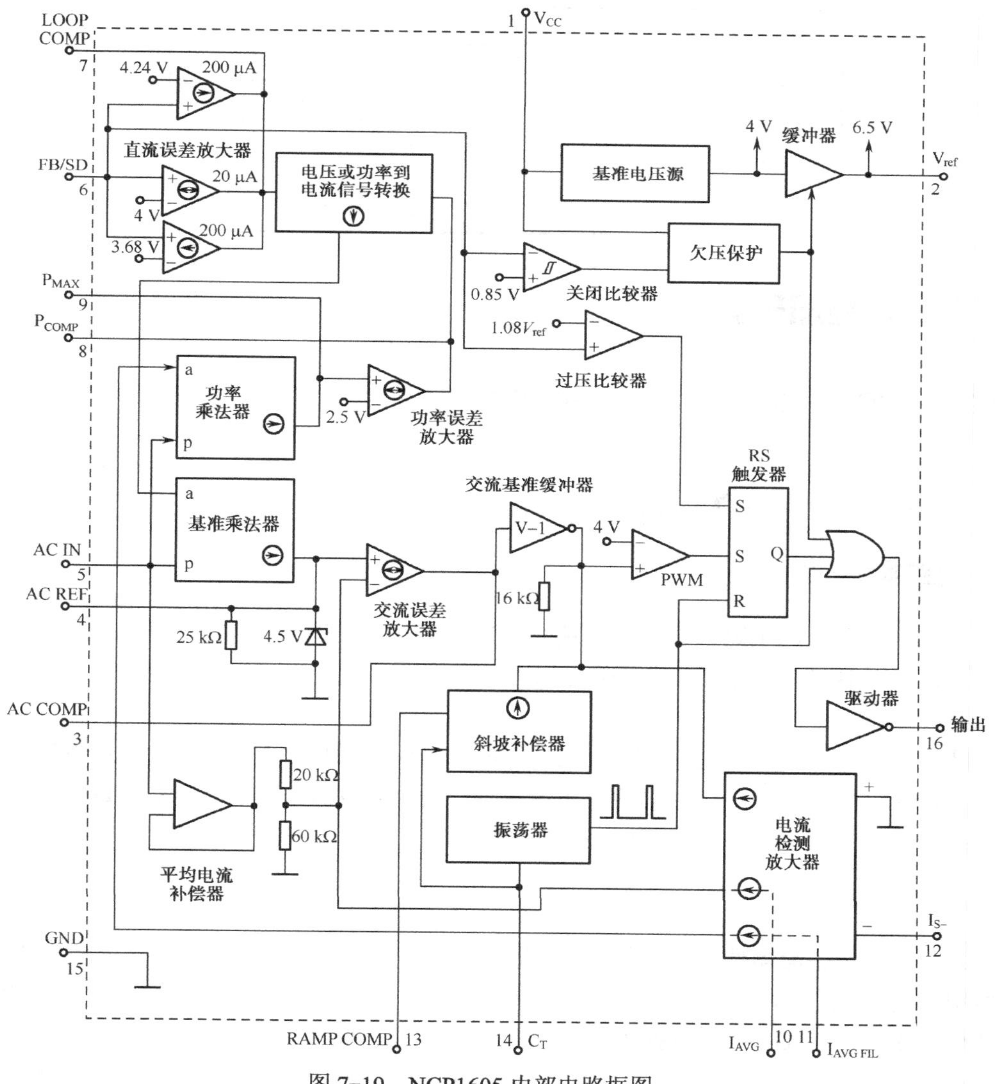

图 7-19 NCP1605 内部电路框图

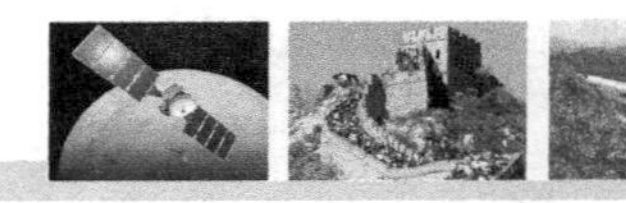

表 7-2　NCP1605 引脚功能说明

引 脚 号	引 脚 名 称	功 能 说 明
1	V_{CC}	供电脚，兼电压过低检测
2	V_{ref}	6.5 V 基准电压输出
3	AC COMP	给 AC 基准放大器提供频率补偿
4	AC REF	交流误差放大器的参考电压输出
5	AC IN	全波整流后的电压分压输入
6	FB/SD	反馈/掉电脚
7	LOOP COMP	电压调节环的外接补偿网络
8	P_{COMP}	功率误差放大器外接补偿网络
9	P_{MAX}	功率乘法器允许输出功率设定端
10	I_{AVG}	外接最大平均电流设定电阻
11	$I_{AVG\ FIL}$	电流平均值滤波
12	I_{S-}	负极性检测电流输入
13	RAMP COMP	补偿电阻连接端
14	C_T	外接振荡定时电容
15	GND	接地脚
16	输出	场效应管驱动输出

7.3　液晶电视机开关电源

7.3.1　GC-32 机芯 12V/4A 开关电源

TCL 液晶电视机 GC-32 机芯有两个开关电源，一个是输出为 DC 12 V/4 A 的开关电源，另一个是输出为 DC 24 V/6 A 的开关电源。

1．电路基本组成

12 V/4 A 开关电源电路如图 7-20 所示，它主要由 NCP1377（IC_6）集成电路、开关管 VT_5 及开关变压器 T_2 等组成。此开关电源有两个特点，一是采用同步整流，二是采用准谐振控制。

开机后，直流高压 HV 经 T_2 初级加到开关管 VT_5 的漏极，并经 VD_{11} 加到 NCP1377⑧脚，使 NCP1377 启动工作。NCP1377 的⑤脚输出驱动脉冲，控制开关管 VT_5 的导通与截止。T_2 次级采用 VT_6 和 VT_{14} 来担任同步整流任务。

2．同步整流

（1）采用同步整流器件 SR。现代电子设备常要求低电压大电流供电，这就要求 DC-DC 变换器中的整流器件的正向导通电阻与压降必须极小（mΩ、mV 数量级），以提高电源效率，减小发热。以前 DC-DC 变换器采用快速恢复开关二极管作为整波元件，其正向压降为 0.4～1 V，动态功耗大，发热高，目前已不宜采用。20 世纪 80 年代，国际电源界研究出同

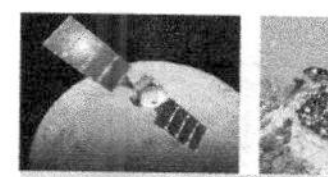

步整流技术及同步整流器件 SR（Synchronous Rectifier），SR 是一个低电压可控开关功率 MOSFET 管，它的优点是正向压降小，阻断电压高，反向电流小，开关速率快。VT_6、VT_{14} 采用同步整流管 IRFB4710，其主要参数：静态漏-源通态电阻为 14 mΩ，漏-源击穿电压为 100 V，反向恢复时间为 100 ns。

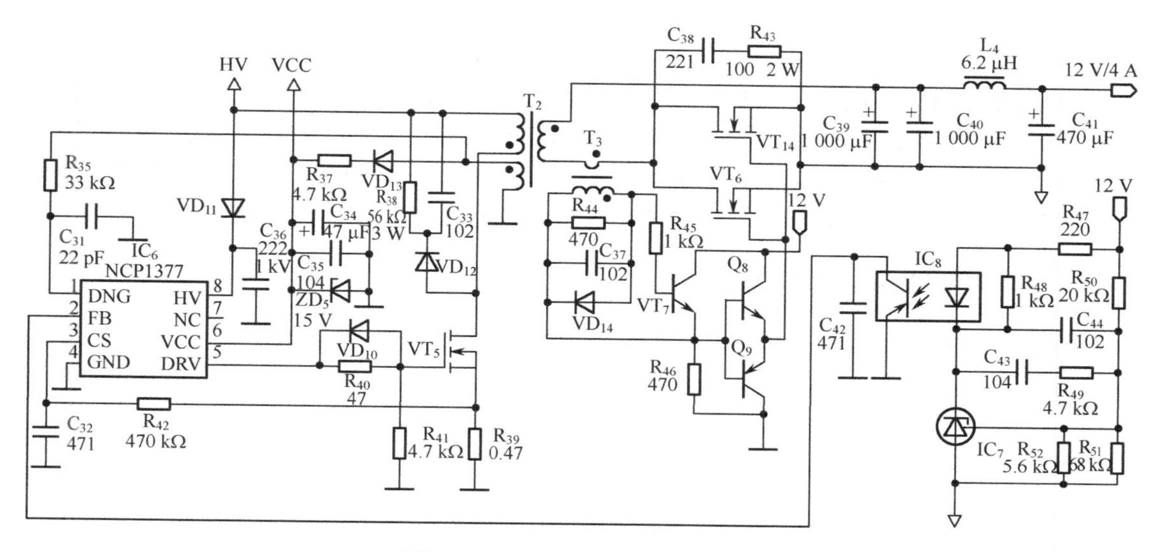

图 7-20　12V/4A 开关电源电路

（2）同步整流电路。同步整流电路由 T_3、VT_7、VT_8、VT_9、VT_6、VT_{14} 等组成，其中 VT_6 与 VT_{14} 并联的可控开关器件 SR 在整流电路中必须反接，它的源极 S 相当于二极管的阳极，漏极相当于二极管的阴极。当开关管 VT_5 导通时，T_3 绕组电势为左正右负，VT_7 截止，VT_8 截止，VT_9 导通，VT_6 和 VT_{14} 截止；当开关管 VT_5 截止时，T_3 绕组电势为左负右正，VT_7 导通，VT_8 导通，VT_9 截止，VT_6 和 VT_{14} 导通，C_{39} 和 C_{40} 被充电，产生+12 V 直流电压。IC_7 为稳压芯片，R_{50}、R_{51} 和 R_{52} 为+12 V 电压误差的采样电阻。IC_8 以光耦合的形式实现 IC_7 对 NCP1377②脚的稳压控制。

3. 准谐振控制

（1）软开关与准谐振控制。为降低开关电源功耗，通常采用软开关技术。所谓软开关就是指在开关管的关断或开通瞬间，使开关管的管压降为零（称零电压开关）或使开关管的电流为零（称零电流开关）。在软开关技术中，有全谐振、准谐振、多谐振等变换形式。所谓准谐振控制，就是利用开关变压器初级电感（与开关管漏极或三极管集电极连接）和分布电容的谐振，对开关管的电压、电流波形进行整形，使开关管在管压降为零或电流为零时关断或开通。

（2）准谐振控制原理。NCP1377 芯片具有准谐振控制功能。在开关管 VT_5 截止期间，VT_6、VT_{14} 导通，C_{39}、C_{40} 被充电，即 T_2 中的磁场能转化为 C_{39}、C_{40} 中的电场能。因此，开关管 VT_5 的截止期又称为去磁时段。NCP1377①脚为去磁检测输入，当①脚电压高于 65 mV 时，NCP1377⑤脚保持低电平输出，开关管 VT_5 保持关断状态，因为此时去磁没有

结束；当①脚电压低于 65 mV 门限时，经 NCP1377 内部稍延时，使⑤脚转为高电平输出，开关管 VT_5 导通，开始新的工作周期。因为①脚电压低于 65 mV 门限时，意味着 T_2 去磁已结束，所以将进入由 T_2 初级与分布电容构成的准谐振状态。经过准谐振半个周期后，VT_5 的管压降为最小，然后由截止转为导通，VT_5 状态转换功耗是最小的。

4．保护措施

VD_{12}、R_{38}、C_{33} 可吸收开关变压器 T_2 初级尖峰反电势，防止 VT_5 被击穿。NCP1377 芯片的特点是：自激过界模式的准谐振运行，过压保护锁定，自动恢复短路保护，过热保护锁定外围电路，可调整的跳变周期的电流模式，内部 1.0 ms 软启动，内部温度关断，内部引导脉冲消隐，500 ms 峰流源特性，12.5 V（On）和 7.5 V（Min）欠压锁定电平。

5．NCP1377 电路框图与引脚功能

NCP1377 内部电路框图如图 7-21 所示，各引脚功能如表 7-3 所示。

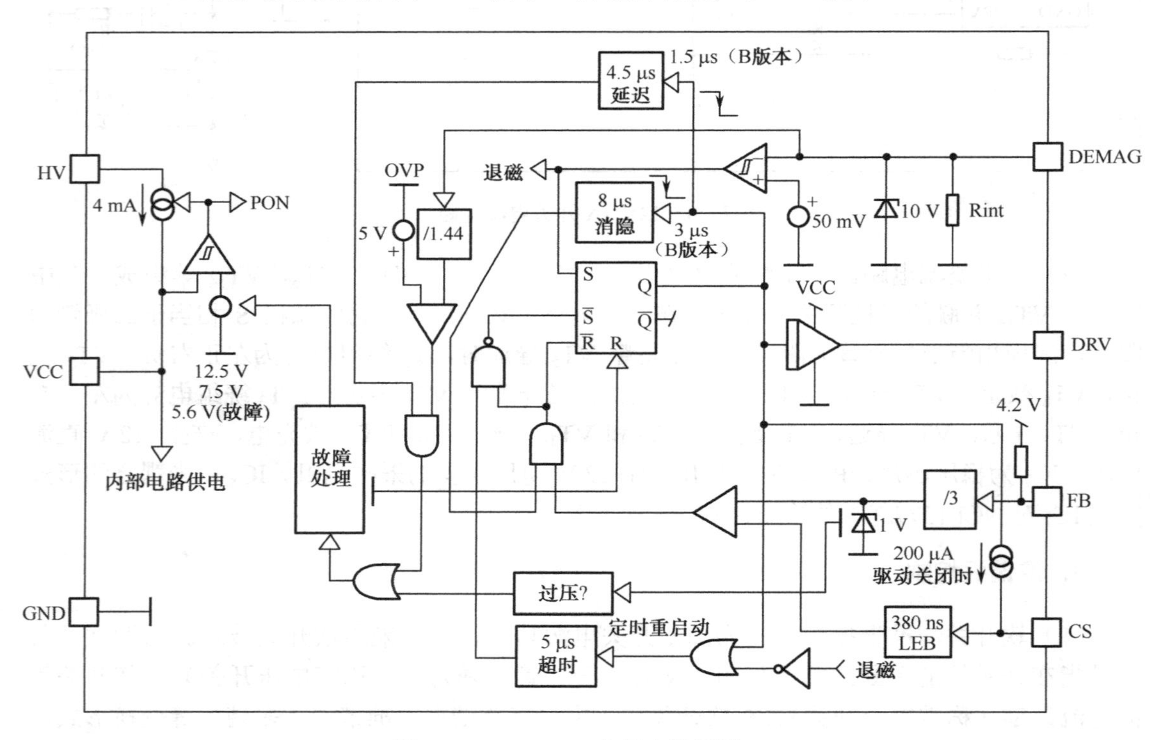

图 7-21　NCP1377 内部电路框图

表 7-3　NCP1377 引脚功能说明

引 脚 号	引 脚 名 称	功 能 说 明	引 脚 号	引 脚 名 称	功 能 说 明
1	DEMAG	去磁检测和过压保护	5	DRV	驱动脉冲输出
2	FB	定点设置峰值电流	6	VCC	供电电源电压
3	CS	电流输入识别和选定间隔周期	7	NC	空脚
4	GND	IC 接地	8	HV	接高电压输入

7.3.2　GC-32 机芯 24V/6A 开关电源

1．电路基本组成

24V/6A 开关电源电路如图 7-22 所示，它主要由 NCP1217（IC_2）集成电路、开关管 VT_2 和 VT_{17} 及开关变压器 T_1 等组成。

（1）基本工作原理。开机后，直流高压经 T_1 初级加到 VT_2 和 VT_{17} 的漏极，使 NCP1217 启动工作。NCP1217 的⑤脚输出驱动脉冲，控制开关管 VT_2 和 VT_{17} 的导通与截止。当开关管 VT_2 和 VT_{17} 导通时，整流管 VD_8、VD_{13} 和 VD_{15} 截止；当 VT_2 和 VT_{17} 截止时，VD_8、VD_{13} 和 VD_{15} 导通，C_{25} 和 C_{26} 被充电，产生+24 V 直流电压。IC_4 是稳压芯片，R_{27}、R_{28} 和 R_{29} 是采样电阻。IC_3 以光耦合的形式实现 IC_4 对 NCP1217②脚的稳压控制。

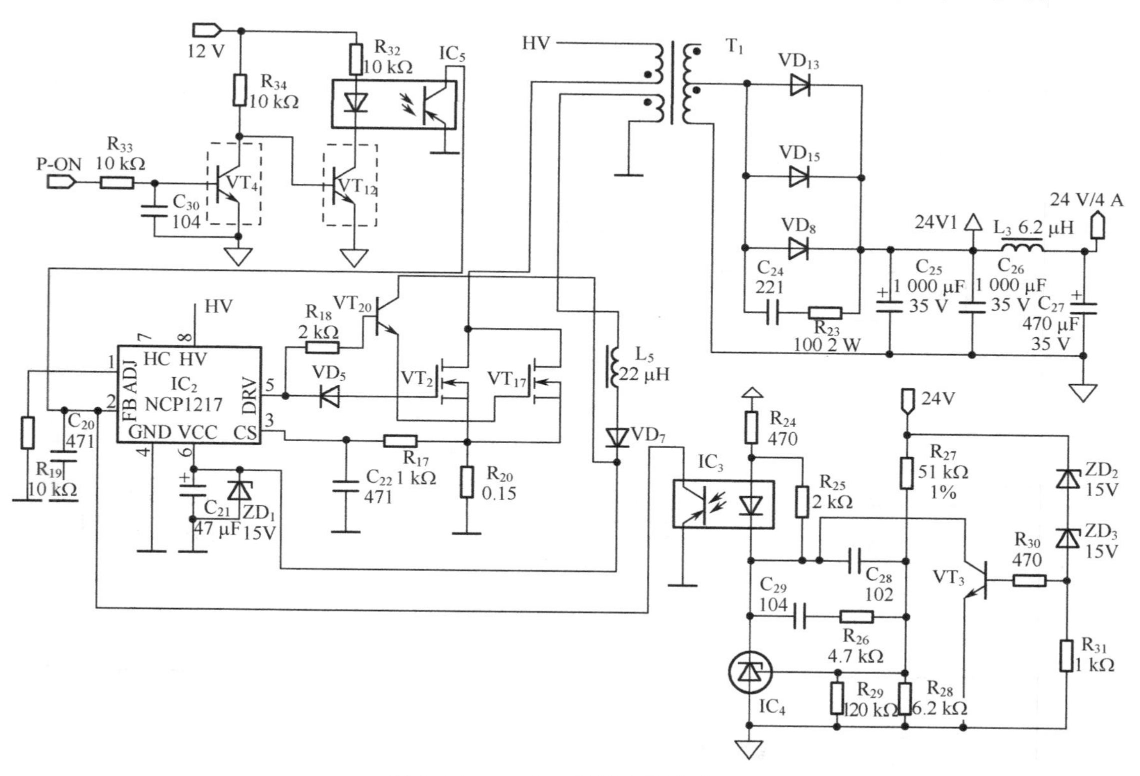

图 7-22　24V/6A 开关电源电路

（2）保护措施。ZD_2、ZD_3 和 VT_3 等组成过压保护控制。若+24 V 输出端异常而超过+30 V，则 ZD_2、ZD_3 和 VT_3 将导通，IC_3 电流突增，NCP1217②脚电压突跌，NCP1217 停止工作。

（3）待机控制。电视机待机控制就是遥控关机控制，在待机状态使开关电源不工作。VT_4、VT_{12} 和 IC_5 组成 P-ON 控制电路。当 P-ON 控制为低电平时，VT_4 截止，VT_{12} 和 IC_5 均导通，NCP1217②脚电压被拉低，NCP1217 停止工作；当 P-ON 控制为高电平时，VT_4 导通，VT_{12} 和 IC_5 均截止，NCP1217 的②脚电压不受 IC_5 影响，NCP1217 正常工作。

2．NCP1217 电路框图与引脚功能

NCP1217 芯片的特点是：具有可调整跳变周期能力的电流模式，内置斜坡补偿，过流保护自动恢复，内部 1.0 ms 软启动，工作频率固定在 65 kHz。NCP1217 内部电路框图如图 7-23 所示，各引脚功能如表 7-4 所示。

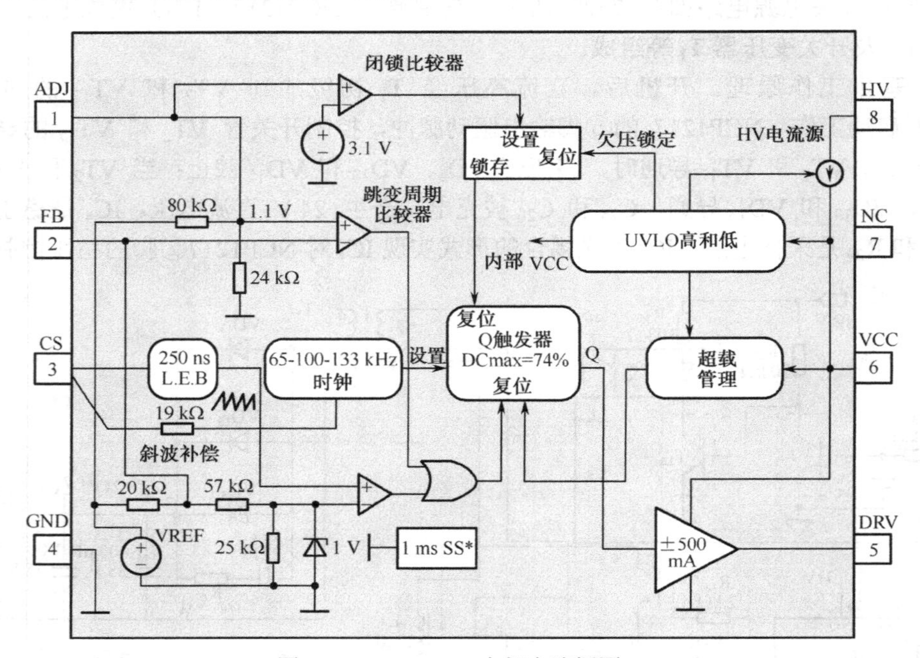

图 7-23　NCP1217 内部电路框图

表 7-4　NCP1217 引脚功能说明

引 脚 号	引 脚 名 称	功 能 说 明	引 脚 号	引 脚 名 称	功 能 说 明
1	ADJ	调整跳跃峰值电流（未用）	5	DRV	驱动脉冲输出
2	FB	反馈，峰值电流点设置	6	VCC	电源
3	CS	电流检测输入	7	NC	空脚
4	GND	接地	8	HV	启动时序

7.4　CRT 电视机开关电源

7.4.1　东芝两片机串联型开关电源电路

1．电路组成

如图 7-24 所示电路为东芝 TA 两片机的开关电源电路，是以厚膜集成块 STR-5412 为核心构成的串联型自激式开关电源。STR-5412 内部电路如图 7-25 所示，下面介绍其工作原理。

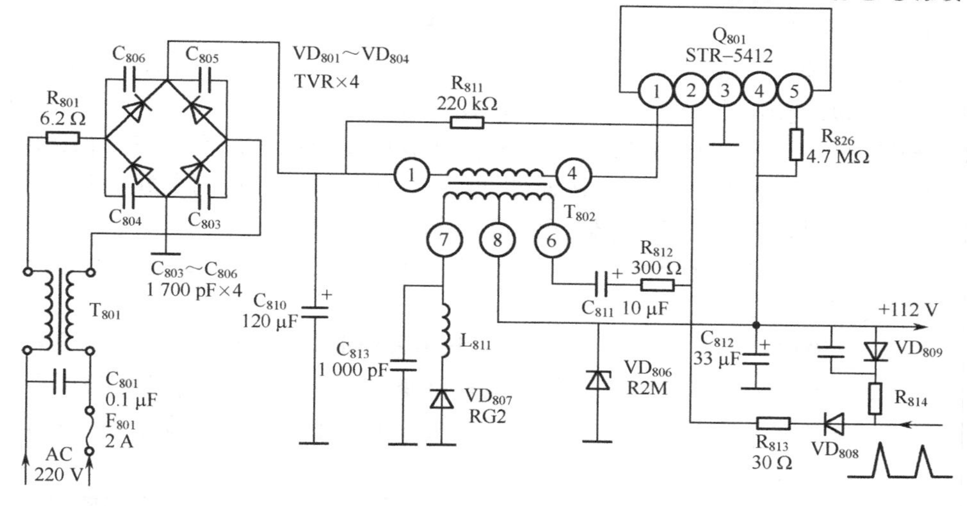

图 7-24 东芝 TA 两片机的开关电源电路

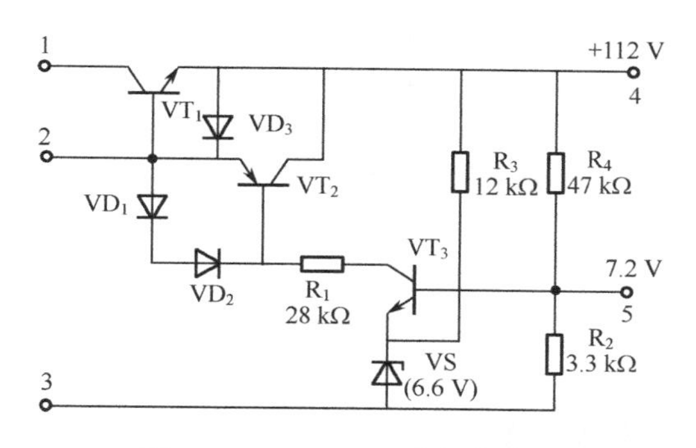

图 7-25 STR-5412 内部电路

2．电路分析

1）整流滤波电路

电源开关闭合后，220V 交流电经熔断器 F_{801}、线路滤波器 T_{801} 及 VD_{801}～VD_{804} 桥式整流后，在滤波电容 C_{810} 上形成约 300 V 未稳直流电压。C_{801}、T_{801} 的作用是滤除市电内的高频干扰信号，同时也防止机内开关电源的干扰脉冲进入交流电网，C_{803}～C_{806} 用来滤除高频干扰并保护整流二极管。

2）开关振荡过程

C_{810} 上的 300 V 直流电压被分成两路，一路经开关变压器 T_{802} 的一次绕组①、④加到 Q_{801}（STR5412）的①脚，STR-5412 的①脚内接开关管 VT_1 的集电极（如图 2-9 所示）；另一路经启动电阻 R_{811} 加到 Q_{801}②脚内接的开关管 VT_1 的基极，VT_1 被开启导通。VT_1 集电极电流在 T_{802} 的①、④绕组上产生①正、④负感应电势，在 T_{802} 二次侧⑥、⑧正反馈绕组得到⑥正⑧负的感应电动势，此电势通过 C_{811}、R_{812} 加到 Q_{801} 的②脚内部开关管的基极，使开

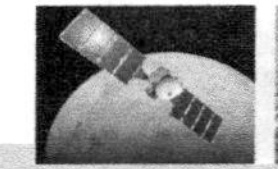

关管 VT_1 的集电极电流进一步增大正反馈的结果，VT_1 迅速进入饱和导通状态。

由于正反馈雪崩时间极短，正反馈电容 C_{811} 来不及充电，所以在开关管 VT_1 饱和后，正反馈绕组 T_{802}⑥、⑧两端的感应电势会通过 R_{812}、VT_1 的 B-E 结对 C_{811} 充电，（T_{802}⑥正→C_{811}→R_{812}→VT_1 的 B-E 结→STR-5412 的④脚→T_{802}⑧负），其充电电流保持 VT_1 的饱和导通。

在 VT_1 饱和期间，+300V 输入电压通过 T_{802}①、④绕组和 VT_1 对负载供电、对负载端电容 C_{812} 充电，同时也对变压器 T_{802} 储存磁场能量。

随着 C_{811} 两端充电电压的增大，对 C_{811} 的充电电流将不断减少，即 VT_1 的基极电流逐渐变小，最终使开关管 VT_1 退出饱和状态。

VT_1 一旦退出饱和，其基极电流的减少将引起集电极电流的减少，于是 T_{802} 各绕组感应电势反相，T_{802} 正反馈绕组⑥、⑧两端的感应电势变成⑥负⑧正，此感应电势再经 R_{812}、C_{811} 反馈到 Q_{801}②脚内接的开关管 VT_1 的基极，使 VT_1 电流进一步减少，正反馈作用促使 VT_1 迅速进入截止状态。

VT_1 截止后，T_{802} 一次绕组的感应电势是①负④正，二次绕组⑧、⑦端感应出⑧正、⑦负电动势，经 C_{812}、L_{811} 使续流二极管 VD_{807} 导通，储存的磁场能通过续流二极管 VD_{807} 向负载泄放（T_{802}⑧正→C_{812}→地→VD_{807}→L_{811}→T_{802}⑦负），对输出端滤波电容 C_{812} 继续补充能量。而这时正反馈绕组感应出的⑧正、⑥负感应电动势使开关管 VT_1 保持截止。

同时，在开关管 VT_1 截止期间，C_{811} 两端的电压通过 R_{812}、STR-5412 内部 VD_3 放电；+300 V 电压也经 R_{811} 对 C_{811} 反向充电（+300 V→R_{811}→R_{812}→C_{811}→T802 绕组⑥、⑧→电源输出端的外接负载→地）。这一过程使开关管 VT_1 的基极电位逐渐上升，最终将使 VT_1 重新导通，进入下一个振荡周期。

为了提高电源的稳定性，减少开关电源对图象的干扰，在行扫描电路正常工作后，由行逆程脉冲经 VD_{808}、R_{813} 送到 VT_1 的基极，因此电源的受控振荡频率便同步于行频。当然，这里要求 VT_1 的自由振荡频率必须低于行频。

3）稳压原理

如上所述，本电源在正常工作时 VT_1 的开关频率与行频相同，即开关管的开关周期是固定不变的。因此，采用脉宽调制方式，通过控制开关管的导通时间（脉冲宽度）来实现对输出直流电压的控制。

开关管 VT_1 的导通时间由 C_{811} 充电回路中的 C_{811}、R_{812}、VT_1 的 B-E 间电阻及其并联电阻所决定。若该回路中的电阻阻值越大，C_{811} 的充电时间越长，则 VT_1 的导通时间越长，输出电压越高；反之，若该充电回路中的电阻阻值减少，则 VT_1 的导通缩短，输出电压便降低。

稳压控制电路由 STR-5412 内部的 VT_2、VT_3 等元件组成。VT_3、VS、R_1～R_4 组成取样和比较放大电路，VT_2 为控制元件。开关电源输出电压经 R_4 和 R_2 分压，在 STR-5412 ⑤脚获得取样电压，经与 VS 上的基准电压比较后产生误差电压。该误差电压被 VT_3 放大后加到 VT_2 的基极，控制 VT_2 的导通电流，从而控制 VT_2 的 C-E 间电阻 R_{CE}，最后达到控制输出电压的目的。

现以 U_o（112 V）增加为例，说明稳压控制过程：

$U_o\uparrow$→Q_{801}（STR-5412）的⑤、③脚间电压 $U\uparrow$→VT_3 的 $U_{BE3}\uparrow$→$I_{C3}\uparrow$→VT_2 的 $I_{B2}\uparrow$→

VT_2 的 I_{C2}↑→VT_2 的 C-E 间电阻 R_{CE}↓→C_{811} 的充电时间，即 VT_1 的导通时间↓→U_o↓，反之亦然。

7.4.2　TCL21228 彩电开关电源电路

1. 电路组成

如图 7-26 所示为 TCL21228 彩电开关电源电路。这是一个调频自激式开关电源，采用开关变压器隔离，底板不带电，并设有过压、过流保护电路。

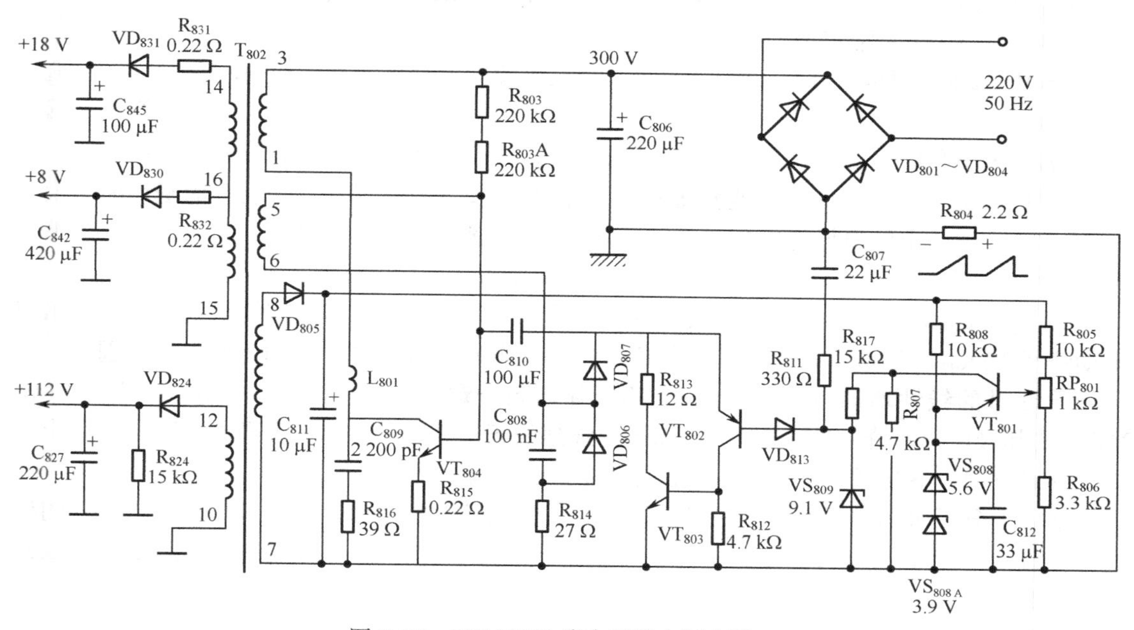

图 7-26　TCL21228 彩电开关电源电路

2. 电路分析

1）整流滤波电路

220 V 交流电经 VD_{801}～VD_{804} 组成的桥式整流电路，滤波电容 C_{806} 获得约 300 V 直流电压。

2）开关振荡过程

300 V 直流电压经 T_{802} 一次绕组③、①加到开关管 VT_{804} 的集电极，又经启动电阻 R_{803} 加到开关管 VT_{804} 的基极，为 VT_{804} 提供正偏导通电流，VT_{804} 开启导通。VT_{804} 集电极电流流过③、①绕组，在其上产生③正①负感应电动势，此电动势经 T_{802} 互感耦合，在反馈绕组⑤、⑥上产生⑤正⑥负感应电动势，该感应电动势为开关管 VT_{804} 提供正反馈电压，使 VT_{804} 迅速进入饱和状态。其正反馈回路是：T_{802}⑤端正→VT_{804} 的 B-E 结→R_{815}→R_{814}→C_{808} 与 VD_{806}→⑥端负。

在 VT_{804} 饱和期间，流经 T_{802} 一次侧③、①绕组的集电极电流呈线性增加，其通路为 C_{806} 正端→T_{802} 一次侧③、①绕组→L_{801}→VT_{804} 的 C-E 极→R_{815}→R_{804}→C_{806} 负端。

此线性增加的电流流过 R_{804}，在其上建立右正左负的线性增加电压，经 C_{807}、R_{817} 反映到 VT_{802} 基极，促使 VT_{802} 基极电位下降，当 R_{804} 两端电压增加到一定值时，将促使 VT_{802} 饱和，并引起 VT_{803} 饱和。此时，C_{810} 右端会因为 VT_{802}、VT_{803} 的饱和被钳位在低电位，从而引起开关管 VT_{804} 基极电位的下降，迫使 VT_{804} 从饱和迅速变化到截止状态。因此，控制 R_{804} 两端电压上升的速率，也可以控制开关管的导通时间，从而控制输出电压的高低。

在 VT_{804} 截止期间，T_{802} 各绕组感应电势的极性均与 VT_{804} 导通时相反。⑤、⑥反馈绕组上的感应电动势是⑤负⑥正，该感应电动势经 C_{808}、R_{814} 为开关管 V_{604} 提供了 B-E 结反偏截止电压，维持 VT_{804} 的截止。

在 VT_{804} 截止期间，T_{802} 负载绕组⑫、⑩上的感应电动势为⑫正⑩负，经 VD_{824} 整流、C_{842} 滤波，产生+112 V 直流电压，给行扫描输出级供电。此外，T_{802} 另两组负载绕组上感应电动势，分别经 VD_{831}、VD_{830} 及 VD_{824} 整流，C_{845}、C_{842} 及 C_{827} 滤波，产生+18 V、+8 V 及+112 V 的直流电压。如此，储能变压器 T_{802} 在开关管 VT_{804} 饱和期间储存的磁场能转换成 C_{842}、C_{845}、C_{827} 上的电场能向负载释放。随着 T_{802} 磁场能的不断释放，当⑤、⑥正反馈绕组上⑤负⑥正的感应电动势无法维持 VT_{804} 截止时，VT_{804} 又将再次开启导通。

VT_{802}、VT_{803} 为控制管，在开关管 VT_{804} 截止时，开关变压器反馈绕组⑥正⑤负的感应电动势经 VD_{807}，在 C_{810} 上建立右正左负的电压，作为 VT_{802}、VT_{803} 的工作电压。因此，开关管导通时的线性增加电流在 R_{804} 上的压降达到一定值时，VT_{802}、VT_{803} 将导通，促使 VT_{804} 的基极电位下降，VT_{804} 退出饱和区，强烈的正反馈又使 VT_{804} 由导通迅速转为截止。如此导通→截止→导通，形成了 VT_{804} 周而复始的振荡状态。

从以上分析可知，开关电源在受控振荡时，开关管 VT_{804} 的截止是由 VT_{802}、VT_{803} 的导通来实现的，而 VT_{802}、VT_{803} 的导通，与 R_{804} 上锯齿形电压的变化速率及 VT_{802} 原有的基极电位有关。

3）稳压过程

稳压电路由误差放大管 VT_{801}、取样电路和控制管 VT_{802}、VT_{803} 共同组成。T_{802}⑧、⑦取样绕组上的感应电动势经 VD_{805} 整流、C_{811} 滤波，产生取样电压。当由于某种原因引起输出端 112 V 电压升高时，取样电压也升高，经 R_{805}、RP_{801}、R_{806} 分压后，使误差放大管 VT_{801} 基极电位上升，而 VT_{801} 射极由 VS_{808} 提供基准电压，故误差放大管 VT_{801} 正偏导通电压减小，集电极电流减小，集电极电位下降，经 VD_{813} 使 VT_{802} 基极电位下降，会使 VT_{802}、VT_{803} 提前导通，并导致开关管 VT_{804} 饱和期缩短而提前截止，促使输出电压降回正常值。

因此，如果 VT_{801} 出现截止性故障或 VT_{802}、VT_{803} C-E 结出现短路性故障，都将可能导致输出电压下降；反之，将引起输出电压升高。

4）过压保护电路

VS_{809} 为保护二极管，当误差放大管 VT_{801} 因故障引起集电极电位变高并超过 9.1 V 时，VS_{809} 便击穿导通，将 VT_{802} 基极钳位在 9.1 V，不至于因 VT_{802} 基极电位过高而造成输出电压过高。

R_{804}、R_{811}、C_{807}具有过电流保护作用。当输出负载过重、电流过大时，开关管 VT_{804} 集电极电流增大，流过 R_{804} 的电流也增加，R_{804} 两端的锯齿电压上升的速率也增加，促使 VT_{802}、VT_{803} 提前导通，将 C_{810} 正端通过 VT_{803} 接地，使开关管 VT_{804} 因基极电位下降而截止。

任务实施 10 2～57 V 可调稳压电源设计制作

1. 电路设计

可调三端稳压器件 LM317HV 的输入/输出电压差最大可达 60 V，其输出在 1.2～57 V 连续可调，TO-39 封装的输出电流为 0.5 A，TO-3 封装的输出电流为 1.5 A。

输入电压高而输出电压较低时，管的压降就大，功耗、发热量也大，若处理不好则芯片会升温至 70℃，甚至更高，引起自身的热保护而间断工作。为此电源变压器的次级电压应设计成多抽头的，以降低 LM317HV 在低输出时的功耗和温升。本电路所用的变压器低压侧设计了 20 V、40 V、60 V 三挡，另外还设计了随输出电压变化能自动换挡的自动跟随电路。使用时只要旋动调压钮，即可使输出电压在 1.2～57 V 之间自由升降，十分方便。

1）LM317HV 的工作原理

电路如图 7-27 所示，LM317HV②脚的输出电位随调整端①脚电位的变化而变化，因此，只要设计一个电路，使①脚的电位在 0～56 V 连续可调即可。图中的 R_{13} 与电位器 VR 并联，避免了因 VR 损坏开路时，其①脚因出现过高的电压而损坏 LM317HV。C_5 是抗干扰滤波电容，用以保证其②脚输出电压的稳定。

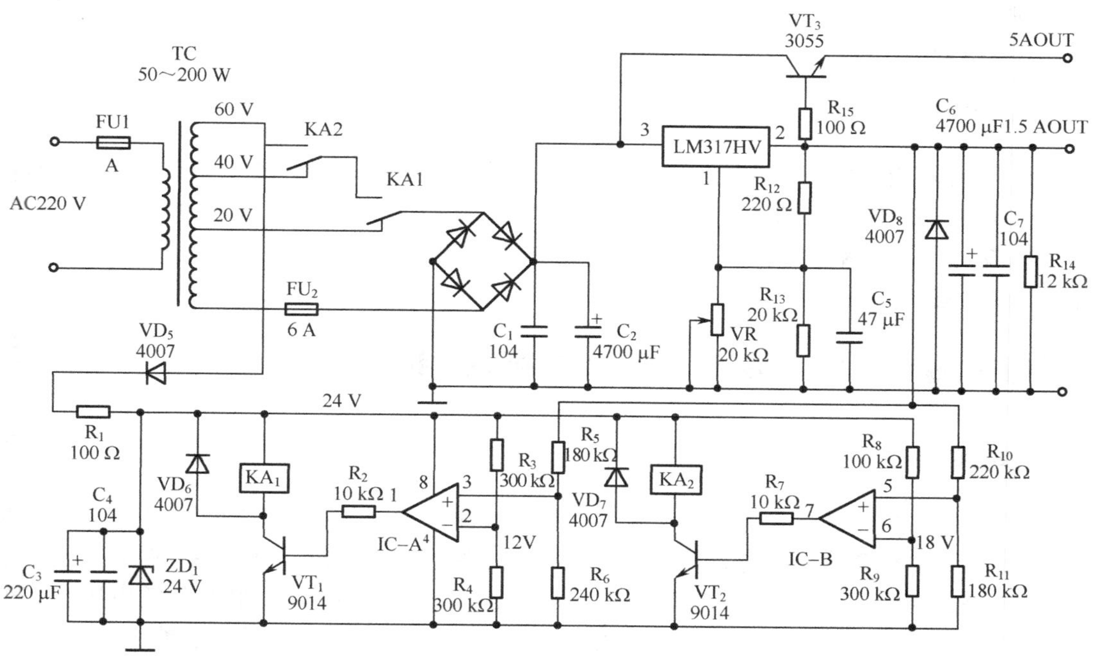

图 7-27 2～57 V 可调稳压电源

2）电压挡位自动切换跟随电路

由 IC（TA7539AP/AS）组成的两级电压比较器是自动切换跟随电路的核心。IC-A 负输入端②脚是 12 V 电位，而其正输入端③脚电位随 LM317HV 的输出电压而变化。当调节 VR 使输出电压超过 20 V 时，该脚的电位就高于 12 V，比较器 IC-A 状态翻转。①脚输出高电位，VT_1 饱和导通，继电器 KA_1 吸合，此时就将 40 V 的交流电压接入整流回路，输出电压可调到 40 V 以上。当调低输出电压在 20 V 以下时，KA_1 释放，于是 LM317HV 的输入、输出压差减小，功耗、温升也减小。

IC-B 负输入端⑥脚的电位是 18 V，同理其正输入端⑤脚电压随 LM317HV 的输出电压变化，当调节 VR 使输出电压超过 40 V 时，该点的电位超过 18 V，从而输出端⑦脚出现高电位，于是 VT_2 饱和导通，KA_2 吸合，将 60 V 交流电压接入整流回路，可使输出电压高达 55 V 以上；反之，KA_2 释放，60 V 交流电退出，而再次接入 40 V 交流电。

3）电压显示电路

本稳压电源的电压指示采用一块 200 mV 的数字表头，通过 1/100 的衰减器将 LM317HV 输出的电压降低至 1/100，然后接至 200 mV 表的信号输入端即可，因为 31/2 位的 200 mV 表头最高位仅能显示“1”字，所以不用，而利用后 3 位来显示电压 XX·X。当然，采用一块满量程为 100 V 的机械表头也可。31/2 位 200 mV 表头不在本书叙述范围，故而省略，请读者参阅其他文献。

2. 元件要求

变压器要采用 100～200 W 的，继电器要用 5 A/250 V 以上的，触头压力要大，接触电阻要小于 50 MΩ，IC 也可用 LM358 替代，其余元件无特殊要求。

3. 制作注意事项

LM317HV 应当加一块 $10\ cm^3\times10\ cm^3\times3\ cm^3$ 的铝板作散热片，其三个引脚可用三线插脚引至 PCB。如要加大功率，可如图再加一只大功率三极管 3055 和 R_{15}，但是散热片应加大一倍。若变压器功率太小或 C_2 太小，则会出现自动跟随困难，此时将 R_5 改为 220 kΩ、R_{10} 改为 200 kΩ 即可。

任务实施 11　1.5 V 步进可调稳压电源设计制作

1. 电路设计

拥有一台性能优良而且调节范围较宽的稳压电源，无论是在业余制作、电子实验或是电子产品维修中都会给无线电爱好者带来很大的方便。下面介绍一款使用轻触开关进行输出电压调整的直流稳压电源。调节范围在 1.5～37 V 任意切换。本电源分低电压（1.5～15 V）和高电压（16.5～37 V）两挡，分别以 1.5 V 为步进电压任意可逆选择输出电压，电路图如图 7-28 所示。

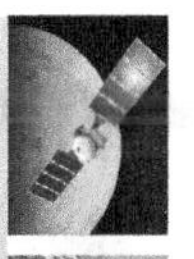

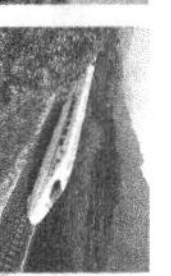

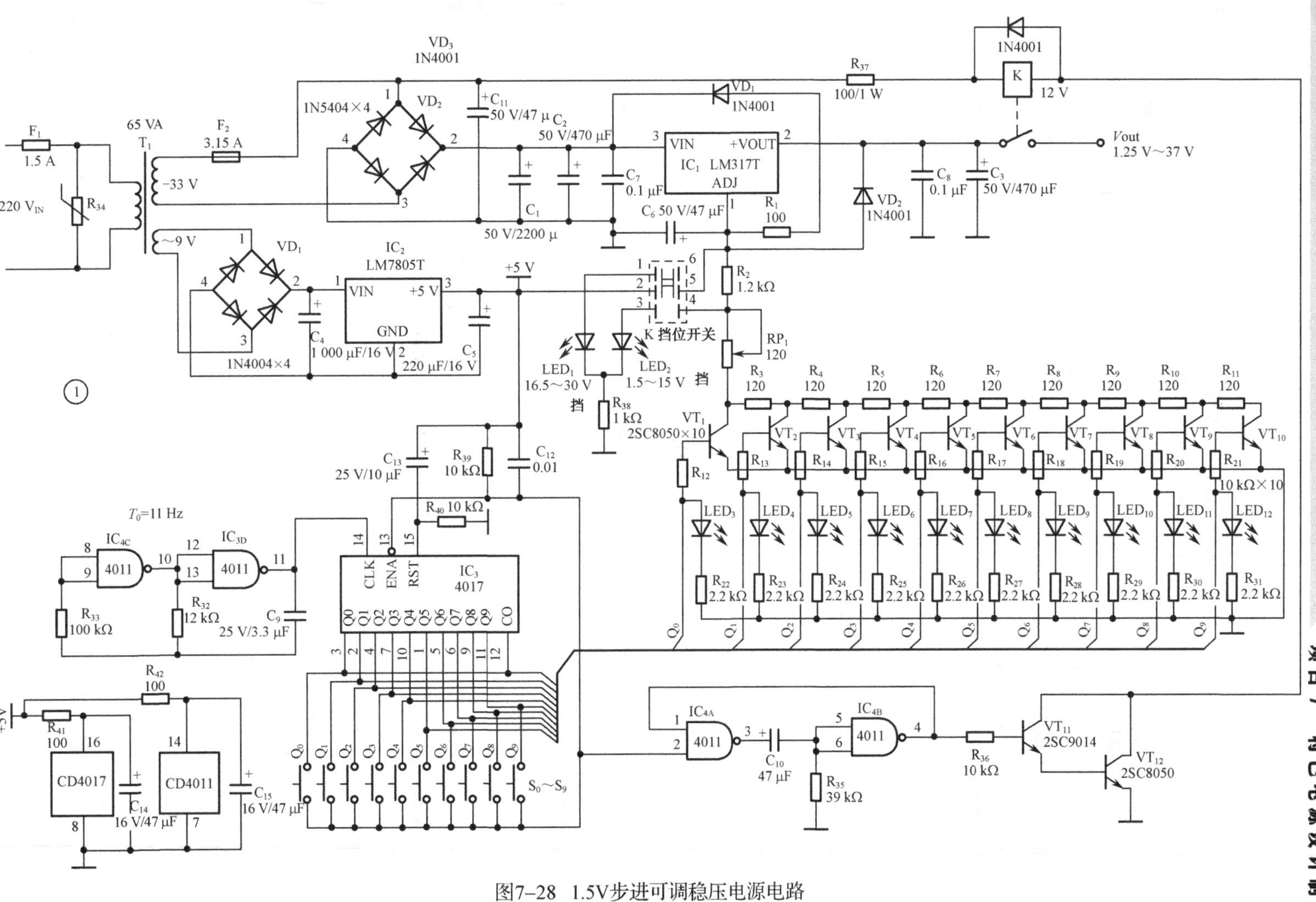

图7–28　1.5V步进可调稳压电源电路

接通电源开关，市电电压经变压器 T_1 降压后得到两组分别为 AC 9V 及 AC 33V 的电压。AC 9V 电压由 VD_1 整流及 C_4 滤波，经 LM7805T 输出 5V 直流电压给控制电路，并给 LED 指示灯提供工作电压；另一组 AC 33V 电压经 VD_2 整流及 C_1、C_2、C_7 滤波后得到约 40 V 的直流电压，这个直流电压由三端可调稳压器 LM317 输出所需的直流稳定电压。LM317 的基准电压 V_{REF}=1.25 V，其输出端与输入端之间的绝对电压（V_O-V_I）不得超过 40 V，否则可能损坏 LM317。而当输入端、输出端压差小于 3 V 时，LM317 将失去稳压性能，但可成为输入端与输出端压差约为 1.5 V 的电压跟随器。

LM317 的典型应用如图 7-29 所示。输出电压 V_o=1.25 V×(1+R_W/R_a)，调节可变电阻 R_W 的阻值，即改变 R_W 与 R_a 之间的比值，可达到改变输出电压大小的目的。当输入电压是 40 V 时，选择合适的分压电阻 R_W 与 R_a 的阻值可使输出电压在 1.25～37 V 之间变化。

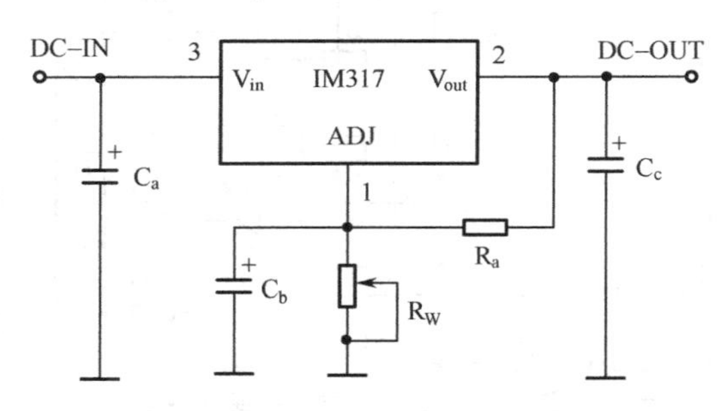

图 7-29　LM317 典型应用

图 7-28 按照所需输出电压的不同按动对应轻触开关键 S_0～S_9，控制电路将会输出一个高电平去控制对应的三极管导通，把代替 R_W 的各个串联定值电阻的对应引脚短接到地，短接电阻的个数不同相当于改变了图 7-29 中的 R_W 值，因而选择不同的输出电压。控制电路部分是由两块 CMOS 集成芯片 IC 构成，包含时钟、计数及单稳态电路。利用 IC_4（CD4011）中两个与非门与 C_9、R_{32}、R_{33} 构成 RC 非门振荡器产生时钟信号，振荡频率 f_o=1/（1.2RC），可见时钟频率的高低取决于 R_{32} 及 C_9 的取值，按如图 7-28 所示取值时，频率为 f_o=11Hz（注：f_o 的取值过高会使电路的抗干扰能力降低，而过低时则会导致切换输出变慢，最佳 f_o=10～20 Hz）。R_{33} 的作用是减小 CMOS 门电路的内部保护二极管导通时对电容充放电的影响，一般情况下 R_{33}=(5～10)R_{32}。

IC_3（CD4017）是一块常用的十进制计数器电路。CD4017 有两个时钟输入端，即 CLK 端和 ENA 端。当用时钟脉冲上升沿作计数时，脉冲由 CLK 端输入，ENA 端应接低电平；若用脉冲的下降沿计数时，则脉冲由 ENA 端输入，此时 CLK 端应接高电平。当 CD4017 作为典型十进制计数器应用时，只要 CLK 端或 ENA 端不断有脉冲输入，输出端 Q_0～Q_9 就会依次输出高电平。当 Q_9 输出高电平后再有一个脉冲输入时，进位端 Q_{co} 将输出一个进位脉冲作为级联时进位使用（在此不需级联应用，故 Q_{co} 端不用）。

利用 CD4017 两个时钟输入端的不同特性，可使 CLK 端虽然不断有时钟脉冲输入，但也只保持有一个输出端是高电平输出。原因是由于 ENA 端加有高电平，所以只有再按动 S_0～S_9 任意键才会改变 CD4017 的输出端状态，否则只会保持只有一个输出端是高电平。此高电平加到对应三极管基极使其导通。刚通电时由于复位端 RST 高电平复位，同时 ENA 端通过 R_{39}、C_{12} 接高电平，所以即使 CLK 端有时钟脉冲输入但也禁止计数，输出端 Q_0 输出

一个保持高电平，并通过 R_{12} 使 VT_1 导通。VT_1 的 C-E 极将 RP_1 短接到地，同时 LED_3 发光指示。因此每次开机时，输出电压总是输出最小值 1.5 V（挡位开关置于低压挡），以防止输出过高电压危及负载。此时当按下除 S_0 外任何一按键 S_1～S_9 时，由于这些输出端都为低电平，所以相当于给 ENA 端接至低电平，计数器开始计数，每个输出 Q 端将按 $T=1/f_0=0.11s$ 的速度轮流计数输出高电平。假如按下的是 S_9 键，那么只要按下 S_9 键的时间持续约 1.1s，Q_9 端将输出高电平，并通过轻触开关加到 ENA 端，计数器停止计数，此时即使松开 S_9 但由于 R_{39} 的作用，输出也将保持不变。

在选择不同输出电压的切换过程中，会有扫描脉冲扫过计数器 S_0～S_9 中某些输出端，引起对应三极管瞬间轮流导通，使 LM317 和输出端有一个变化很快的不稳定电压输出，从而影响用电设备。在如何解决这一问题上，电路采用了单稳态电路，在切换过程中将输出端断开供电，待切换到相应电压且电压输出稳定后再接通负载。

在图 7-28 中，由 IC_4 的两个与非门（IC_{4A}、IC_{4B}）与 C_{10}、R_{35} 构成单稳态（延时）电路。CD4011 的引脚与继电器状态如表 7-5 所示。

表 7-5 CD4011 的引脚与继电器状态关系

S 状态	①脚	②脚	③脚	④脚	⑤、⑥脚	继电器状态
不按	H	H	L	H	L	吸合（常态）
按下	L	L	H	L	H	释放（暂态）

由表中的逻辑关系可知，不按下任何键时，单稳态电路为常态，$IC_4$④脚处于高电平状态，VT_{11}、VT_{12} 导通，继电器吸合，输出所需稳定电压。按动某一个键，IC_4 的②脚相当于接低电平，③脚变为高电平，并对 C_{10} 充电，使④脚立即变为低电平，VT_{11}、VT_{12} 截止，单稳态电路翻转，继电器释放，切断输出电压。这个翻转过程是对电容 C_{10} 充电的暂稳态过程。随着充电的完成，电路恢复常态，继电器重新吸合。暂稳态时间由公式 $T=R_{35}\times C_{10}\times \ln(V_{dd}/V_{tr})$决定，其中 V_{tr} 为非门电路的输入转换电压。当 $R_{35}=39\ k\Omega$、$C_{10}=47\ \mu F$ 时，延时（暂稳态）保持约为 3 s，这个时间远远大于计数器的最长切换计数时间。只要保证继电器可靠释放 3 s 后再吸合，便能消除扫描脉冲引起的输出电压波动对用电负载设备的冲击。

2. 元件选择

电源变压器选用 65 W 以上的优质品。IC_1（LM317）在安装时应加足够大的散热器。IC_1、IC_3、IC_4 引脚如图 7-30 所示。VD_2 可用电流大于 5 A 的硅整流桥堆或用参数相当的二极管组成整流桥代替，VD_1 要求满载电流为 1 A 即可，也可用四个 1N4001 代替。三极管 VT_1～VT_{10} 选用中功率管（如 2SC8050）；发光二极管根据个人喜好颜色及形状来选择，但要求发光二极管的驱动电流越小越好，同时 LED_1 和 LED_2 应选用不同颜色以区分不同挡位。挡位开关用⑥脚自锁型按键开关（也可用拨动开关）。继电器选用小型 12 V 单触点型（如“GOOD SKY”的 M1-SH-2012LM）。电阻 RP_1 用质量可靠的微调电阻器，R_1～R_{11} 用 1/2W 五环金属膜电阻。其余电阻均为 1/4W 碳膜电阻。电容如图 7-28 所示，其他元件无特殊要求。

IC_1引脚

1 Q_5 V_{DD} 16
2 Q_1 RST 15
3 Q_0 CLK 14
4 Q_2 ENA 13
5 Q_6 Q_0 12
6 Q_7 Q_9 11
7 Q_8 Q_4 10
8 V_{SS} Q_8 9
CD4017

IC_2引脚

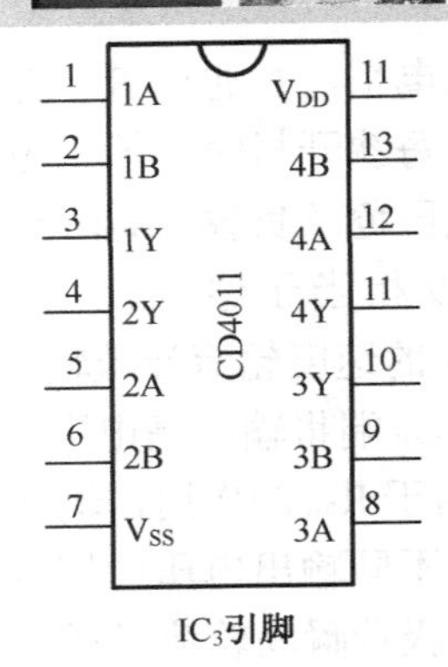

IC_3引脚

图 7-30 集成电路引脚图

3．装焊与调试

印制线路板分为主电源板和一块按模块接插件安装形式来设计的控制面板。把两块板的元件焊接好，将控制面板通过引线口 JP 直接插进接口 XP 把两块板连接起来。然后从 Jl 口引出连接线，把另外单独安装的挡位开关和控制面板的挡位指示灯焊接好。装焊完毕检查无误便可接通电源。

（1）低电压挡调试。将 K 挡位开关置于低电压挡（使 R_2 短路不起作用）。三极管 VT_1 导通，发光管 LED_2、LED_3 发光指示，其余均熄灭，同时继电器吸合。用万用表测试电源板中 C_1 两端的电压为 40 V 左右，C_5 两端的电压为稳定的 5 V，否则应重新检查电路中元件的焊接是否有误，排除故障后才能再次通电。接着用万用表测量输出接口 P_3 的输出电压，调节微调电阻 RP_1（用 RP_1 代替定值电阻，主要是为了补偿 V_1～V_{10} 导通时 C-E 极等效电阻对分压电路的影响，以便于调节），使输出电压为 1.5 V。然后任意按动 S_0～S_9 键，检查每次按动时继电器是否立即释放约 3 s 后再吸合，测量每相邻两键之间的输出电压差为 ±1. 5V。对应输出电压挡的 LED 指示灯应发光指示。

（2）高电压挡调试。将 K 挡位开关置于高电压挡位置（即把 R_2 与各分压电阻相串联，使每挡的分压电阻增加 1.2 kΩ，输出电压每挡递增 1.5 V）。按动 S_0 键，LED_1、LED_3 发光指示，测量输出电压是否为 16.5 V。否则可把 R_2 换成可调电阻加以调节，达到所需输出电压后再用合适的定值电阻替换，以确保输出电压的精确度。在焊装无误的情况下，经过以上的简单调试电路便能正常工作。

（3）电路主要性能。电路的主要性能参数如下。

输入电压：AC 220 V

输出电压：1.5～15 V；16.5～37 V

输出电流：≤1.5 A

输出纹波电压：≤1.2 mV

思考与练习 7

1．半波二倍压与全波二倍压在电路上有什么不同？

2．试分析图 7-27 可调电源中的电压挡位自动切换工作原理。

3．图 7-27 和图 7-28 可调电源，都有电压换挡开关，这两个换挡开关有何区别？

4．图 7-28 可调电源是如何实现 1.5 V 步进可调的？

5．为什么要进行功率因数校正？

6．功率因数校正的基本原理是什么？

7．无源功率因数校正和有源功率因数校正有什么区别？

8．在有功率因数校正的开关电源中有两级开关电源，即 PFC 开关电源和 PWM 开关电源，这两级开关电源有何区别？

9．在图 7-18 电路中，PFC 电路分为两段工作，即 AC 90～132 V 低压输入段和 AC 180～264 V 高压输入段，电路是如何实现两段自动切换的。

10．ML8424 芯片与 SMA-E1017 芯片有何异同点？

13．开关电源为什么要采用同步整流技术？

14．什么是开关电源中的准谐振控制技术？

15．对于如图 7-24 所示的串联型开关电源，与并联型开关电源比较，其有何优缺点？

16．对于如图 7-26 所示的开关电源，如何实现稳压控制？

参考文献

[1] 侯振义，夏铮．集成电源技术与应用[M]．北京：中国电力出版社，2006.
[2] 朱兆优等．电路设计技术[M]．北京：国防工业出版社，2009.
[3] 温德尔（Steve Winder）．LED 驱动电路设计[M]．北京：中国电力出版社，2009.
[4] 沙占友．单片开关电源计算机辅助设计软件与应用[M]．北京：机械工业出版社，2007.
[5] http://www.ti.com/switcherpro
[6] http://www.powerint.cn/zh-hans/design-support/pi-expert-design-software
[7] 由一. MAX 电荷泵反极性开关集成稳压器的应用[J]．电源技术应用，2009.
[8] 林继钢，俞安琪．LED 驱动电路简介[J]．中国照明电器，2007.
[9] 巢时斌，丘东元，张波．LED 驱动方式分析及性能比较[J]．建筑电气，2011，30（14）.
[10] 颜重光．基于 PT4107 的 LED 日光灯设计技术[J]．电子设计应用，2009.
[11] 肖成定．1.2～57V/5A 可调稳压电源[J]．电子制作，2005，2.
[12] 张运旺．36V 电动车充电器工作原理[J]．家电检修技术，2008，6.
[13] 褚海燕，贾树行．电动自行车 36V 蓄电池充电器[J]．电子世界．2002，7.
[14] 黄绍基，高永聪．可调直流电源制作[J]．电子制作，2002，4.
[15] 张仕宪．手机电池简易万能充电器的原理与制作[J]．电子制作，2010，12.
[16] 姜立中．索尼数码相机充电器和外接电源[J]．电子世界，2003，2.
[17] 朱 超．一款低成本、高可靠性的电瓶车充电器制作[J]．电子制作，2004，10.
[18] 李雄杰．模拟电子技术教程[M]．北京：电子工业出版社，2004.
[19] 李雄杰．平板电视技术[M]．北京：电子工业出版社，2007.